彩图 2-1 BALB/c 小鼠

彩图 2-3 C3H 小鼠

彩图 2-2 C57BL 小鼠

彩图 2-4 裸鼠

彩图 2-5 肥胖症小鼠

彩图 2-6 KM 小鼠

（a）雄性　　（b）雌性

彩图 2-13 成年小鼠

（a）雄性　　（b）雌性

彩图 2-14 新生小鼠

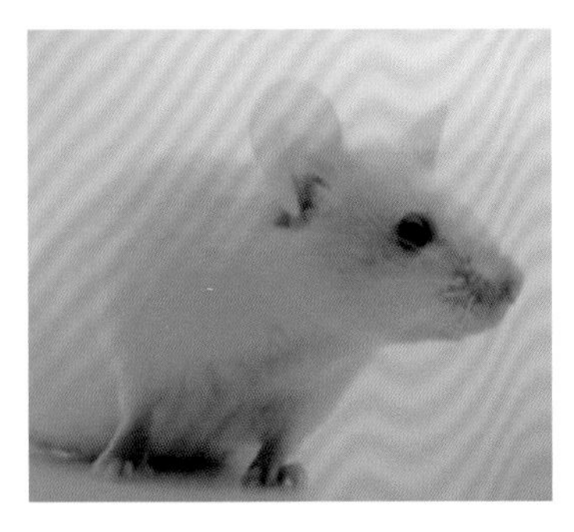

彩图 2-15 F344 近交系大鼠

彩图 2-16 Lewis (LEW) 近交系大鼠

彩图 2-17 SD 大鼠

彩图 2-18 LE 大鼠

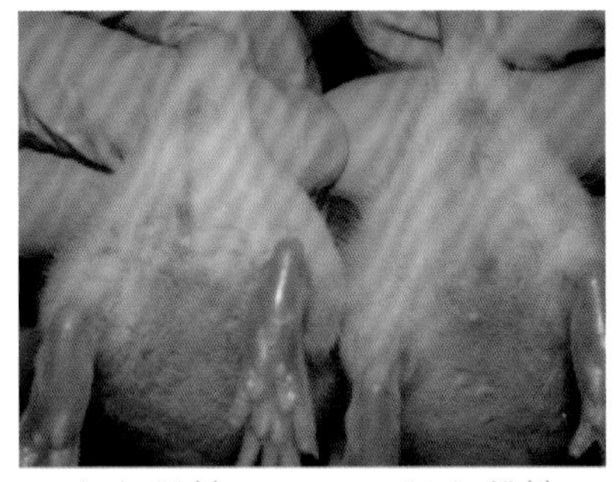

（a）雌性　（b）雄性

彩图 2-27 幼大鼠

彩图 2-28 日本大耳兔

彩图 2-29 新西兰白兔

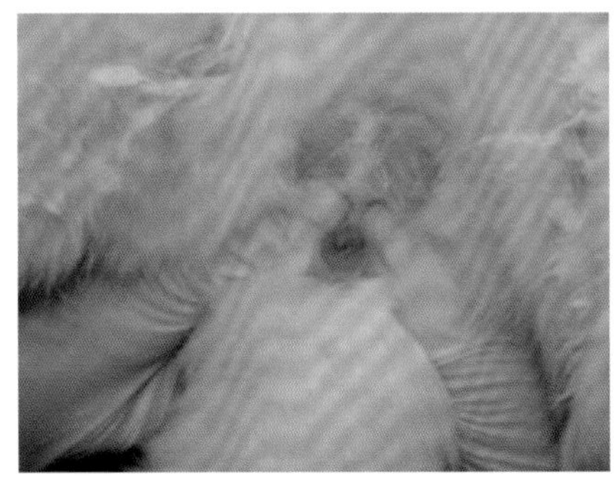

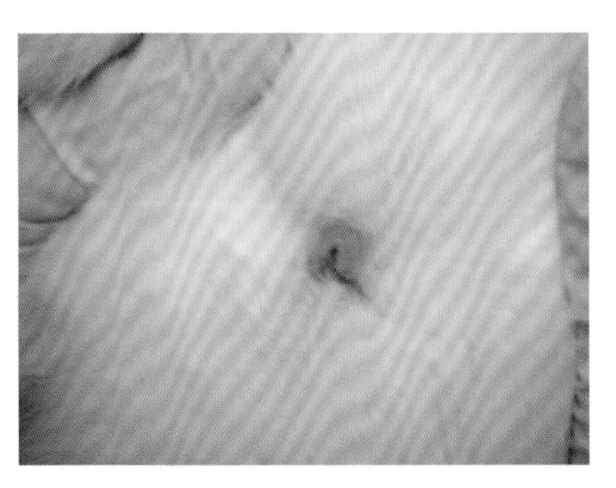

（a）雄性　（b）雌性

彩图 2-37 成熟兔生殖器

彩图 2-38 比格犬

彩图 2-39 Labrador 犬

彩图 2-42 Hartley 豚鼠

彩图 2-43 金黄地鼠

彩图 2-44 中国地鼠

彩图 2-45 葛廷根系小型猪

彩图 2-46 中国实验用小型猪

彩图 2-47 恒河猴

彩图 2-48 熊猴

（a）雄性

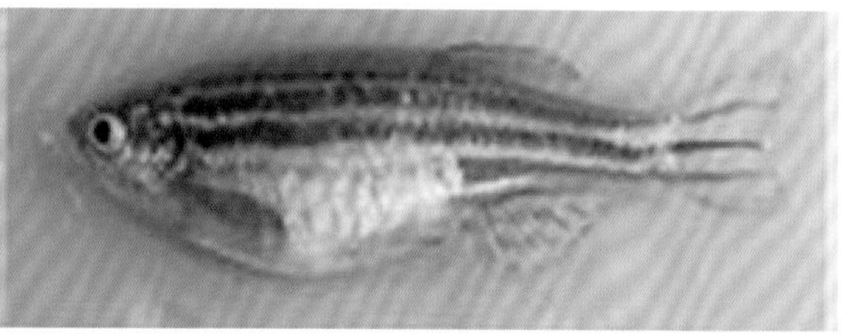

（b）雌性

彩图 2-49 斑马鱼

实验动物

SHIYAN DONGWU

张 江 主编

·北京·

《实验动物》是“十四五”职业教育国家规划教材，介绍了生命科学领域中所涉及的实验动物的饲养、管理、动物实验技术和常用实验动物的生物特性。内容包括：实验动物的初步认识，动物福利的原则和方法，实验动物职业健康与安全防护措施，常见实验动物及其特点，实验动物标准化要求及屏障动物设施、设备概况，动物饲养、繁育及健康检测的基本流程与操作，动物实验的基本原则及大鼠、小鼠、兔和犬的基本实验操作，动物模型以及动物实验设计的基本原则和方法。本书配有数字资源，可通过扫描二维码的形式观看学习；任务实施中的工作记录以及任务评价可以从 www.cipedu.com.cn 下载使用。

本书内容简练、实用，图文并茂，并附有彩色图片。可作为高职高专院校药品生物技术、生物制药技术等专业师生的教材，也适用于医药、实验动物及公共卫生等专业师生。对于实验动物中心等研发单位的专业技术人来讲，也是一本实用的工具书。

图书在版编目（CIP）数据

实验动物/张江主编．—北京：化学工业出版社，2018.12（2025.2重印）
“十二五”职业教育国家规划教材
ISBN 978-7-122-23650-0

Ⅰ.①实…　Ⅱ.①张…　Ⅲ.①实验动物学-高等职业教育-教材　Ⅳ.①Q95-33

中国版本图书馆 CIP 数据核字（2015）第 075167 号

责任编辑：迟　蕾　梁静丽　章梦婕　　装帧设计：史利平
责任校对：边　涛

出版发行：化学工业出版社（北京市东城区青年湖南街 13 号　邮政编码 100011）
印　　装：三河市双峰印刷装订有限公司
787mm×1092mm　1/16　印张 15¼　彩插 2　字数 369 千字　2025 年 2 月北京第 1 版第 5 次印刷

购书咨询：010-64518888　　售后服务：010-64518899
网　　址：http://www.cip.com.cn
凡购买本书，如有缺损质量问题，本社销售中心负责调换。

定　　价：48.00 元

《实验动物》编写人员

主　编：张　江

副主编：李　响　蒋惠男

编　者（按照姓名汉语拼音排列）

陈国强（上海实验动物研究中心）

高玉红（黑龙江职业学院）

蒋惠男（上海农林职业技术学院）

李　响（天津渤海职业技术学院）

欧阳慧英（黑龙江职业学院）

乔伟伟（复旦大学实验动物部）

王少兵（芜湖职业技术学院）

张　江（上海农林职业技术学院）

赵先哲（复旦大学实验动物部）

FOREWORD 前言

实验动物应用于几乎所有生命科学研究，作为人类的替身进行各种科学实验，是其他仪器设备无法替代的、有生命的精密仪器，被称为生命科学研究的基础条件。20 世纪以来，动物实验在生命科学研究中的应用越来越广泛，人们开发出大量的实验动物新品种、品系，并对实验动物进行了标准化。实验动物科学的发展也为生命科学和现代生物学的发展提供技术平台，生命科学和现代生物学把实验动物科学带进分子水平时代并把它推到现代科学技术的前沿。

我国的实验动物发展非常迅速，从 20 世纪 80 年代起，实验动物步入了规范化的快速发展阶段。全国各地先后成立了实验动物的专门管理机构，颁布了实验动物的相关法规和标准，投资建设了多个国家级实验动物种质资源中心，并初步形成了一定规模的实验动物产业，据估计实验动物及其相关产品的市场规模超过 100 亿元，实验动物行业标准化程度不断提升。

与此同时，动物福利和人道关爱也日益受到重视，在符合科学目的的前提下，通过采用更为合理的手段充分体现实验动物福利，已经成为实验动物从业人员和全社会的共识。我国制定了《关于善待实验动物的指导性意见》等多项法规，为科学、合理、人道地饲养和使用实验动物，维护实验动物福利，符合动物伦理提供了指导原则。

随着生物医药产业成为我国和许多地区的支柱性产业，作为其支撑的实验动物产业也蓬勃发展，对实验动物相关人才的需求不断增加，在生物医药产业特别是临床前外包产业较为活跃的地区，对一线的技术人员需求量尤大。《实验动物》一书就是为适应高等职业教育实验动物课程的教学需要，结合我国实验动物科学和应用领域的实际编写的。

本书在实验动物课程建设与改革经验的基础上，结合《国家中长期教育改革发展规划纲要（2010—2020 年）》和《国家高等职业教育发展规划（2011—2015 年）》文件精神，以及教育部对国家规划教材的要求进行编写，内容编排上融入了近年来任务引领的项目化教学的理念，包括实验动物初步认识与安全接触、常见实验动物及其基本操作、实验动物的饲育、动物实验操作技术、动物模型与动物实验设计等 5 个项目 18 个任务；在内容选择上，体现适用和实用的原则。在传授基本知识和基本技术的同时，力求与国家标准、行业规范和国际、国内善待动物的理念相一致，使得学生能够迅速进入实验动物相关行业从业。本书配有数字资源，可通过扫描二维码的形式观看学习；任务实施中的工作记录以及任务评价可以通过扫描二维码的形式下载使用。

本书由多所高职院校的老师和实验动物研究中心与企业单位专家联合编写，编写分工如下：张江编写项目一，项目三任务一、任务二、任务三；李晌编写项目二任务一、任务二、任务三；欧阳慧英编写项目二任务四、任务五；高玉红编写项目三任务四、任务五，乔伟伟编写项目三任务六；蒋惠男编写项目四；赵先哲编写项目五任务一；王少兵编写项目五任务二；陈国强负责附录及图片的整理与拍摄。张江、乔伟伟、赵先哲、陈国强参与了教材配套视频的设计、拍摄及操作。

本书在编写过程中参考和引用了同行及专家的文献和资料，在此，编者对相关单位和作者表示诚挚的谢意。由于编写水平有限，书中不足和疏漏在所难免，恳请各位专家及广大读者批评指正。

编者

CONTENTS 目录

项目一　实验动物初步认识与安全接触

学习目标

1. 了解实验动物的定义、应用和发展概况。
2. 了解动物福利的原则和方法，在学习和后续工作中树立“3R”理念。
3. 初步认识并执行实验动物职业健康与安全防护措施。
4. 了解本课程的学习内容和学习方法。

课时建议与教学条件

本项目建议课时4～6学时。

实验动物相关图片或视频、个人防护设施。

任务一　认识、理解并善待实验动物

实验动物应用于几乎所有生命科学研究，作为人类的替身进行各种科学实验，是其他仪器设备无法替代的活的“精密仪器”，被视为生命科学研究的基础条件。常用的实验动物有大鼠、小鼠、豚鼠、家兔、地鼠、犬、猫、猪和非人灵长类动物等。本任务的目标是了解实验动物的定义、应用及发展概况，通过阅读《关于善待实验动物的指导性意见》，了解动物福利的原则和方法，在学习和后续工作中树立“3R”理念，正确理解和善待实验动物。

一、关于实验动物与动物实验

1. 实验动物

动物在生命科学及其他相关学科研究中起着重要作用，动物在生理、遗传结构等许多方面与人类相似，是宝贵的研究工具。但并非所有的动物都适用于科学研究。

所有可用于科学实验的动物统称为实验用动物，其中包括按科学要求定向培育的小鼠、大鼠、地鼠和豚鼠等实验动物，羊、猪和鸡等经济动物，野外捕捉回来供实验用的青蛙等野生动物以及犬、猫等观赏动物。

各种动物的来源、用途和培育程度不同，用于实验的效果也不一样。

其中只有实验动物是专门培育用于科学实验的，经济动物、野生动物和观赏动物的主要用途不是用于科学实验，区别见表1-1。

表1-1 实验、经济、观赏和野生动物的区别

动物	人工培育	繁殖控制	遗传背景	物种来源	微生物寄生虫	用途
实验动物	严格	人工	明确	明确	人工控制	科学实验
经济动物	一定程度	人工	一般	一般	人工择优	发展经济
观赏动物	一定程度	人工	一般	一般	人工择优	观赏宠物
野生动物	未经	自然	不明确	不明确	自然选择	保护发展

实验动物是指经人工培育或改造，遗传背景明确，来源清楚，对其携带的微生物实行严格控制，用于生物医学研究、药品及生物制品生产和检定及其他科学实验的动物。常用的实验动物有大鼠、小鼠、豚鼠、家兔、地鼠、犬、猫、猪和非人灵长类动物等。其特点有以下几方面。

(1) 在遗传上，必须经人工培育或人工改造，遗传背景明确，来源清楚。经人工培育的动物，依据其基因纯合的程度，常把实验动物划分为近交系（inbred strain）、突变系（mutant strain）、杂交群（hybrid colony）和封闭群（closed colony）动物四大类群。

(2) 在微生物控制上实行严格的人工控制。根据控制的程度不同，目前我国将实验动物分为普通级动物（CV）、清洁级动物（CL）、无特定病原体动物（SPF）和无菌动物（GF），无菌动物中还包括悉生动物（GA）。

(3) 在用途上，实验动物是专门用于科学实验的。在生命科学领域里，进行实验研究有四个支撑条件，被称为“AEIR四要素”，即实验动物（A：animal）、仪器设备（E：equipment）、情报信息（I：information）、化学试剂（R：reagent）。实验动物作为人类的替身，应用于几乎所有的生命科学实验，如医学、生物学、制药、化工、农业、环保、商检及实验动物本身的研究，是其他仪器设备无法替代的。在这些实验中，要求实验动物对实验因素敏感性强，反应高度一致，从而能够使实验研究结果具有可靠性、精确性、可比性、可重复性，因此需要使用专门培育的实验动物。

2. 动物实验

动物实验是利用动物获得研究数据和资料的过程，通过对动物施加某种处理、观察、记录，以解决科学实验中的问题，获得新的认识，发现新的规律。动物实验包括各种实验技术、实验方法及技术标准。

生命科学领域中许多重大的科研成果都是通过动物实验获得的。历史上通过动物实验证明了人类许多传染性疾病如鼠疫、布氏杆菌病、白喉的传染源是各种微生物，确定了各种致病微生物与人类疾病的关系，使预防疾病、预防免疫和治疗各种传染病成为可能。通过动物实验发现了用于人体疾病预防和治疗的抗生素及生物制品，证明了多种维生素、微量元素、氨基酸等食物成分在维持人体生理功能和新陈代谢等方面的作用。临床医学中许多重要技术课题，如低温麻醉、体外循环、脑外科、心外科、器官移植等都是先通过动物实验完成的。

生物科学研究前沿，特别是遗传工程研究大多是在动物身上开展，实验动物与动物实验在促进生命科学发展中起着极其重要的作用。

在不同目的的动物实验中，可能需要使用不同类别的实验动物。见表1-2。

表 1-2　用于不同类别研究的动物

品种	研究重点
小鼠和大鼠	癌症、肌肉萎缩症
非人灵长类动物	艾滋病，乙型、丙型肝炎，疟疾，阿尔茨海默病
兔	疫苗的开发、心血管疾病
猪	皮肤伤口的愈合、冠状动脉再狭窄
犬	毒理学研究、手术研究、医疗器械的植入

3. 实验动物学

实验动物学是以实验动物为主要研究对象，并将培育的实验动物应用于生命科学研究的一门综合性学科。简而言之，它是研究实验动物和动物实验的一门综合性学科。

在现代科学带动下崛起的实验动物科学，不仅是生命科学的重要支撑条件，其本身也成为一门综合性的独立新兴学科。现代新兴研究如人类基因组计划、基因结构与功能组学等重要研究都离不开高质量实验动物的广泛应用。当前国际上已经把实验动物科学条件作为衡量一个国家科学技术现代化水平的标志。

实验动物学主要研究内容包括实验动物和动物实验两部分：前者是以实验动物本身为对象，专门研究它的生物学特性、遗传、饲养繁殖、微生物及寄生虫控制、疾病防治等，开发实验动物资源、实行质量控制，为科学研究提供支撑条件；后者是以实验动物为材料，开展比较医学研究，采用各种方法在实验动物身上进行科学实验，研究实验过程中动物的反应、表现及其发生发展规律性问题，依此推演、类比解决生命科学和医学中的重大问题。

二、实验动物发展概述

1. 国外实验动物发展

在 20 世纪前，西方就采用犬、蛙、蛇、鱼和其他动物进行动物实验，比如 17 世纪的英国医生哈维进行了一系列的动物实验，发现了血液循环和心脏的功能作用；科赫、巴斯德、贝尔纳、巴甫洛夫等通过动物实验发现了生物科学的许多规律。但是，真正的实验动物形成和发展是在 20 世纪之后。

20 世纪以来，动物实验在生命科学研究中的应用越来越广泛，为了提高动物实验的科学性、准确性和可重复性，人们开始有选择、有目的地开发某些动物的新品种、品系，并对实验动物开展系统的研究，对实验动物进行微生物学和寄生虫学控制，进而对实验动物病理学、营养学、生态学、比较医学、管理学、福利学、实验技术、模型制备等进行不断深入的探讨，取得一系列突破性进展。

1909 年，美国 Jackson 实验室育成了世界上第一个近交系动物（DBA 近交系小鼠）。从此以后，各国科学家先后培育出一系列近交系动物、突变系动物、杂交一代动物，总结并探索出一整套实验动物选种、育种、保种等繁殖技术，从而奠定了实验动物遗传学基础。

实验动物新品系和新的实验动物模型在前沿科学的应用反过来促进实验动物科学的发展，构成了“实验动物→现代生物技术→新一代实验动物”这样良性循环发展。实验动物科学为生命科学和现代生物学的发展提供技术平台，生命科学和现代生物学把实验动物科学带进分子水平时代并把它推到现代科学技术的前阵。据美国哈佛医学院 1996 年统计，之前 5 年内人类与健康研究中 51 项重大突破性成果中 22 项是通过动物模型遗传研究获得。1901

年至1997年通过动物实验研究的31项重大成果中有18项获得诺贝尔奖。1901年至2008年，有67.5%的诺贝尔生理学或医学奖研究成果使用实验动物获得，涉及动物25种119次。“Nature”“Science”等国际顶级杂志中，使用动物模型研究成果发表的生物医学论文占其总数的35%～46%。

随着实验动物质量的提高和品种、品系的丰富，动物实验已经形成鲜明的可控性、再现性、可比性特点，完全可以实现在人为控制的条件（动物、试剂、药物、环境条件等）下，根据研究目的要求，按照预先设计的程序，对动物进行相应的处理，使动物可以特异、可靠地反映出结构、功能、代谢、体征变化，并通过量化的手段评价这些变化，用于阐明生命基本规律和机制、人类疾病的发病机制和预防治疗措施以及创制新药。

以美国、欧洲、日本为代表的发达国家和地区，实验动物科学的发展经历了几十年的积累，已经形成了相对完善的学科体系，在科学研究、资源建设、技术平台建设、科学管理等方面都得到了全面发展。常用实验动物及相关产品已实现生产供应商品化、社会化、标准化，动物实验技术规范化。在科学研究、保种育种和新资源开发方面，政府投入力度非常大，有力地促进了生命科学研究的发展，取得了丰硕成果。比如美国是实验动物科学发展最早、最快的国家，不论是实验动物资源建设还是实验动物科学研究都形成了相对完善的体系，有力地促进了美国相关产业的发展。以实验动物科学的两个主要支撑行业药物和医疗卫生为例，2007年全球药品销售额占全球GDP值54万亿美元的比例为1.33%，其中美国药品的消费额占GDP值的比重超过2%（实验动物和动物实验费用一般可以占新药开发投入的50%，而新药开发投入占医药产值的10%左右）。

近年来，美国政府仍然在实验动物科学研究领域投入大量资金开发实验动物资源，建立研究服务中心，为社会提供资源与技术服务。据统计，仅通过NCRR（National Center for Research Resource）支持建立的国家级实验动物资源和技术服务机构分布在啮齿类动物、灵长类动物、水生动物、猪、无脊椎动物等动物种类，包括啮齿类国家中心12个、非人灵长类研究中心9个、非人灵长类资源中心6个、大猩猩研究资源中心3个。美国在实验动物资源和技术中心的投入大大加快了美国生命科学的进步。

2. 国内实验动物发展

1944年，我国从印度Haggkine研究所引入小鼠，并培育成我国广泛使用的昆明种小鼠。新中国成立后，北京、上海、长春等生物制品研究所建立实验动物繁殖场，一些大学和研究机构也相继建立实验动物饲养场，培训了一些技术人员，奠定了中国实验动物发展的基础。1981年国务院确定国家科学技术委员会（现中华人民共和国科学技术部）为我国实验动物管理部门。1982年、1985年召开了两次全国实验动物科技工作会议，确定了发展我国实验动物科学的方针和原则。1985年卫生部成立医学实验动物管理委员会，推行实验动物合格证制度，并着手建立医学实验动物标准。1988年，北京和上海成立了医学实验动物管理委员会，推行实验动物质量、设施合格证和技术人员资格证认可制度，同年我国第一部行政法规性文件《实验动物管理条例》经国务院批准，由国家科学技术委员会发布施行。

在建立管理机构体系的同时，相应的管理政策法规也逐步完善。目前，我国有关实验动物的法规、管理规定主要包括：《实验动物管理条例》《实验动物质量管理办法》《实验动物许可证管理办法（试行）》《关于善待实验动物的指导性意见》以及地方实验动物法规。与实验动物相关法律法规和规章主要包括：《动物防疫法》《动物防疫条件审核管理办法》《野生动物保护法》《国家重点保护野生动物驯养繁殖许可证管理办法》《传染病防治法》《病原微生物实验室生物安全管理条例》等。

我国目前在生命科学研究领域使用的实验动物品种、品系，以从国外引进的品种、品系占主要地位，如BALB/c小鼠、C57BL/6小鼠、ICR小鼠、SD大鼠、Wistar大鼠、Hartley豚鼠、Beagle犬等。同时，我国特有实验动物资源亦占有一定比例，其中昆明小鼠（KM小鼠）的用量占全部小鼠用量的70%左右。我国常用实验动物（包括实验用动物）有30余个品种100多个品系（包括引进和我国特有资源）。绝大多数的实验动物用于科研，其次为检定、相关产品生产和教学。北京和上海是实验动物生产、使用规模最大的城市，也是小鼠和大鼠的主要产地。

目前已分别在北京、上海、广东、黑龙江等地建立，或以项目的方式支持了国家啮齿类实验动物种子中心和上海分中心，国家实验小型猪种质资源中心，国家实验兔、猴、犬、禽等种源基地，国家灵长类资源中心，国家遗传工程小鼠资源库等。新型实验动物资源以引进和创制并举。但是整体水平与美国相比仍然差距很大。

目前我国科学家开展野生动物的实验动物化研究，比较有代表性的动物包括：树鼩、东方田鼠、长爪沙鼠、灰仓鼠、非人灵长类动物、小型猪等。

在实验动物质量检测方面，建立了由国家实验动物微生物检测中心（中国药品生物制品检定所）、国家实验动物遗传检测中心（中国药品生物制品检定所）、国家实验动物环境检测中心（中国医学科学院实验动物研究所）、国家实验动物病理检测中心（中国医学科学院实验动物研究所）、国家实验动物饲料营养检测中心（中国疾病预防控制中心营养与食品卫生研究所）和国家实验动物寄生虫检测中心（上海生物制品研究所）组成的国家实验动物质量检测机构，并在大多数省份建立了实验动物质量检测机构。实验动物检测技术和监测能力伴随着实验动物科学整体发展而不断发展，以实验动物国家标准的发布为标志，实验动物监测技术体系初步形成，并达到了一定的标准化水平。

在实验动物产业化方面，已经初步形成了实验动物产业，这一产业以实验动物的生产供应为主体，同时也包括相关产品如饲料、垫料、笼架具、仪器设备及工程设施的商品化、社会化和产业化。以北京为例，几大实验动物生产供应机构如维通利华、军事医学科学院、中国医学科学院实验动物研究所、中国药品生物制品检定所等啮齿类实验动物年产量在250万只以上；上海实验动物生产供应机构主要是上海斯莱克实验动物有限公司和上海西普尔-必凯实验动物有限公司，产量都在100万只以上。

三、实验动物的人道关爱

在生命科学领域内，实验动物作为人类的替身，为人类的健康做出了极大的贡献。但是实验动物同人类一样是血肉之躯，同样有感知、恐惧和情感的需要，相对人来说，实验动物更是弱势群体。

随着人类文明的进步和科技的发展，实验动物福利日益被人类所重视，在符合科学目的前提下通过采用更为合理的手段，充分体现实验动物福利，已经成为实验动物从业人员和全社会的共识。同时，善待动物也是科学实验的需要。动物如果处理不当，可能导致操作人员受伤害或动物自身受伤害，它们可能受到应激，导致动物的生理变化，从而可能影响研究结果。尽可能保持动物的平静很重要，因为这样可以防止研究中动物产生的影响，确保研究数据的完整性。

实验动物福利是在其整个生命过程中对实验动物实施保护的具体体现，其基本原则是为了保证实验动物的身心健康。国际上普遍认可的实验动物福利为“五大自由”，即享受不受饥渴的自由、享受生活舒适的自由、享受不受痛苦伤害和疾病威胁的自由、享受生活无恐惧和悲伤感的自由、享受表达天性的自由。让实验动物在身心健康的状态下生存，其标准包括实验动物无任何疾病、无行为异常、无心理紧张压抑和痛苦等。

实验动物福利并不意味着绝对地保护实验动物不受到任何伤害，而是兼顾科学研究和在可能的基础上最大限度地满足实验动物维持生命、维持健康和提高舒适程度的需要几方面。

为了更好地保护动物，在进行与实验动物相关的活动时，要本着为科学服务的目的尽可能地减少给实验动物带来的伤害。国际实验动物学界提出实验动物使用的"3R"原则。

① replacement（代替） 在不影响实验结果的科学性、可比性情况下，采用动物实验替代方法：使用低等动物替代高等动物，用非脊椎动物替代脊椎动物，用组织细胞替代整体动物，用分子生物学、人工合成材料、计算机模拟等非动物实验方法替代动物实验。

② reduction（减少） 在保证获取一定数量与精确度的数据信息的前提下，减少动物的使用量。通过使用适合的动物品种、品系和高质量的实验动物，改进实验设计、规范实验动物操作程序等，达到动物使用数量的减少。

③ refinement（优化） 在必须使用动物时，要尽量减少非人道程序的影响范围和程度。从动物人道主义去理解，饲养方式、方法符合动物习性。使用动物做实验时，尽量减少动物痛苦，在处死时采用安乐死等。

在实验动物中实施"3R"原则，最主要的目标是善待活着的动物，减少动物死亡的痛苦。例如，给予动物以舒适的居住环境；给予动物以足够营养的饲料、清洁饮水；给予需要的动物以镇静剂、麻醉剂；给予动物人道处死、施行安乐死；给予动物温和保定、善良抚慰，减少应激反应等。

世界上各国均以立法的形式管理实验动物，制定相关的条例、规范、指南和带有强制性的管理措施，以确保实验动物质量、实验效果及动物的相关福利。

我国制定了《实验动物管理条例》《关于善待实验动物的指导性意见》和有关标准，为科学、合理、人道地饲养和使用实验动物，维护实验动物福利，符合动物伦理提供了指导原则。在指导性意见中提出，禁止无意义滥养、滥用、滥杀实验动物，制止没有科学意义和社会价值或不必要的动物实验；倡导"3R"原则；采取有效措施，为动物提供充足的、保证健康的食物、饮水，以及清洁、舒适的生活环境，保证动物能够实现自然行为和受到良好的管理与照料；按照科学合理的操作技术规程进行实验动物管理；善待实验动物，尊重动物生命；制止针对动物的野蛮行为，采取痛苦最小的方法处置动物，避免或减少动物的应激、痛苦和伤害。

四、实验动物从业人员

实验动物从业人员应了解相关法律、法规及各种规章制度，熟悉实验动物学专业基础理论知识、相关专业知识和专业技能，熟悉实验动物生物学特性，应善待和爱护实验动物，做到科学、合理、人道地使用实验动物，严禁虐待实验动物，杜绝粗暴行为。

实验动物生产单位及使用单位一般应设立实验动物管理使用委员会（IACUC）。由管理人员、科技人员、实验动物专业人员和本单位以外人士组成，具体负责本单位有关实验动物的福利维护及伦理审查和监督管理工作，主要职责包括审查和监督本单位开展的有关实验动物的研究、饲养、运输，以及各类动物实验的设计、实施过程是否符合动物福利和伦理原则，并对审查通过的项目进行日常监督检查，对发现的问题提出整改意见等。

一、实施准备

1. 国家科学技术部制定的《关于善待实验动物的指导性意见》，附录一。
2. 所在实验动物设施标准操作程序（SOP）中动物福利相关内容。

二、实施步骤

1. 阅读《关于善待实验动物的指导性意见》和其他相关的资料，重点学习了解以下内容。

（1）什么是善待动物？
（2）你所在的动物设施有实验动物管理委员会吗？组成及其职责是什么？
（3）何谓“3R”？如何实现“3R”？
（4）饲养实验动物时应该如何对待动物？
（5）动物实验中应该如何对待动物？
（6）运输时应该如何对待动物？
（7）如何看待仁慈终点？

2. 分组讨论，提出所在小组的意见。

3. 每个小组推选学生代表1名，进行交流发言，主题是“如何善待动物”。可结合如下问题开展。

（1）不用动物开展实验是否可行？
（2）既要进行动物实验，又要善待动物，有没有矛盾之处？
（3）学校有没有相应的实验动物管理委员会？组成及其职责是什么？
（4）在实验兔的饲养中，周六突然发现兔料不够了，由于是休息日，采购员没有上班，于是饲养员就用鸡饲料临时替代，你对此是如何看待的？

4. 教师总结。

三、工作记录[1]

1. 学习讨论记录

组长		组员			
学习任务					
学习时间		地点		指导教师	
什么是善待动物					

[1] 全书任务实施中的“工作记录”以及任务评价的相关内容可从 www.cipedu.com.cn 下载填写。

续表

何谓“3R”，如何实现“3R”	
实验动物管理委员会的组成及其职责	
饲养时应如何对待动物	
实验中应如何对待动物	
运输时应如何对待动物	
如何看待仁慈终点	

2. 组内人员分工

姓名	工作分工	完成时间	完成效果

3. 小组发言记录

问　　题	观　　点
不用动物开展实验是否可行	
既要进行动物实验，又要善待动物，有没有矛盾之处	
在实验兔的饲养中，周六突然发现兔料不够了，由于是休息日，采购员没有上班，于是饲养员就用鸡饲料临时替代，你对此是如何看待的	

任务评价

考核内容：认识、理解并善待实验动物

班级：　　　组别：　　　姓名：　　　　年　　月　　日

项目		评分标准	分值	负责人 10%	自评 30%	教师 60%
善待动物	评价要点	举例说明饲养过程中如何善待动物	10			
		举例说明运输过程中如何善待动物	10			
		举例说明实验过程中如何善待动物	10			
“3R”原则	评价要点	了解实验动物“3R”原则	10			
		举例说明如何减少实验动物使用数量或如何优化动物实验设备与方法或替代动物实验	10			

续表

<table>
<tr><th rowspan="2">项目</th><th colspan="2" rowspan="2">评分标准</th><th rowspan="2">分值</th><th>负责人</th><th>自评</th><th>教师</th></tr>
<tr><th>10%</th><th>30%</th><th>60%</th></tr>
<tr><td>仁慈终点</td><td>评价要点</td><td>举例说明仁慈终点的常用方法</td><td>10</td><td></td><td></td><td></td></tr>
<tr><td rowspan="2">小组代表发言</td><td rowspan="2">评价要点</td><td>观点正确性</td><td>10</td><td></td><td></td><td></td></tr>
<tr><td>发言技巧</td><td>10</td><td></td><td></td><td></td></tr>
<tr><td>学习态度</td><td colspan="2">将实验设备与材料摆放在合适的位置；
正确使用实验设备与材料；
积极动手操作、反复练习；
实验完成时能够及时整理实验台面、清洗实验设备；
积极讨论、发言</td><td>10</td><td></td><td></td><td></td></tr>
<tr><td>合作沟通</td><td colspan="2">积极参与工作计划的制订；
按照工作计划、按时完成工作任务；
乐于助人，也乐于向其他人请教；
善于提问，积极思考别人提出的问题，提出解决方案</td><td>10</td><td></td><td></td><td></td></tr>
<tr><td>合计</td><td colspan="6"></td></tr>
<tr><td>教师评语</td><td colspan="6"></td></tr>
</table>

思考与练习

1. 研究人员需要对患病动物开展实验，兽医认为动物患病情况下不宜开展实验，这时你如何判断决定？

2. 一条实验用犬在完成实验项目后能否放生？

3. 研究人员需要12只兔开展实验，但是目前只有10个笼子（假定每个笼子饲养1只兔子），每个笼子放入2只兔子稍微有些拥挤，是否可以考虑有2个笼子中饲养2只兔子，以按时完成实验？

任务二　实验动物职业健康与安全防护

动物可产生一定安全问题，这些危害可能与动物本身直接相关，也可能与对动物的相关操作或环境有关。例如，大型犬身体较大并具有攻击性、非人灵长类动物可能带有危险的人畜共患病。动物如果在饲养或处理过程中因压力过大，可能会咬伤和/或抓伤造成伤口，实验材料（如供试品）可能会造成人体伤害，实验操作失误也可能导致健康和安全问题。

考虑到个人的安全，实验动物从业人员应定期参加安全和操作培训，了解实验动物领域的危害状况，认识职业健康与安全防护措施，并学会选择、穿戴适当的个人防护设备，严格执行安全工作规范。在本任务的学习中，我们将讨论危害的类型和危害风险的水平及预防措施，并学会正确穿戴个人防护设备。

一、实验动物危害类别

实验动物中存在的危害可以分为物理危害、生物危害、化学危害、放射性危害 4 种类别，见表 1-3。其中主要是物理危害和生物危害。

表 1-3 实验动物危害类别

危害类别	可能造成的伤害
物理危害	割伤、擦伤、刺伤、挫伤 烧伤 组织冻伤 听力受损 摔倒 背部拉伤
生物危害	感染 致敏
化学危害	中毒
放射性危害	过度暴露

1. 物理危害

(1) 物理危害及所致损伤　物理危害处处存在，例如极端的光照、声音、热、冷、锐利的设施设备以及其他导致受伤的外力。在实验室中，物理危害是较为严重的危害。

物理危害包括动物本身造成的咬伤、擦伤、踢伤、撞击、听力受损或践踏受伤，以及实验动物研究中所使用的设备和材料，如重型设备、锐利设备（针头、手术刀、玻璃碎片）等。此外动物设施及环境中可能也会存在物理危害，例如长期搬运饲料袋或水瓶可能导致人体工程学伤害。

物理危害所致损伤的影响可包括尖锐物体引起的割伤/刺伤，因体能过度使用或错误使用造成的背部或肌肉拉伤，多次重复执行任务引起的肌肉和关节累积损伤，通常与重力有关的摔倒、碰撞或钝挫伤，以及高音量或长期暴露于嘈杂环境造成的临时性或永久性听力损伤。表 1-4 列出了不同实验动物容易造成的物理危害。

表 1-4 不同实验动物容易造成的物理危害

物理危害	造成原因	相关动物
割伤/刺伤	动物抓伤 设备擦伤/割伤 锐利物造成的擦伤/割伤 针头刺伤 动物咬伤	小鼠 大鼠 兔 犬 猫 猪

续表

物理危害	造成原因	相关动物
背部或肌肉拉伤，累积损伤	抓取或保定大型动物 搬运用于消毒的饲养设备、水瓶、垃圾、垫料/饲料袋 长期在不舒适的位置或以不恰当的方式操作	兔 犬 猫 猪
摔倒，碰撞，钝挫伤	进入昏暗的动物房时失去控制 抓取或保定大型动物期间失去控制 踢伤、碰撞、践踏	猪
听力受损	笼具清洗区 动物房里待的时间过长	犬

(2) 物理危害控制　物理危害的控制主要根据造成的原因针对性地进行。表 1-5 列出了物理危害控制的一些方法。

表 1-5　物理危害控制方法

物理危害	物理危害控制
割伤，刺伤	妥善处理和保定所有动物 锐利物放置在安全容器中，使用完成后放在专用容器中
背部或肌肉拉伤，累积损伤	妥善处理和保定所有动物 工作尽可能交替进行 采用机械移动重设备
摔倒，碰撞，钝挫伤	妥善处理和保定所有动物 注意控制环境，处理异常情况 对大型动物操作时注意安全 坚持饲养危险动物的规程，使用安全设备
听力受损	佩戴合适的听力保护设备 参与职业安全计划，包括定期进行听力测试

2. 生物危害

生物危害可能来自实验室中的任何活体组织，并对人体和动物造成危险。比如来自动物本身的致敏原会导致某些过敏体质的人产生生物危害；有时动物会携带人畜传染的疾病，比如乙型疱疹病毒、肺结核或狂犬病，也可能在研究过程中通过动物模型人为感染的疾病，例如痘病毒。生物危害也可能来自于生物实验材料，比如来自于呼出空气、体液（包括血液、唾液、黏液、尿液、粪便和眼泪）。接触污染组织的医疗设备也可能存在危害。脏的垫料和笼具可能产生生物危害。

(1) 生物危害类别　需要重视的主要危害类别有以下几种。

① 动物致敏原。动物致敏原对敏感个体产生很大的风险。轻微反应可能包括：皮肤发红，伴有或不伴有瘙痒，鼻炎（眼睛流泪和鼻子流涕），打喷嚏或局部皮疹。严重的反应可能包括全身皮疹、呼吸困难、休克和死亡。动物致敏原来自与动物直接或间接接触，特别是皮屑、唾液和尿液。

② 人畜共患病。所有能够引起种间疾病的病原体（包括人）统称为人畜共患病。传染源可能是寄生虫、细菌、真菌或病毒，几乎任何一种体液或产物均可能存在传染源，它们存在于血液、含血组织、唾液、尿液、粪便、眼泪中。例如狂犬病是通过咬伤传播的，其他疾病包括沙门菌、弯曲杆菌和结核病容易在多个物种之间传播。在操作某些动物时可能更容易患上某些疾病，比如怀孕者操作猫时可能容易患弓形体病。控制接触是控制人畜共患病最直接的途径。

表 1-6 列出了不同实验动物中常见的人畜共患病病原体。

表 1-6 常见的人畜共患病病原体

动物	人畜共患病病原体
啮齿类	念珠状链杆菌(鼠咬热) 小螺菌 沙门菌(大多数啮齿类动物) 钩端螺旋体(大多数啮齿类动物) 淋巴细胞性脉络丛脑膜炎(LCM) 汉坦病毒(大多数啮齿类动物) 皮肤真菌病(须癣毛癣菌)
兔	土拉热杆菌(兔热病) 钩端螺旋体
犬	钩端螺旋体 布鲁杆菌
猴	B病毒
猫	弓形虫
绵羊/山羊	立克次体(Q热)
猪	水泡性口炎病毒 猪流感病毒 布鲁杆菌

③ 生物试验材料。生物试验材料部分或全部由活体组织或曾经存活的组织组成。比如疫苗，采用减毒的传染性病原体生产，有利于产生免疫应答。

表 1-7 列出了实验动物中较为常见的生物危害。

表 1-7 实验动物中较为常见的生物危害

生物危害	造成原因	相关动物
动物过敏原	吸入动物皮屑,特别是猫的皮屑 吸收(直接接触)动物唾液或尿液	小鼠 大鼠 兔 犬 猫 猪
人畜共患病或带有传染性病原体的动物模型	动物抓挠带入传染性病原体 污染设备造成划伤/切伤 由于感染性锐器放置不当造成的划伤/刮伤 针头扎伤,带入传染性病原体 动物咬伤,带入传染性病原体 因扫地、动物打喷嚏或咳嗽吸入	小鼠 大鼠 兔 犬 猫 猪
生物试验材料	生物试验材料处理不当,导致注射、吸入、吸收或摄入传染性物质 带有传染病的动物模型处理不当,导致注射、吸入、吸收或摄入传染性物质	小鼠 大鼠 兔 犬 猫 猪

(2) 生物危害暴露控制　生物危害暴露控制的原则是预防，防止人体接触动物体液。控制生物危害的方法包括：从环境中除去感染物质，建立安全工作规范以及提供特定的个人防护装备。

表 1-8 列出了生物危害控制的一般方法。

表 1-8　生物危害控制方法

生物危害	生物危害控制
动物致敏原	在适当的生物安全等级下工作 减少气溶胶和粉尘的生成 戴合适的口罩 避免直接接触动物皮肤、组织、垫料、尿液等
人畜共患病、带有感染性病原体的动物模型或生物试验材料	在适当的生物安全等级下工作 穿戴合适的个人防护设备,包括防溅罩、可脱卸外衣以及手套 遵守动物处理和保定指导原则,防止身体咬伤、割伤、划伤和针扎伤 尽可能以其他设备代替锐器 避免接触口、鼻、眼睛 减少液体操作期间气溶胶的形成 使用辅助防漏容器储存或转移组织或体液 如果可能,在生物安全柜中执行危险操作 防止直接与动物皮肤、组织、垫料、尿液等接触 在操作动物或样本后除去手套 离开设施时洗手

二、职业健康与安全防护措施

确保工作场所安全性的措施主要有两种：一是实施安全操作规范（预防措施）；二是提供适当的个人卫生与个人防护装备（PPE）。

1. 安全操作规范

一个实验动物机构应该拥有一套自上而下的控制和预防策略，能识别潜在危害和评估与这些危害相关的工作风险。管理和控制风险包含以下步骤：第一步，合理地设计和运行设施，使用安全的仪器设备；第二步，建立标准操作程序（SOP）；第三步，提供个人防护装备（PPE）。

操作规程（或标准操作程序，SOP）是针对动物实验中每一工作环节或操作过程制定的标准和详细的书面规程。规范的实验动物设施必须制定相应的 SOP，操作规范执行到位能够最大限度地确保安全性。相关人员接受操作规程的培训，了解设施的潜在危险、保持个人卫生，熟悉工作环境中所涉及的危害，懂得正确选择和使用仪器，能够按照建立的操作规程开展工作、穿戴个人防护装置。

2. 个人卫生与个人防护装备（PPE）

良好的个人卫生能降低职业性损伤和交叉感染的概率。个人应注意清洗、消毒双手，及时更换衣服以维持良好的个人卫生。在动物设施内穿戴的外衣一般不能穿到动物设施外部。员工不允许将食物、饮料或水带入动物饲养室或实验室内，在饲养室和实验室禁止抽烟、使用化妆品或摘戴隐形眼镜。

个人防护装备（PPE）包括保护身体的物品，如手套、头罩、防护服或实验室外套，鞋套或靴子，口罩、呼吸面具或护目镜等。例如，对小鼠进行腹腔注射，应该戴手套和其他必要的防护设备，防止接触动物致敏原或供试品。接触非人灵长类动物时，员工应使用的个人保护用品包括手套、护臂、合适的面罩以及护目镜。在噪声分贝较高的工作区应提供听力保护装置。在工作区可能接触被污染的空气传播粒子或蒸汽时，应佩戴适当的呼吸保护装置。个人防护装备在工作中发生污染时，要更换后才能继续工作。

其他良好的实验动物工作行为包括：戴手套工作，离开实验室时，除去手套并洗手；严格遵守洗手的规程；安全使用移液管；配备降低锐器损伤风险的装置和建立操作规程；在使用锐器时要注意不要试图弯曲、截断、破坏针头等锐器，使用过的锐器要置于专用的容器中；定期清洁设备，必要时使用消毒灭菌剂；所有生物危险废物在处置前要可靠消毒灭菌；需要运出实验室进行消毒灭菌的材料，要置于专用的防漏容器中运送，运出实验室前要对容器进行表面消毒灭菌处理。

在个人防护中，要注意人畜共患病的预防。动物饲养管理人员应接种破伤风疫苗，可能感染或接触特殊传染因子的员工应提前进行免疫，如狂犬病病毒（使用某些动物种群）或乙型肝炎病毒（使用人血或人类组织、细胞株或储存液）。有些非人灵长类动物疾病可以感染人类，接触非人灵长类动物或其组织、体液的人员应定期检查肺结核。此外要及时汇报所有的事故、咬伤、抓伤和过敏症，并妥善地进行医疗处理。个人防护装备见图 1-1，根据动物房设施指南穿戴个人防护装备见图 1-2。

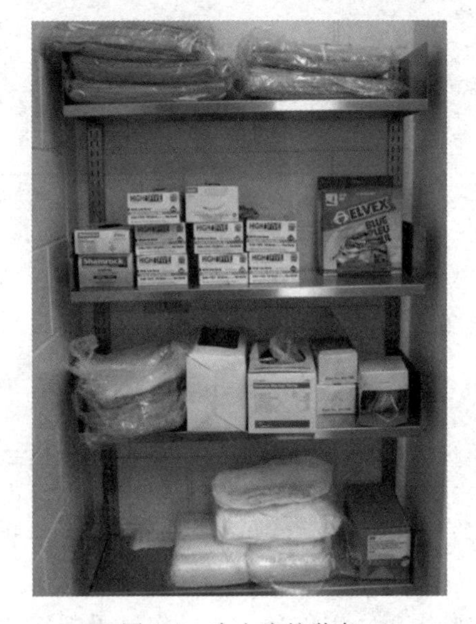

图 1-1 个人防护装备

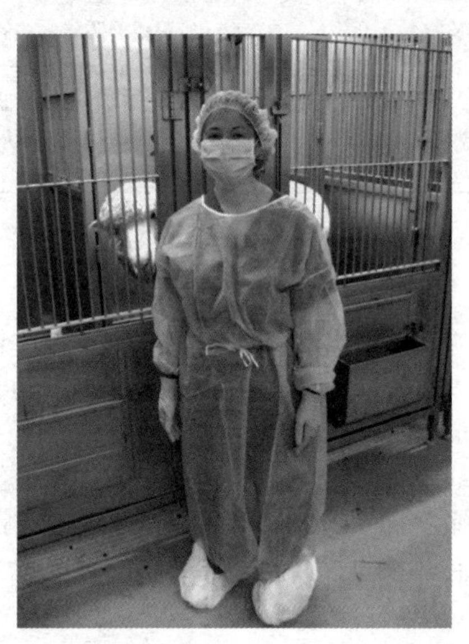

图 1-2 根据动物房设施指南穿戴个人防护装备（头套、口罩、隔离衣、鞋套、手套）

一、实施准备

1. 一次性手套、头罩、防护服、鞋套、口罩等个人防护设施。
2. 所在实验动物设施 SOP 中，进出动物房的相关内容。
3. 所在实验动物设施的员工职业健康和安全计划（OHSP）。

二、实施步骤

1. 危害危险评估及安全操作讨论

（1）阅读《实验动物职业健康与安全防护措施》、员工职业健康和安全计划（OHSP）和其他相关的资料。可结合如下问题开展。

① 实验动物危害的类型及危害风险的水平。

② 如何既成功地完成实验又降低实验动物危害风险的水平？

③ 学校在课堂上提供了哪些主要的预防措施？

④ 即使在穿戴个人防护设施的情况下，实验员仍有可能受伤。实验员在受伤的第一时间如何处理？什么情况下需要去医院？

⑤ 危害风险评估：仔细阅读有关材料，填写风险评估记录中的暴露途径、暴露剂量等内容，讨论危害的类型和危害风险的水平及预防措施。危害场景见表1-9。

表1-9 危害场景

序号	场景
1	给实验兔服用具有生物危害性的药物后，在采集血样时，发现兔子在保定器中撒尿，有少量黄色液体滴入护目镜上，用裸露的上臂肌肤擦去黄色液体
2	进行一项非人灵长类动物临床观察研究，突然笼子倒在地上，有一只动物前肢出血。接近时动物突然摇动肢体，将一些血液溅到脸部、眼睛和嘴中
3	实验动物是对人体有害的、带有传染性病原体的雪貂。在注射这种传染性病原体时发现它非常黏稠，突然注射管滑动，被针头扎到

(2) 分组讨论，提出所在小组的意见。

(3) 每个小组推选学生代表1名，进行交流发言。主题是“实验动物职业健康与安全防护”。

2. 认识并穿戴个人防护设施

分组进入实验动物屏障设施。其基本步骤如下。

(1) 要进入屏障系统人员在休息室存放外套、首饰及与实验无关物品。

(2) 填写好人员进出记录表。

(3) 进入一更，随手关门，换拖鞋进入二更，并随手将门关好。

(4) 进入二更后，穿戴经过灭菌处理的无菌工作服、口罩、手套。

(5) 进入风淋室风淋，结束后打开内门进入清洁走廊，关闭风淋室内门。

(6) 高压喷枪消毒。

(7) 观察屏障设施内的基本情况。

(8) 退出屏障，脱下工作服、口罩、手套等，置于相应的存放盒中。

(9) 填写完整人员进出记录，离开实验动物设施。

人员进出实验动物设施，注意开门时先开一道门，当人进入后，随手关闭，再开第二道门，严防两侧门同时打开。无菌衣和手套必须穿戴整齐，注意不得露出头发和裸手操作，口罩需罩住口鼻，袖口要包住手套口。

三、工作记录

1. 实验动物危害及安全防护讨论记录

问题编号	发言的概要	姓名
1		
2		
3		
4		

2. 危害风险评估记录

场景	危害类型	暴露途径	有害成分	清洁能力	危害水平	预防措施
1						
2						
3						

3. 穿戴个人防护品记录

项目	时间	换鞋、更衣	口罩、鞋套	风淋	喷枪消毒	姓名
1						
2						
3						
4						

考核内容：实验动物职业健康与安全防护

班级：　　　　组别：　　　　姓名：　　　　　年　　月　　日

项目	评分标准		分值	负责人 10%	自评 30%	教师 60%
穿戴个人防护品	评价要点	进入动物房前需登记	7			
		换鞋、更衣	7			
		戴口罩、手套、鞋套	8			
		风淋	8			
		高压喷枪消毒	10			
	熟练程度	用时 3min	10			
危害风险评估讨论	评价要点	能够积极主动发言	10			
		举例说明三个不同场景的危害风险	10			
		举例说明在实验过程中如何防止危害发生	10			
		讨论记录条理清晰、重点突出	10			
学习态度	将实验设备与材料摆放在合适的位置； 正确使用实验设备与材料； 积极动手操作、反复练习； 实验完成时能够及时整理实验台面、清洗实验设备		5			
合作沟通	按照工作计划按时完成工作任务； 乐于助人，也乐于向其他人请教； 善于提问，积极思考别人提出的问题，提出解决方案		5			
合计						
教师评语						

思考与练习

在一个实验动物设施中往往会发生多种类型的危害。假定一条犬已经感染了一种传染性病原体，然后又接受放射性标记的测试物质。任务是采用化学方法保定犬，并采集血液。因此任务中可能会产生哪些危害（包括物理、化学、生物和放射性危害）？

项目二　常见实验动物及其基本操作

学习目标

1. 了解实验动物的分类、品种（系）的概念。
2. 熟悉常见实验动物的解剖生理和行为特点。
3. 能够抓取、保定常见实验动物。

课时建议与教学条件

本项目建议课时12学时。

小鼠、大鼠、兔、犬、猫、豚鼠、猕猴、小型猪、水生动物等相关图片或视频。

清洁级或SPF级小鼠和大鼠，兔子，普通级比格犬，大鼠、小鼠保定架，兔保定架，犬保定架，实验台，个人防护设备。

任务一　小鼠的认识与基本操作

小鼠是最常用的实验动物之一。小鼠通常比较温顺，不过有些品系小鼠可能表现出较高的攻击性。小鼠的品种、品系较多。通过本任务的学习，能够描述小鼠的行为、常见品种与品系，了解小鼠的解剖生理特点，正确进行小鼠的抓取、保定和性别鉴定。

一、小鼠的生物学与解剖生理特点

小鼠属于脊索动物门，哺乳纲，啮齿目，鼠科，鼷鼠属动物。小鼠具有多种毛色，如白色、鼠灰色、黑色、棕色、黄色、巧克力色、肉桂色、白斑、无毛等，其中小白鼠最为常用。

小鼠的生物学特征及解剖生理特点包括以下几方面。

1. 体形小，便于饲养管理

小鼠是啮齿目实验动物中最小型的动物，出生平均体重1～1.5g，成年体重25～40g，体长约10cm，用于实验的小鼠标准体重18～22g，1.5～2月龄。成年雄鼠体重、体长均大于雌鼠。由于小鼠体形小，饲养时所占据的空间小，对饲料的需求量也少，一只成年小鼠的食料量为3～6g/d，饮水量4～7mL/d，排粪量1.4～2.8g/d，排尿量1～3mL/d，因此非常便于饲养管理。

2. 发育成熟早，繁殖力强

小鼠发育迅速，其生长发育的速度与品系、母鼠的哺乳能力、生产胎次、哺乳仔数、疾病状况、营养和环境条件有关。

新生仔鼠赤裸无毛，皮肤呈肉红色，两眼未开，耳郭与皮肤粘连，头大尾短，体重为1～1.5g，体长2cm左右。出生后即可发出声音，有触觉、嗅觉和味觉，对刺激有反应，1～2h即可吃乳，且可从体表明显看到胃里充满白色的乳汁；3日龄时脐带脱落，皮肤由红色转为白色，开始长毛，有色品种小鼠此时可见毛的颜色；4～6日龄两耳张开；1周后能爬行，被毛逐渐浓密、丰富；8日龄长出下门齿；10日龄有听觉；12～13日龄开眼；14日龄长出上门齿；13～15日龄可从窝内爬出，开始活动采食，学习饮水；3周左右可以离乳，即能独立生活。

雌性小鼠35～50日龄，雄性小鼠45～60日龄可达性成熟；雌性小鼠65～75日龄，雄性小鼠70～80日龄可达体成熟。适配时间为65～90日龄。雌鼠为双子宫型，呈“Y”型，分为子宫角、子宫体、子宫颈；乳腺发达，胸部3对，鼷部2对，性周期为4～5d，发情后2～3h可排卵，一次排卵10～23个（视品种而定）；每胎产仔数5～16只，年产6～10胎，生育期1年。妊娠期为19～21d，哺乳期为17～21d；属全年多次发情动物，繁殖率很高，可在短时间内提供大量的实验动物。

小鼠的发情期往往开始于晚间，最普遍的是在晚10点至次日早晨1点。雄鼠精囊腺、凝固腺、前列腺、尿道球腺的分泌物具有营养、保护精子的作用，并在阴道和子宫颈处遇到空气而凝固，形成阴道栓，阻塞精液倒流外泄，提高受孕能力。一般雌鼠交配后10～12h，在阴道口可见1个白色的、米粒大小的阴道栓，防止精子倒流，以提高受孕率，可作为交配成功的标志。小鼠有产后发情，即雌鼠分娩后14～24h内出现发情，并能交配受孕。

3. 对外来刺激极为敏感

小鼠个体比较小，对外界环境反应敏感，适应能力较差，不耐冷、热，对疾病抵抗力弱。温度过高或过低时小鼠生殖能力明显下降，严重时会导致死亡。小鼠在21～25℃环境温度下生长较快，产仔多，活力强。

小鼠对气味敏感，能够利用气味探测和确定食物和其他动物，还能根据气味辨别同类。眼睛对动态物体敏感，善于发现周围物体，能看到紫外线，能听到超声波。

小鼠对于多种毒素和病原体具有易感性，反应极为灵敏，如百分之一的破伤风毒素能使小鼠死亡，这是其他实验动物所不能比拟的，因此有利于实验研究。对致癌物质也很敏感，自发性肿瘤多。

4. 小鼠其他解剖生理

（1）小鼠上下各有一对门牙。这些门牙终生生长，因此需要磨牙以维持牙齿的正常长度。如果上下颌未对齐，门牙可能过度生长，导致咬合不正。

（2）小鼠的尾长与体长相当，尾上具有四条明显的血管，背、腹面各有一条静脉血管，两侧各有一条动脉血管。

5. 小鼠行为

认识小鼠的正常行为对安全抓取和饲养动物很重要。

（1）小鼠一般胆子很小，性情温顺，不过有些品系小鼠可能表现出较大的攻击性。需要注意的是不同品系小鼠的行为会有所不同。小鼠遇有突然的声音便会乱作一团，然后警惕地观望周围的动静，做好逃跑或躲避的准备。因此，在饲养小鼠时动作应尽量温和，环境应保持安静。

（2）小鼠是夜间活动动物，喜欢光线较暗的环境。光线过强容易造成母鼠的神经紊乱，可能出现食仔的现象；光照时间不足，又不利于小鼠的生长发育，一天中12h光照、12h黑暗，光照强度控制在25lx较适宜。

(3) 小鼠四肢总是抓住笼底，睡觉时通常蜷缩。小鼠经常自己理毛。

(4) 雌鼠哺乳期间或雄鼠打架时可能会咬人，非同窝雄鼠好斗，喜欢啃咬。同窝的雄鼠断乳就放在一个笼内，一般不会发生争斗。

(5) 群体饲养的小鼠具有社会等级性。

(6) 健康小鼠被毛整齐顺滑有光泽，耳部、鼻子和嘴巴干净。

小鼠的常用生理与生化指标见表 2-1。

表 2-1 小鼠的常用生理与生化指标

项 目	数 值
寿命/年	2～3
体重/g	20～40(成年雄性)
	18～25(成年雌性)
体温/℃	36.5(35.8～37.4)
呼吸频率/(次/min)	163(90～220)
心率/(次/min)	625(328～780)
血压(收缩压)/kPa	15.07(12.67～16.67)
血压(舒张压)/kPa	10.80(8.93～12.00)
总血量/(mL/100g 体重)	7～8
红细胞数/($\times 10^{12}$个/L)	4.88
红细胞比容/(mL/100mL)	41.8(33～50)
血浆容量/(mL/100g)	9.2(7～13)
血红蛋白/(g/100mL)	13.4(12～17)
白细胞数/($\times 10^{9}$ 个/L)	8.6(5.1～11.6)
嗜中性白细胞/%	17.9(6.7～37.2)
嗜酸性白细胞/%	2.1(0.9～3.8)
嗜碱性白细胞/%	0.5(0～1.5)
淋巴细胞/%	69(63～75)
单核细胞/%	1.2(0.7～2.6)
血小板数/($\times 10^{9}$ 个/L)	600(100～1000)
血糖/(mmol/L)	7.4～14.2
总蛋白/(g/100mL)	4.14～6.22
尿素氮/(mg/100mL)	9.6～27.5
总胆固醇/(mg/100mL)	97

二、常用的小鼠品种和品系

1. 实验动物的品种与品系

按动物学的分类法，整个生物通常按照界、门、纲、目、科、属、种等划分分类等级。种是动物学分类系统上的基本单位。同种动物能共同生活、交配、繁衍后代；异种动物之间一般存在生殖隔离。以家犬为例，其动物学分类为：动物界—脊索动物门—哺乳纲—食肉目—犬科—犬属—家犬种。

由于实验动物均为人工培育的动物，为了进一步区分，把同一种动物中具有不同遗传特性的动物再细分为不同的品种和品系，有些品系还进一步细分为亚系。

(1) 品种　指具有一些容易识别和人们所需要的性状，且可以基本稳定遗传的动物群体。一般用于封闭群，如新西兰白兔、青紫兰兔、Wistar 大鼠、KM 小鼠等。

(2) 品系　在实验动物学中把来源明确、基因高度纯合、并采用某种交配方法繁殖的动物群体称作品系动物，常指近交系和突变系。例如，C57BL/6 是近交系动物中的一个品系，属低癌组、高补体活性的动物。又如，裸鼠是带有突变基因（nu/nu）的品系动物。

（3）作为品种、品系的条件

① 相似的外貌特征。同一品系或品种具有相同的外貌特征。例如小鼠 C57BL/6 品系的毛色是黑色的，DBA/2 品系的毛色是灰色的，KM 品种的毛色是白色的。相似的外貌特征只是品系、品种应具备的条件之一。不同品系、品种的动物也有外貌相似的，例如 A、BLAB/c、KM 等十几个品种、品系动物的毛色都是白色，但它们在其他条件上有区别。

② 独特的生物学特性。独特的生物学特性是一个品系、品种存在的基础。在长期的研究过程中，科学工作者在一些动物身上发现了所需要的不同于其他动物的生物学特性，进行定向选择，将这些特性保留下来，成为今天为数众多的品系、品种。例如白化小鼠多达几十种，但每个品系、品种的生物学特性都有或多或少的差别。例如 A 品系，在经产鼠中高发乳腺肿瘤，对致癌物质敏感，易产生肺癌，老年鼠多有肾脏病变；AKR 品系自发淋巴细胞白血病发病率高。

③ 稳定的遗传性能。作为一个品系，不仅要有相似的外貌特征，独特的生物学特性，更重要的是要有稳定的遗传性能，即在品系、品种自群繁殖时，能将其特性稳定地传给后代。换言之，就是一个品系、品种必须具有一定的育种价值。

④ 共同的遗传来源和一定的遗传结构。任何品系、品种都可追溯到其共同的祖先，并由此分支经选育而成，其遗传结构也应是独特的。例如，KM 小鼠 *glo*-1 位点为 a 型基因，为单一型，而 NIH 小鼠在该基因呈多态分布，a、b 型基因频率分别为 67%和 33%。如果将上述两个品种建立基因概貌，就发现它们在基因概貌上的差异，而品种内这种差异是有限的。

2. 小鼠的常见品种、品系

小鼠的品种和品系很多，是实验动物中培育品系最多的动物。实验研究中使用最多的小鼠是家鼠，包括近交系、突变系、封闭群、转基因动物。

（1）近交系　近交系小鼠是指同胞兄妹连续交配 20 代以上，近交系数（基因纯合率）达到 99%以上的小鼠。部分近交系例子有 BALB/c、C3H、C57BL、DBA、CBA、KK、NZB、FVB 等。

BALB/c 小鼠（图 2-1，彩图见插页）是美国科技人员采用近亲交配 26 代培育而成，毛色白色；C57BL 小鼠（图 2-2，彩图见插页）是 1975 年由日本引进，毛色黑色；C3H 小鼠（图 2-3，彩图见插页）是 1975 年由美国引进，毛色野生色；DBA 小鼠是 1977 年由美国实验动物中心引进，毛色浅灰色。

图 2-1　BALB/c 小鼠

图 2-2　C57BL 小鼠

图 2-3　C3H 小鼠

（2）突变系　突变系小鼠是指在长期的繁殖过程中，子代突然发生变异，并能长期保持这种变化的遗传基因特性的小鼠，小鼠常见突变系有以下几种。

① 裸鼠（nu）（图 2-4，彩图见插页）。无毛，胸腺较小，是使用价值最高、使用范围最广的突变系小鼠。裸鼠 T 淋巴细胞缺损，缺乏免疫应答性，致使免疫功能低下，易受外界细菌和病毒的侵染而发生疾病。纯合的新生仔鼠无鼻毛或有少量卷曲鼻毛，普通环境下存活

14～30d，SPF及无菌条件下寿命达1年以上，最长2年。许多不同类型的组织可在裸鼠身上移植成功而不发生免疫排斥反应，适于免疫生物学、免疫病理学、移植免疫、肿瘤免疫、微生物学、免疫学和胸腺功能研究，为实验免疫学和实验肿瘤学提供了新的有效工具。

② 侏儒症小鼠（dw）。比正常小鼠体形小，缺少脑垂体前叶分泌的生长素和促甲状腺素，可用于内分泌研究。

③ 无毛症小鼠（hr）。在14日龄左右，上眼睑、下腭部、四肢、脚趾背部等处开始脱毛，接着尾下脱毛，并逐渐扩及全身，形似裸鼠，仅有散在毛，但胡须保留，有的6周龄以后又可长出新毛。无毛症小鼠可用于皮肤放射研究。

④ 肥胖症小鼠（ob）（图2-5，彩图见插页）。与人类的肥胖症相似，有不育、高血糖等症状，可用于生化、病理研究。

⑤ 糖尿病小鼠（db）。3～4周龄腋下和腹股沟皮下组织出现脂肪异常沉积，此时血糖升高，可高达6.82mg/mL。雌鼠无生殖能力。

（3）封闭群（远交系） 系无亲缘关系的动物交配而得，群内动物构成一个特定基因库，但每只动物的基因构成是不同的。在研究中最常用的是Swiss Webster、KM和ICR小鼠。封闭群的个体之间，具有某种程度的遗传差异，易于饲养，繁殖力高，适合大量生产。

① KM小鼠（图2-6，彩图见插页）。白色。1946年我国从印度引入，后推广到全国各地。该小鼠特点是高产、抗病力强、适应性强，常见的自发肿瘤为乳腺癌，发病率约25%。昆明小鼠广泛应用于教学，生殖生理、肿瘤、毒理、药理、免疫和微生物的科研工作以及药品、生物制品的制造和检定工作。

② CFW小鼠。1935年在英国培育成功，1973年引入我国，毛色白色。

③ NIH小鼠。白色。由美国国立卫生研究院培育而成。NIH小鼠繁殖力强，产仔成活率高，雄性好斗致伤。该小鼠广泛用于药品的药理和毒理研究，以及生物制品检定。

④ ICR小鼠。1973年由日本国立肿瘤研究所引进，毛色白色。

图2-4 裸鼠

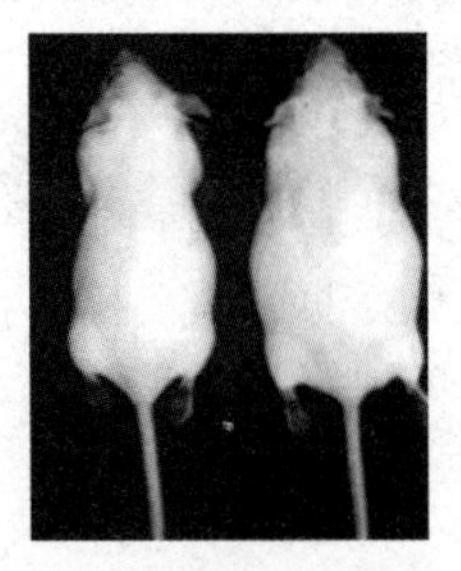

图2-5 肥胖症小鼠

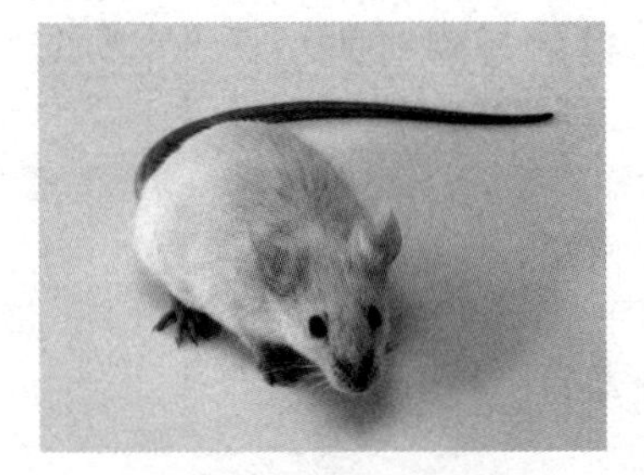

图2-6 KM小鼠

（4）转基因动物 是通过对动物DNA进行遗传改造获得的，用于研究人类疾病。部分转基因动物的例子包括：

① 大型小鼠。带有大鼠生长激素基因，因此长得比普通小鼠更大，用于研究生长发育。

② 肿瘤易感小鼠。其癌基因失活，因此容易发生癌症。这些小鼠对了解多种癌症及开发癌症治疗技术非常重要。

三、小鼠的应用

小鼠在生物医药行业得到了广泛的应用，是目前需求量最大的哺乳类实验动物。

1. 各种药物的安全性评价和毒性试验

常用小鼠进行食品、化妆品、药物、化工产品等的安全性评价，药品的毒性试验，“三致”（致畸、致癌、致突变）试验和半数致死量试验。

2. 各种筛选性实验

一般筛选实验动物用量较大，多半是先从小鼠做起，可以不必选用纯系小鼠，杂种健康成年小鼠即可符合实验要求。如筛选一种药物对某一疾病或疾病的某些症状等有无防治作用时，选用杂种鼠可以观察一个药物的综合效果，因杂种鼠中血缘关系有比较近的，也有比较远的，对药物反应可能有敏感的、次敏感的、不太敏感的，通过筛选获得一个药物的综合效果后，再用纯系小鼠或大动物做进一步的肯定。

3. 生物效应测定和药物的效价比较实验

广泛用于血清、疫苗等生物检定工作，照射剂量与生物效应实验，各种药物效价测定（通过供试品和相当的标准品在一定条件下进行比较，以测定出供试品的效价）等实验。如评价止痛药，常用小鼠进行热板反应、甩尾试验；测试药物对副交感神经和神经接头的影响，常利用小鼠的瞳孔放大作用；评价抗痉挛药物，常用听源性痉挛的小鼠；评价镇静药物，常用小鼠的角膜和耳郭反射。

4. 老年病研究

小鼠寿命通常为2～3年，容易观察其老龄化进程。老龄小鼠的肝脏变化和人相似，老龄小鼠结缔组织主要成分是胶原蛋白，其老化可视作机体老化的指标。

5. 肿瘤研究

小鼠较多自发肿瘤，且肿瘤的发生学上与人体肿瘤接近，由此还培育了众多肿瘤高发小鼠品系，如AKR小鼠白血病发生率达90%，C3H小鼠乳腺癌发病率达90%～100%。小鼠也易于通过多种方式诱发肿瘤，而且在近交系小鼠品系内进行肿瘤移植较易生长，因此小鼠常用于肿瘤发生学的研究以及抗肿瘤药物的筛选。

6. 避孕药和营养学实验研究

小鼠的繁殖能力很强，妊娠期很短，仅21d，生长速度很快，因此很适合避孕药和营养学实验研究。常选用小鼠做抗生育、抗着床、抗早孕、抗中孕和抗排卵实验。

7. 镇咳药研究

小鼠在氢氧化铵雾剂刺激下有咳嗽反应，可利用这个特性来研究镇咳药物。因此，小鼠是研究镇咳药物所必需的动物。

8. 遗传性疾病的研究

如小鼠黑色素病、白化病、家族性肥胖、遗传性贫血、系统性红斑狼疮、尿崩症等为自发性遗传病，这些疾病与人类发病相似，可用作人类遗传疾病的动物模型。

9. 免疫学研究

可利用各种免疫缺陷小鼠来研究免疫机理等。

10. 遗传工程研究

小鼠是继人类之后第二个完成基因组测序的哺乳类动物，小鼠与人类功能基因的同源性高达90%以上。利用遗传工程技术将外源基因导入小鼠染色体基因组中建立的转基因小鼠，为小鼠的利用开辟了一个新的天地。

四、小鼠的抓取、保定与性别鉴定

小鼠的抓取

1. 小鼠的抓取

在抓取前应仔细观察小鼠，注意异常行为。例如，尾部或颈后部损伤可能会影响抓取技术。生病或受伤的小鼠需要上报兽医。以下是抓取小鼠的基本步骤。

（1）用拇指和食指捏住小鼠尾根至尾中段的部位，提起小鼠（图 2-7）。不要通过捏尾尖部提起小鼠，不正确的抓取可能导致尾巴滑脱，还可能造成对抓取者的伤害。

（2）当小鼠贴壁行走时尾部紧贴笼盒内壁不易抓到鼠尾，可使用头部裹有橡胶的镊子夹住鼠尾根部（靠近肛门），对于极具攻击性的小鼠也可采用此法。

（3）将小鼠尽快放置于稳固的表面（图 2-8），或放入另一个笼子中。动作要温柔而有力。

（4）乳鼠尾部短小柔嫩不便抓，为了避免母鼠遗弃或自相残杀，通常在出生后头几天不要抓取新生仔鼠。在将仔鼠转移到新笼时，做窝材料和窝中的垫料也应该转移，确保母鼠能识别仔鼠气味，并在新笼中继续哺育。抓取 7 日龄内仔鼠时，可用头部裹有橡胶的镊子轻轻夹住小鼠颈后的皮肤将其提出，或戴手套以手指肚挟住小鼠腹部两侧取出仔鼠。7 日龄以上的小鼠可以扣于掌心捉取，离乳前后的小鼠善跳跃，捉拿时宜打开部分笼盖防止动物跳出。

图 2-7 抓住尾根部提起小鼠

图 2-8 置于稳固的表面

小鼠双手保定

小鼠单手保定

小鼠器械保定

2. 小鼠的保定

（1）双手保定　将小鼠置于一个稳固的表面，用拇指和食指轻轻抓住其尾根部，用另外一只手的拇指和食指轻轻握住小鼠颈背部的皮肤，见图 2-9。

图 2-9 双手保定

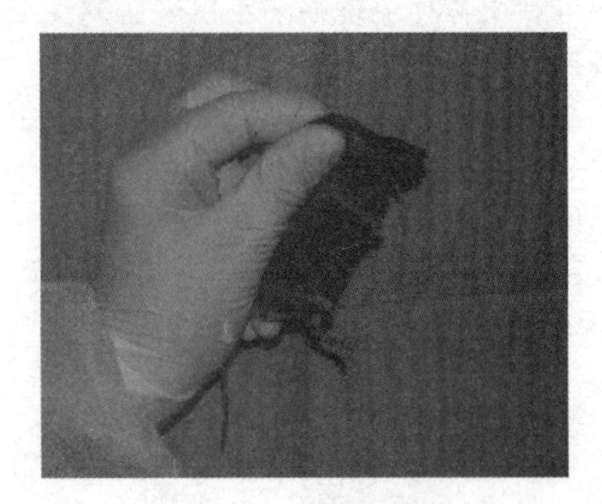
图 2-10 单手保定

（2）单手保定　以拇指和食指捏住小鼠耳后颈背部皮肤，并将鼠尾夹在小指和无名指中，如小鼠个体较大或挣扎强烈，则多抓住其背部的皮肤，见图 2-10。

（3）器械保定　用于保定小鼠的器械主要有固定器和固定板。

① 小鼠固定器。固定器有圆形、平底和锥形。

可根据使用目的选择塑料保定器或金属保定器。我国常用一端封闭的圆筒状固定器，可让动物自行钻入固定器内并关闭入口，使其不能退出即可。此法保定时动物呈蜷伏姿势，尾部露出，常用于尾静脉注射、采血等操作，见图 2-11。

② 小鼠固定板。通常由可用作手术台面的平面以及相应的可固定四肢、头部或躯体其他部位的附件组成。保定时需将动物麻醉，以细绳、胶布或橡皮筋将四肢牵引展开并固定，可以采取俯卧、仰卧、侧卧等体位保定，必要时以门齿牵引钩或牵引绳扣住上门齿或用类似部件对头部进行固定，见图 2-12。

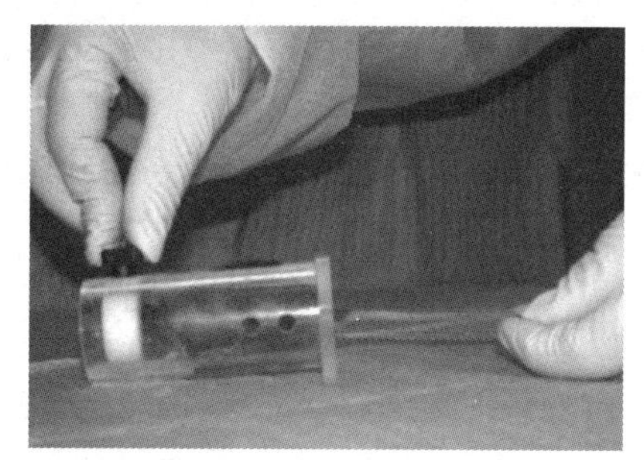

图 2-11　小鼠固定器

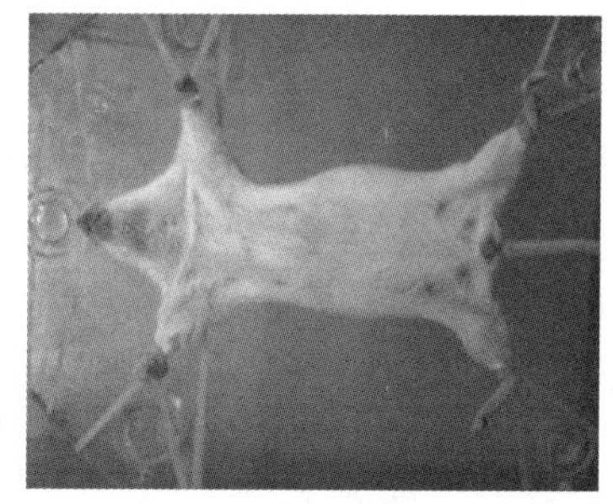

图 2-12　小鼠固定板

用圆形塑料保定器保定小鼠时，将小鼠单手保定，然后将动物的头导入保定设备口，以手掌轻轻将动物赶入设备后固定设备。

3. 小鼠的性别鉴定

小鼠的性别鉴定

性成熟小鼠的性别主要通过肛门和外生殖器之间的距离和特征来鉴别。雌鼠的肛门和阴道之间距离较近，且呈现一无毛带区；雄鼠的肛门和阴茎间的距离大致是雌性的 2 倍，该处可见明显的阴囊并且长有被毛，如将小鼠头向上提起，常可见到阴囊内有睾丸。此外，经产并授乳过的雌鼠腹部常可见明显的乳头。成年小鼠与新生小鼠见图 2-13 和图 2-14（彩图见插页）。

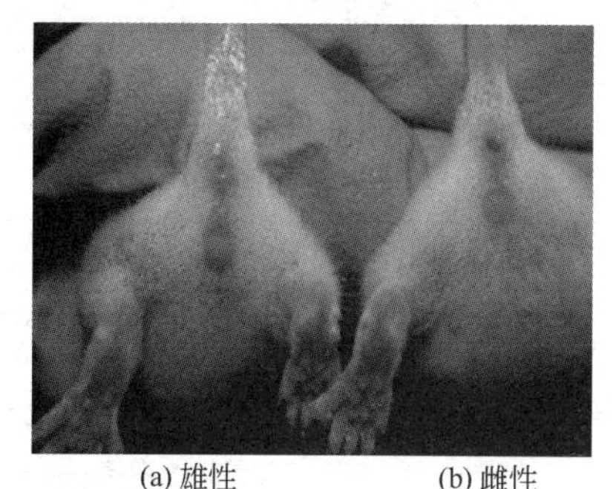

(a) 雄性　　(b) 雌性

图 2-13　成年小鼠

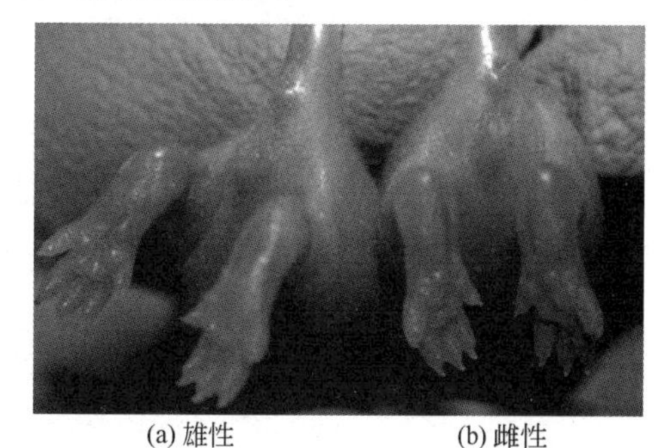

(a) 雄性　　(b) 雌性

图 2-14　新生小鼠

任务实施

一、实施准备

每个学习小组 4 人，以下为 1 个学习小组需要的实验设备与材料。

1. 实验动物：4 只雌性小鼠、4 只雄性小鼠，装于 1～2 个小鼠笼中。

2. 设备与耗材：小鼠圆形固定器 4 个。

二、实施步骤

1. 教师提出小鼠抓取保定和性别鉴定的学习内容和目标。

2. 各学习小组制订工作计划、分配工作任务，确定小鼠抓取保定和性别鉴定操作的主要负责人。

3. 各学习小组利用课件和教材及教学视频，按照工作计划，分别学习小鼠抓取保定和性别鉴定的基本步骤和操作要点，在教师的指导下反复练习后做到准确和熟练。

4. 各小组学生分别练习和考核

(1) 由各组负责人示范小鼠抓取保定和性别鉴定的基本实验操作，教师讲解重点、难点和注意事项。

(2) 各组学生在该负责人的指导下完成小鼠抓取、保定和性别鉴定的基本实验操作。教师巡回指导。

(3) 所有学生撰写自己的工作记录。

(4) 考核。

(5) 项目负责人撰写该实验的工作小结。

(6) 教师总结。

三、工作记录

1. 方案设计

组长		组员			
学习任务					
学习时间		地点		指导教师	
学习内容	任务实施				
小鼠抓取					
小鼠保定					
性别鉴定					

2. 人员分工

姓名	工作分工	完成时间	完成效果

3. 工作记录

项目	1	2	3	4	5	6	7	8	9
徒手抓取									
器械保定									
性别鉴定									
备注									

工作小结：

负责人签名：

任务评价

考核内容：小鼠抓取、保定和性别鉴定

班级：　　　　组别：　　　　姓名：　　　　　　年　　月　　日

项目	评分标准		分值	负责人 10%	自评 30%	教师 60%
徒手抓取	评价要点	单手抓住小鼠颈部和背部皮肤	5			
		使小鼠腹部充分暴露	5			
		使小鼠四肢充分暴露	5			
		尾部固定	5			
	熟练程度	20 只/min	10			
器械保定	评价要点	选择合适的保定器械	5			
		将小鼠固定在器械内	5			
		尾部充分暴露	5			
	熟练程度	5 只/min	10			
性别判定	评价要点	准确鉴定雌雄	10			
		准确识别雌雄生殖器	10			
	熟练程度	10 只/min	10			
学习态度	将实验设备与材料摆放在合适的位置； 正确使用实验设备与材料； 积极动手操作、反复练习； 实验完成时能够及时整理实验台面、清洗实验设备		5			
动物福利	能够轻轻抚摸，保持平静的操作； 动物无剧烈挣扎、痛苦叫声； 实验结束时动物无死伤		5			

续表

项目	评分标准	分值	负责人 10%	自评 30%	教师 60%
合作沟通	积极参与工作计划的制订； 按照工作计划按时完成工作任务； 乐于助人，也乐于向其他人请教； 善于提问，积极思考别人提出的问题，提出解决方案	5			
合计					
教师评语					

思考与练习

1. 在小鼠的抓取中如何才能确保成功？

2. 在抓取小鼠过程中怕被小鼠咬，于是抓住小鼠尾部旋转，想要使得小鼠眩晕后保定，这种方法可取吗？

任务二　大鼠的认识与基本操作

大鼠是群居动物，相互争斗相当罕见，对常规处理具有很好的响应。有多种实验用大鼠。通过本任务的学习，能够描述大鼠的行为、常见品种与品系，了解大鼠的解剖生理特点，正确进行大鼠的抓取和保定、性别鉴定操作。

一、大鼠的生物学特点

大鼠属于脊索动物门，哺乳纲，啮齿目，鼠科，大鼠属动物，由褐家鼠变种而来。大鼠外形类似放大的小鼠，毛色因品种、品系而异。大鼠在18世纪中开始人工饲养并首次用于动物实验，现在广泛应用于生物医学研究中的各个领域。

大鼠的生物学特征包括以下几方面。

1. 生长快、繁殖力强

大鼠性成熟早，一般2月龄时达到性成熟，性周期4～5d，可分为发情前期、发情期、发情后期和间情期，通过阴道涂片可判断。大鼠妊娠期19～23d，平均21d，哺乳期21d，平均每窝产仔6～14只，为全年多次发情动物，有产后发情。大鼠适配鼠龄，雄性为90日龄，雌性为80日龄，一般大鼠繁殖生产使用期为90～300d。缺乏维生素E时，大鼠即丧失生殖能力，特别是雄鼠可终生丧失，雌鼠在补喂维生素E后可以恢复其生殖能力。

大鼠交配后，雄性大鼠副性腺分泌物留在雌性大鼠阴道口，在遇空气后凝固而形成阴道栓，具有阻塞作用，防止精子倒流外泄。

新生鼠周身无毛，呈肉红色，耳闭合粘连皮肤，体重5.5～10g，3～4d耳与皮肤分离，并长出体毛，8～10d长出门齿，14～17d睁眼，16d被毛长齐，19d生出第一臼齿，21d生出第二臼齿，35d后生出第三臼齿。成年大鼠雄性体重为300～650g，雌性为250～400g，寿命为2～3年。

2. 夜间活动

大鼠白天喜欢挤在一起休息，晚上活动量大，吃食多，傍晚、午夜、凌晨为活动高峰期，采食、交配多在此期间发生，不适光照对其繁殖影响很大。

3. 性情凶猛

大鼠门齿较长，激怒、袭击、抓捕时易咬手，尤其是哺乳期的母鼠更凶些，常会主动咬工作人员喂饲时伸入鼠笼的手。饲养管理时应特别注意，防止咬伤，必要时可戴手套。一般情况下侵袭性不强，可在一笼内大批饲养。

4. 对环境敏感

(1) 大鼠视觉、嗅觉较灵敏　对环境中的粉尘、氨气和硫化氢等极为敏感，如果饲养室内空气卫生条件较差，在长期慢性刺激下，可引起肺部大面积的炎症。

(2) 大鼠对环境的湿度极为敏感　当相对湿度低于40%时，易患环尾症，此病因尾根部血管环状收缩导致尾巴缺血性坏死而脱落，最终引起大鼠死亡。相对湿度过低还会发生哺乳母鼠食仔现象，一般饲养室相对湿度应保持在50%～65%。

(3) 大鼠的嗅觉和听觉较灵敏　可利用嗅觉来识别同类，确定其年龄、等级、性别、品系，甚至饮食癖好。大鼠对噪声敏感，强噪声能使其内分泌系统紊乱，性功能减退，出现食仔现象，故饲育环境必须安静。大鼠能听到超声波，相互间通过超声波频率的叫声进行联系。

5. 门牙终生生长

大鼠与小鼠一样，也是上下各有一对门牙，并终生生长，这些牙齿也需要通过磨牙保持正常长度。上下颌未对齐会导致门牙过度生长（咬合不正）。

6. 汗腺极不发达

大鼠仅在爪垫上有汗腺，尾巴是散热器官。当周围环境温度过高时，靠流出大量唾液调节体温，但当唾液腺功能失调时，易中暑引起死亡。

7. 特殊的解剖生理特征

大鼠不能呕吐，因此药理实验时应予注意；无胆囊；垂体-肾上腺系统功能发达，应激反应灵敏；肝脏再生能力强，切除60%～70%的肝叶仍有再生能力；眼角膜无血管；生长发育期长；长骨长期有骨骺存在，不骨化；肠道短，盲肠大，不耐饥饿。

8. 被毛

健康大鼠被毛整齐顺滑有光泽，耳部、鼻子和嘴巴干净。老年大鼠被毛可能呈现偏黄色，这是由于皮脂腺分泌所致，属正常现象。

大鼠的常用生理与生化指标见表2-2。

表 2-2 大鼠的常用生理与生化指标

项 目	数 值
寿命/年	2.5～3.5
体重/g	300～500(雄性) 200～400(雌性)
体温/℃	38.2(37.8～38.7)
呼吸频率/(次/min)	85.5(66～114)
心率/(次/min)	475(370～580)
血压(收缩压)/kPa	13.07(10.93～15.99)
血压(舒张压)/kPa	10.1(7.99～11.99)
总血量/(mL/100g 体重)	6.41(5.75～6.99)
红细胞数/($\times10^{12}$个/L)	8.9(7.2～9.6)
红细胞比容/(mL/100mL)	46(39～53)
血浆容量/(mL/100g)	4.04(3.63～4.53)
血红蛋白/(g/100mL)	14.8(12～17.5)
白细胞数/($\times10^9$ 个/L)	12.5(8.7～18)
嗜中性白细胞/%	22(9～34)
嗜酸性白细胞/%	2.2(0～6)
嗜碱性白细胞/%	0.5(0～1.5)
淋巴细胞/%	73(65～84)
单核细胞/%	2.3(0～5)
血小板数/($\times10^9$ 个/L)	787～967
血糖/(mmol/L)	6.72(4.773～8.2695)
总蛋白/(g/100mL)	7.2(6.9～7.6)
尿素氮/(mg/100mL)	43(26～60)
总胆固醇/(mg/100mL)	3.3(2.3～3.9)

二、常用的大鼠品种和品系

大鼠作为实验动物已经有 100 多年的培育历史。大鼠与小鼠一样，也包括近交系、突变系、封闭群、转基因动物等。在微生物级别上分为清洁级、SPF 级、无菌级。与小鼠一样，转基因大鼠通常是进行基因改造以模拟人类疾病。

1. 近交系

目前，国际上常用的近交系已有 150 多种，常用近交系有 Fischer 344（F344）和 Lewis（LEW）系、ACI 系、AGUS 系等。

（1）F344 近交系大鼠（图 2-15，彩图见插页）。1920 年由哥伦比亚大学肿瘤研究所 Curtis 培育。该大鼠毛色为白色，毛色基因为 a 型、b 型、c 型、h 型，是苯丙酮尿症的模型动物，睾丸间质细胞瘤发病率高达 90%，诱导可发生膀胱癌、食道癌和卵巢癌，也可作为周边视网膜退化的动物模型。

（2）Lewis（LEW）近交系大鼠（图 2-16，彩图见插页）。来源于 Wistar 原种，最先由 Lewis 繁殖，是 20 世纪 50 年代初由 Lewis 博士从 Wistar 品系繁育而成，1970 年 Charles River 从 Tulane 引入第 34 代，1975 年进行了剖宫产，2008 年上海实验动物资源中心/上海 SIPPR-BK 有限公司自英国 B&K 环球公司引进。该大鼠血清中甲状腺素、胰岛素和生长激素含量高，用于脑脊髓炎、免疫性心肌炎、免疫性复合性肾小球肾炎、药物诱发关节炎等疾病研究，能移植淋巴瘤、肾肉瘤、纤维肉瘤等肿瘤。该大鼠也用于器官移植。

2. 封闭群

研究中常用的封闭群大鼠有：Wistar（WI）、Sprague-Dawley（SD）和 Long-Evans（LE）。

图 2-15　F344 近交系大鼠

图 2-16　Lewis（LEW）近交系大鼠

（1）Wistar（WI）大鼠　1907 年由美国 Wistar 研究所育成。其特点为白色、头部较宽、耳朵较长、尾长小于身长；性周期稳定、繁殖力强、产仔多，平均每胎产仔 10 只左右；生长发育快，性情温顺，对传染病的抵抗力较强，自发肿瘤发生率较低；10 周龄雄鼠体重可达 280～300g，雌鼠体重可达 170～260g。

（2）Sprague-Dawley（SD）大鼠（图 2-17，彩图见插页）　1925 年美国 Sprague Dawley 农场用 Wistar 培育而成。其特点为头部狭长，尾长接近身长，产仔多，生长发育较 Wistar 快，抗病能力尤以对呼吸系统疾病的抵抗力强；自发肿瘤率低，对性激素感受性高；10 周龄雄鼠体重可达 300～400g，雌鼠可达 180～270g。SD 大鼠常用作营养学、内分泌学和毒理学研究。

（3）Long-Evans（LE）大鼠（图 2-18，彩图见插页）　该大鼠是 1915 年 Long 和 Evans 用野生褐家鼠与白化大鼠进行交配而成，属于大体型多产品系，头部和颈部是黑色，背部有一条黑线；较多用于遗传学研究，如肝炎、肝癌和免疫不全症的研究。

图 2-17　SD 大鼠

图 2-18　LE 大鼠

3. 突变系

突变系大鼠是基因突变的产物，这是大鼠由于某些原因使得染色体上的一个位点或几个位点起了变化。大鼠的突变系已有 20 多种。

（1）SHR 大鼠　1963 年东京 Okamoto 用自发性高血压的 Wistar 培育而成。该大鼠高血压发生率高，且无明显原发性肾脏或肾上腺损伤，血压高于 200mmHg，该品系为筛选抗高血压药物的最适动物模型。

（2）裸大鼠　1953 年由英国 Rowett 研究所发现并培育而成。裸大鼠体毛稀少，成年鼠尾根部常多毛，2～6 周龄皮肤上有棕色鳞片状物，随后变得光滑，发育相对缓慢，体重约为正常大鼠的60%～70%，在SPF环境下可活1～1.5年。裸大鼠为先天无胸腺，T细胞功能缺陷，同种或异种皮肤移植生长期达3～4个月以上；易患呼吸道疾病，对结核菌素无迟发性变态反应，血中未测出IgM和IgG，淋巴细胞转化实验为阴性；B淋巴细胞功能一般正常，NK细胞活力增强。裸大鼠主要用于肿瘤方面的研究。

其他常用的突变系包括白内障大鼠（cataract，ca）、肥胖症大鼠（obesity，ob）、睾丸雌性化大鼠（testicular feminization）等。

三、大鼠的应用

大鼠在生物医药行业得到了广泛的应用。

1. 药物学研究

在安全性评价中，大鼠多用于亚急性毒性、长期毒性和生殖毒性的评价，用来确定最大安全剂量，也常用于测定药物吸收、分布、排泄等药物代谢相关研究。大鼠的血压和血管阻力反应敏感，在安全药理学中常用于进行降压药物及心血管药理学研究。利用大鼠炎性反应敏感，尤其是踝关节对炎性反应灵敏，研究关节炎药物的药效。筛选抗炎药物的最常用方法是大鼠的足跖浮肿法。

2. 肿瘤研究

在肿瘤研究中常常使用大鼠，可使用生物、化学的方法诱发大鼠肿瘤或人工移植肿瘤进行研究，或体外组织培养研究肿瘤的某些特性等。

3. 营养、代谢研究

大鼠对多种营养素缺乏均敏感，容易发生典型的相应缺乏症，是营养学研究中使用最早和最多的动物种类，常用于维生素、蛋白质、氨基酸、钙、磷等缺乏症的研究。

4. 神经、内分泌研究

大鼠的神经系统与人类相似，广泛用于高级神经活动的研究，如奖励和惩罚实验、迷宫实验、饮酒实验以及神经官能症、狂郁神经病、精神发育阻滞的研究。大鼠的垂体-肾上腺系统功能发达，常用作应激反应和肾上腺、垂体、卵巢等的内分泌实验研究。

5. 肝脏外科研究

大鼠的肝脏具有极强再生能力，切除60%～70%的肝叶仍可再生，大鼠无胆囊，从胆总管直接分泌胆汁，其胆总管粗大便于行胆管插管术，因此成为肝胆外科研究的常用动物。

6. 老年学及老年医学研究

近几年，常用老龄大鼠（日龄1年以上）探索延缓衰老的方法、研究饮食方式和寿命的关系、研究老龄死亡的原因等。

7. 计划生育方面的研究

大鼠体形比小鼠大，适宜作输卵管结扎、卵巢切除、生殖器官的损伤修复等实验，因此常用于计划生育方面的研究。

四、大鼠的抓取、保定与性别鉴定

大鼠的抓取

1. 大鼠的抓取（图2-19～图2-21）

与小鼠一样，在抓取大鼠前要一直观察动物。生病或受伤的大鼠和怀孕母鼠可能具有攻击性。大鼠通常较易抓取和操作，但大鼠尾部皮肤易撕脱，忌抓着鼠尾长时间倒提大鼠或只捏尾尖，抓取性情暴躁的大鼠应戴防护手套，但一般无须使用，因防护手套粗糙生硬使大鼠紧张，而手部的温度和柔软感觉有利于安抚大鼠的情绪。

抓取体重小于 200g 的大鼠时，可抓握大鼠尾根将其提起，抓住其颈背部的皮肤也可轻松将大鼠提出；抓取体重大于 200g 的大鼠时，宜一手抓颈背部皮肤，一手抓鼠尾，以免局部受力过重，仅抓尾部时在大鼠剧烈挣扎下尾部皮肤极易撕脱。抓取后应尽快轻轻将动物提出笼外，并置于稳固的表面（或放入新笼中）。

抓取新生乳鼠时以手指肚挟住其腹部两侧即可，抓取离乳前的大鼠时，可张开虎口将其全部握于掌心。

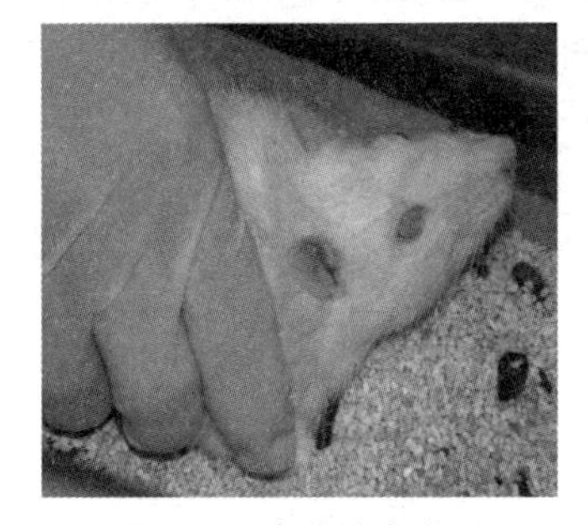

图 2-19　拿住胸部抓取

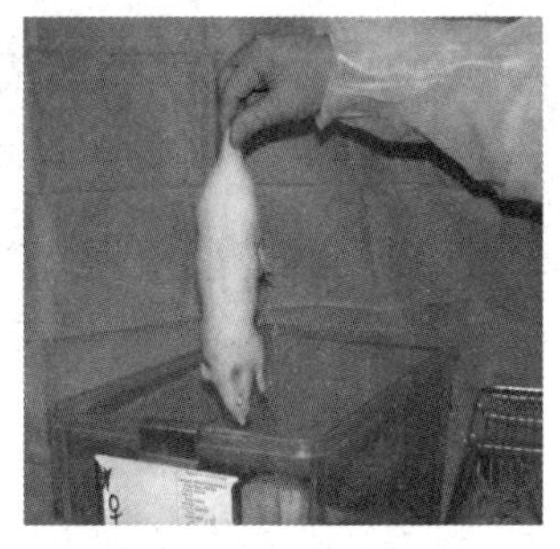

图 2-20　尾根部抓取

图 2-21　颈背部皮肤抓取

2. 大鼠的保定

(1) 徒手保定　徒手保定体重小于 200g（4～5 周龄以内）的大鼠可以单手操作，对于体重较大的大鼠常需双手操作。

大鼠的徒手保定

保定可以采用一手拇指和食指捏住耳后颈部皮肤，其余三指和掌心相对抓住前背部的皮肤，控制大鼠的头部和前肢，另一手抓住大鼠下腹部、后肢或者尾根，或者使大鼠后肢站立于支撑物如桌面、笼盖上以便支撑其体重。

也可以将大鼠颈部夹在食指和中指之间（类似安全带，故称为"带状保定"），拇指和无名指分别环绕大鼠腋下，有利于保定大鼠的头部并迫使其张口（图 2-22）。动作要轻柔，但要稳稳抓住。双手操作可以另外一手的拇指和食指抓住尾根部，单手操作可将大鼠置于身体上或置于操作台表面，以支撑大鼠的尾椎部（图 2-23）。或者将手环住大鼠胸部（形似字母 C，故称"C 状保定"），以另外一手的拇指和食指抓住尾根部（图 2-24）。

图 2-22　带状保定

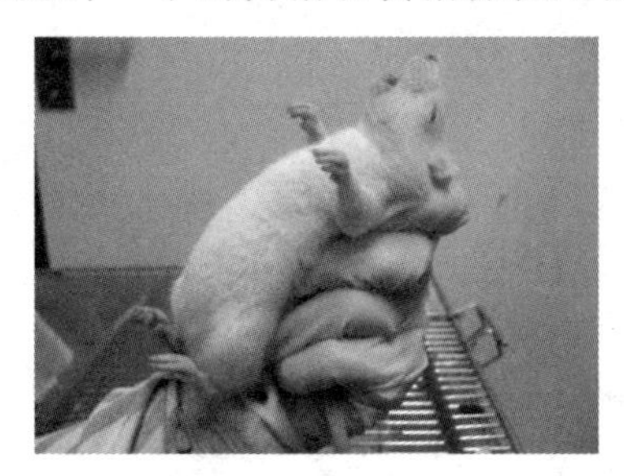

图 2-23　单手保定

图 2-24　C 状保定

(2) 器械保定　用于保定大鼠的器械与小鼠一样，只是规格不同，操作方法也一样。在器械保定时，先控制其头部，将大鼠头部置于保定设备口，然后放开握住头部的手，但是仍然抓住尾巴，待大鼠进入保定器后，在臀部轻轻施压，促使大鼠进入保定器，或引导保定设备的前端进入笼子。最后将固定设备置于合适位置，以达到理想的保定。见图 2-25 和图 2-26。

大鼠的器械保定

图 2-25　使用锥形塑料保定器保定大鼠

图 2-26　使用圆形塑料保定器保定大鼠

3. 大鼠的性别鉴定

通过检查肛门距离可以确定大鼠的性别。肛门生殖器距离是肛门口与生殖器之间的距离。雌鼠的肛门和阴道之间距离较近，呈现无毛带区。雄鼠的肛门和阴茎间的距离大致是雌性的 2 倍，可见明显的阴囊并且长有被毛。

幼大鼠（图 2-27，彩图见插页）在 3～4 日龄采用观察其肛门与外阴相对距离的方法，对 5～8 日龄可再附加对乳头（乳状突）观察的方法进行性别鉴别。

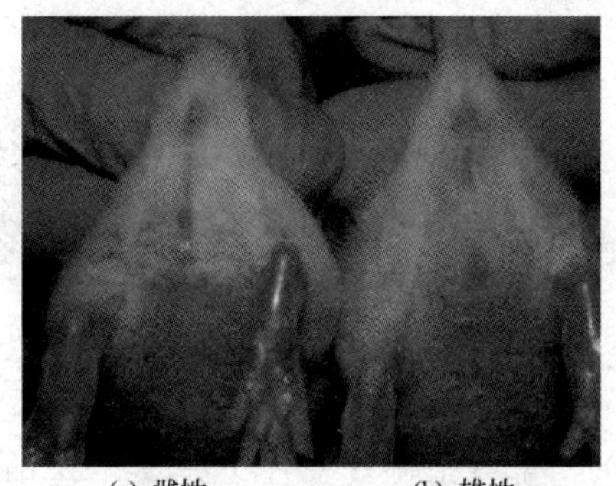

(a) 雌性　　(b) 雄性

图 2-27　幼大鼠

大鼠的性别鉴定

一、实施准备

每个学习小组 4 人，以下为 1 个学习小组需要的实验设备与材料。

1. 实验动物：4 只雌性大鼠、4 只雄性大鼠。

2. 设备与耗材：大鼠方形固定器 4 个。

二、实施步骤

1. 教师提出大鼠抓取保定和性别鉴定的学习内容和目标。

2. 各学习小组制订工作计划、分配工作任务，确定大鼠抓取保定和性别鉴定操作的主要负责人，形成纸质文件。

3. 各学习小组利用课件和教材及教学视频，按照工作计划，分别学习大鼠抓取保定和性别鉴定的基本步骤和操作要点，在教师的指导下反复练习后做到准确和熟练。

4. 各小组学生分别练习和考核

(1) 由各组负责人示范大鼠抓取保定和性别鉴定的基本实验操作，教师讲解重点、难点和注意事项。

(2) 各组学生在该负责人的指导下完成大鼠抓取、保定和性别鉴定的基本实验操作，教师巡回指导。

(3) 所有学生撰写自己的工作记录。

(4) 考核。

(5) 项目负责人撰写该实验的工作小结。

(6) 教师总结。

三、工作记录

1. 方案设计

<table>
<tr><td>组长</td><td></td><td>组员</td><td colspan="3"></td></tr>
<tr><td>学习任务</td><td colspan="5"></td></tr>
<tr><td>学习时间</td><td></td><td>地点</td><td></td><td>指导教师</td><td></td></tr>
<tr><td>学习内容</td><td colspan="5">任务实施</td></tr>
<tr><td>徒手抓取</td><td colspan="5"></td></tr>
<tr><td>带状保定</td><td colspan="5"></td></tr>
<tr><td>C状保定</td><td colspan="5"></td></tr>
<tr><td>器械保定</td><td colspan="5"></td></tr>
<tr><td>性别鉴定</td><td colspan="5"></td></tr>
</table>

2. 人员分工

姓名	工作分工	完成时间	完成效果

3. 工作记录

项目	1	2	3	4	5	6	7	8	备注
徒手抓取									
带状保定									
C状保定									
器械保定									
性别鉴定									

工作小结：

负责人签名：

任务评价

考核内容：大鼠抓取、保定和性别鉴定

班级：　　　组别：　　　姓名：　　　　年　　月　　日

项目	评分标准		分值	负责人 10%	自评 30%	教师 60%
徒手抓取	评价要点	一手抓住大鼠颈部和背部皮肤	4			
		使大鼠腹部充分暴露	4			
		使大鼠四肢充分暴露	4			
		另一只手尾部固定	4			
	熟练程度	6 只/min	4			
带状保定	评价要点	将食指和中指分别置于大鼠颈部各一边(类似安全带)	4			
		将大拇指和最后两指扣住大鼠胸部	4			
		以另外一手的拇指和食指抓住尾根部	4			
	熟练程度	5 只/min	4			
C 状保定	评价要点	将手环住大鼠胸部，小心不要过于挤压胸部	5			
		以另外一手的拇指和食指抓住尾根部	5			
	熟练程度	5 只/min	4			
器械保定	评价要点	选择合适的保定器械	5			
		将大鼠固定在器械内	5			
		尾部充分暴露	5			
	熟练程度	5 只/min	5			
性别鉴定	评价要点	准确鉴定雌雄	5			
		准确识别雌雄生殖器	5			
	熟练程度	10 只/min	5			
学习态度	将实验设备与材料摆放在合适的位置； 正确使用实验设备与材料； 积极动手操作、反复练习； 实验完成时能够及时整理实验台面、清洗实验设备		5			
动物福利	动物无剧烈挣扎、痛苦叫声； 实验结束时动物无死伤		5			
合作沟通	积极参与工作计划的制订； 按照工作计划按时完成工作任务； 乐于助人，也乐于向其他人请教； 善于提问，积极思考别人提出的问题，提出解决方案		5			
合计						
教师评语						

思考与练习

1. 大鼠的保定如何才能确保成功？
2. 在抓取大鼠过程中，突然回头咬住手指并出血，应如何处理？

任务三　家兔的认识与基本操作

家兔是草食性动物，通常较为温顺，常用来制备抗体，制备高效价和特异性强的免疫血清以及进行多种生物学研究。有多种实验用家兔品种。通过本任务的学习，能够描述家兔的行为、常见品种，了解家兔的解剖生理特性，正确进行家兔的抓取、保定及性别鉴定。

一、家兔的生物学特点

家兔属于脊索动物门，哺乳纲，兔形目，兔科，穴兔属，草食性动物，由穴兔（又称欧洲野兔）驯化而来。家兔目前主要是封闭群，在微生物学分类上有普通级、清洁级、SPF级、无菌级。其生物学特性如下。

1. 夜行性和嗜睡性

家兔有昼伏夜出的特性，夜晚表现得活跃，采食、饮水也多于白天，夜间食量占到全部日粮的75%左右，而白天吃饱喝足后很容易进入睡眠状态。此外，家兔保留了野兔的穴居性，对于地面散养的家兔要特别注意，应限制其打洞。

2. 听觉灵敏，胆小怕惊

家兔在沉睡时反应迟钝，而在清醒时却非常敏感，胆小好静，畏惧惊扰。家兔听觉灵敏，一有异常响动，就会在笼内乱跳、惊叫，容易引起母兔流产、难产、死胎、拒绝哺乳等现象的发生，严重的还会咬伤或咬死仔兔，严重的噪声还可能导致家兔猝死。因此，要保持兔舍的安静，防止惊扰。

3. 喜食多叶青饲料

兔是单胃草食动物，盲肠特别发达，具有消化和吸收植物纤维素的能力。日粮中粗纤维含量不足时，家兔容易出现腹泻等疾病。兔不喜欢吃动物性饲料，但日粮中适当搭配动物性饲料，有利于提高兔的生产性能。

4. 食粪行为

家兔白天排硬粪，夜间排软粪。软粪是盲肠的内容物，呈葡萄状，四周裹着一层白色胶胨黏液，内含大量蛋白质、优质含氮物及B族维生素等物质，家兔直接由肛门吞食软粪。因此，兔的食粪行为是一种正常的生理行为，开始于3周龄，不是“食粪癖”。兔若不食夜粪，便是病理行为，应引起重视。

5. 不耐热、喜干燥清洁环境

家兔仅在唇边有少量汗腺，因而体温调节能力较差，气温对兔的正常新陈代谢影响较大，当气温超过30℃或湿度过高时，易引起母兔减食、流产、拒乳。成年兔正常体温为38.5～39.5℃，仔兔为40℃。家兔属恒温动物，对致热物质反应敏感，适于用作热源实验；喜居安静、清洁、干燥、凉爽、空气新鲜的环境，耐冷不耐热，耐干不耐湿，有良好的卫生习惯。

6. 争斗性

家兔虽有群性但很差，好咬斗，特别是公兔间和新组成的群体更甚。因此实验兔适于笼养，最好一兔一笼。

7. 啮齿行为

成年家兔恒齿终生不断生长，必须通过经常啃咬硬物使其磨短，才能保持上下颌牙齿齿面的吻合。因此要防止其啃咬兔笼，饲养中经常在兔笼内投放一些带叶的树枝、木质棍棒供家兔随意啃咬磨牙。

8. 嗅觉敏锐

家兔的嗅觉灵敏，饲料成分的细微变化，就会影响其采食量，因此在更换饲料时应逐步过渡，新饲料的加入量首次不宜超过1/3，以免引起家兔食欲不振及消化障碍。母兔善于用气味识别仔兔，因此，在用作寄养母兔时，应先把母兔鼻上涂抹碘酒或提前数小时将要寄养的仔兔与其亲生仔兔放在一起，使母兔难以辨识。

9. 繁殖特性

家兔是双子宫动物，两子宫颈间有间膜固定，有乳头3～6对。不同品种的兔性成熟年龄有差异，一般雌性为5～6个月，雄性为7～8个月。一年四季均可交配繁殖，家兔属刺激性排卵动物，一般在交配后10～12h排卵。若在发情期内没有进行交配，母兔就不排卵，其成熟的卵泡就会老化衰退，经10～16d逐渐被吸收。家兔妊娠期30～33d，产仔数为4～10只，哺乳期40～45d；生育年龄5～6年；平均寿命8年。

家兔的常见生理与生化指标见表2-3。

表2-3 家兔的常见生理与生化指标

项目	数值
寿命/年	4～9
体重/kg	1.5～5
体温/℃	39.0(38.5～39.50)
呼吸频率/(次/min)	51(38～60)
心率/(次/min)	258(130～325)
血压(收缩压)/kPa	14.7(12.6～17.3)
红细胞数/($\times10^{12}$个/L)	5.7(4.5～7.0)
血红蛋白/(g/100mL)	11.9(8～15)
白细胞数/($\times10^{9}$个/L)	9.0(6.0～13.0)
嗜中性白细胞/%	36～52
嗜酸性白细胞/%	0.5～3.5
嗜碱性白细胞/%	2～7
淋巴细胞/%	30～52
单核细胞/%	4～12
血小板数/($\times10^{9}$个/L)	120～150
血糖/(mmol/L)	6.2～8.7
总蛋白/(g/100mL)	6.0～8.3

二、常用的家兔品种

实验用兔品种很多，目前世界各国都按其不同的实验目的，选择不同品种的兔作为实验动物。世界各国常用的兔品种有安哥拉兔、波兰兔、荷兰兔、喜马拉雅兔等；我国应用于动物实验的兔主要有日本大耳白兔、新西兰白兔、青紫蓝兔和中国白兔。

1. 中国白兔

中国白兔毛色纯白，间或有黑色或灰色等其他颜色；体形小、结构紧凑，体重约1.5～2.5kg；红眼睛，嘴较尖、耳朵短厚直立；皮板厚实，被毛短密；为早熟品种，一般3～4月龄就能用于繁殖，繁殖力较强。

2. 青紫蓝兔

青紫蓝兔是一种优良实验用兔，我国各地都有饲养。青紫蓝兔毛色呈灰蓝色，具有黑白相间的波浪纹，每根毛从基部到毛稍分为深灰色、乳白色、珠灰色、雪白色、黑色五段，耳尖及尾、面呈黑色，眼圈、尾底及腹部呈白色。青紫蓝兔分标准和大型两个品系，标准型一般体重为2.5～3kg，大型体重为4～5.5kg。青紫蓝兔体质强壮，适应性强，生长快。一般每窝产仔5～6只，生活3个月时可达2kg以上。

3. 日本大耳白兔（图2-28，彩图见插页）

日本大耳白兔是使用中国白兔和日本兔杂交选育而成的。该兔毛色纯白，红眼睛，体形较大，体重4～5kg；繁殖力强，每胎产仔8～10只，初生重60g左右；两耳较大、直立，耳根细，耳端尖，形同柳叶；母兔颌下有肉髯，被毛浓密。大耳白兔生长发育快，繁殖力较强，但抗病力较差。由于它的耳朵又长又大，皮肤白色，血管清晰，便于取血和注射，是一种常用的实验动物。

4. 新西兰白兔（图2-29，彩图见插页）

新西兰白兔是新西兰品种的一个白色变种，具有毛色纯白、皮肤光泽、体格健壮、繁殖力强、生长迅速、性情温和、容易管理等优点，已被培育成性质稳定的近交系实验动物。该品种兔体形中等，成兔体重4～5kg，繁殖力强，平均每胎产仔7～8只；性情温和，易于管理，广泛用于皮肤反应试验、热原实验、致畸形试验、毒性实验和胰岛素检定，亦常用于妊娠诊断、人工受胎实验、计划生育研究和制造诊断血清。

图2-28 日本大耳兔

图2-29 新西兰白兔

三、家兔的应用

1. 用于免疫学研究

其最大用处是产生抗体，制备高效价和特异性强的免疫血清。免疫学研究中常用的各种免疫血清，大多数是采用家兔来制备的，广泛地用于人、畜各类抗血清和诊断血清的研制。如细菌、病毒、立克次体等免疫兔血清；兔抗人球蛋白免疫血清、羊抗免疫血清；抗组织免疫血清，如兔抗大白鼠肝组织免疫血清等。

2. 生殖生理和避孕药物的研究

兔具有刺激性排卵的特性，便于准确判断排卵时间，通过生物或药物刺激容易获得同期胚胎材料，在生殖生理研究中十分常用，多用于药物致畸或者药物干扰生殖过程的研究。其排卵数可通过计数卵巢表面的小红点突起而获得，便于进行抗排卵或促排卵药物的作用观察，多用于避孕药筛选。

3. 眼科的研究

家兔的眼球较大、几乎呈圆形，体积约 5～6cm^3，重约 3～4g，便于进行手术操作和观察，因此家兔是眼科研究中最常用的动物。同时在同一只家兔的左右眼进行疗效观察，可以避免动物年龄、性别、产地、品种等的个体差异。常用家兔复制角膜瘢痕模型，在双眼角膜上，复制成左右等大、等深的创伤或瘢痕，用以观察药物对角膜创伤愈合的影响，筛选治疗角膜瘢痕的有效药物及研究疗效原理。眼科研究时选用的家兔常为有色家兔，因为白色家兔的虹膜颜色亦为白色，和角膜浅层瘢痕的颜色相似，对比度不鲜明。

4. 热原及发热试验

兔是目前最易产生发热反应的实验动物，兔的体温变化十分灵敏，对各种感染性和非感染性发热物质均能产生典型而稳定的发热反应，如皮下注射灭活大肠埃希菌培养液，数小时内可引起发热并持续 12h，肌内注射 10%蛋白胨 1.0g/kg 体重可在 2～3h 内引起发热，且体温升高显著。药品和生物制品的热原试验均采用兔作为标准的测试动物，涉及发热的研究也多用兔进行。

5. 皮肤试验

兔的皮肤对刺激敏感，皮肤反应较接近人，常用于各类皮肤药物、化妆品、化工产品等局部皮肤毒性和刺激性试验。

实验兔的抓取

四、实验兔的抓取、保定与性别鉴定

1. 实验兔的抓取（图 2-30～图 2-32）

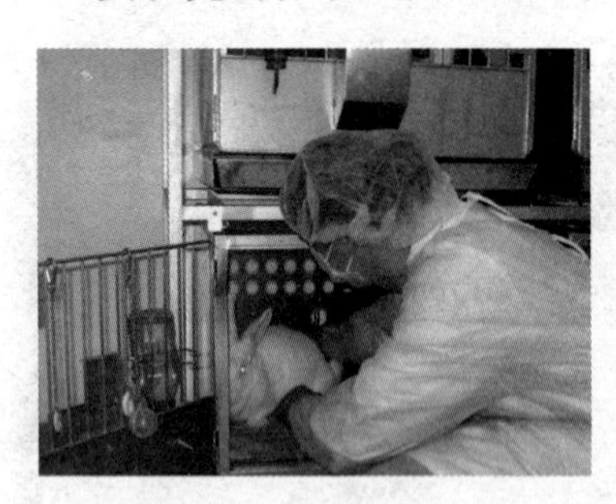
图 2-30　轻轻地接近兔子

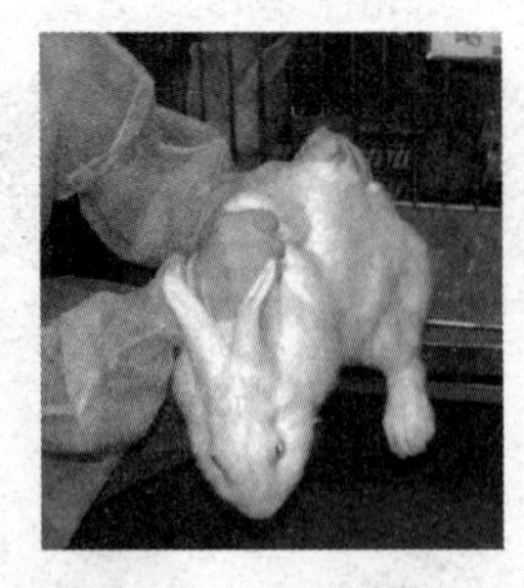
图 2-31　两手抓取

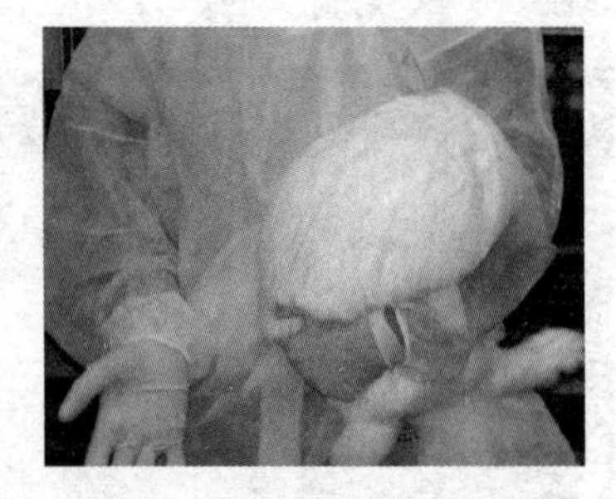
图 2-32　球抱式抓取

在抓取前应了解实验兔的自然行为。兔子胆小而敏感，但具有锐利的爪子和强有力的后腿，应防被抓和被踢，兔子自身因后肢挣扎过度导致脊椎骨折。接近兔子时，要使其保持平静、安稳，不要做出威胁性动作。慢慢打开兔笼门，并在采取措施时尽量降低噪声和其他惊扰。在抓取时，力量要轻柔而坚定，控制其后肢。

一般情况下，抓取兔子的步骤是：轻轻地打开兔笼，一手抓着兔颈背部的被毛和皮肤，并轻轻提起，另一手托住兔的臀部，使兔的全身重量落到托住臀部的手上；迅速但平稳地将动物靠在身体上，帮助兔子头部进入臂弯，可以提供更安全的保定。一旦动物被安全保定，可以将手从颈背部移开，这样可空出一只手。

此外1kg以下的幼兔还可抓背部皮肤提起。

2. 实验兔的保定

实验兔的徒手保定

(1) 徒手保定　徒手保定通常适用于将动物从笼子中取出，进行简单的检查、性别鉴定或将兔子安全运送到保定器中。

蹲伏或者趴伏是较为自然的保定姿势，需按住兔的背部使其保持安静，或可将兔抱于怀中，使其头部钻入肘下或腋下，一手压住兔的颈背部，另一手握住兔的后腿避免踢蹬；如需使兔躺卧的徒手保定则采用侧卧或仰卧，操作时一手抓住兔颈背部的皮毛，另一手抓住兔的两后肢并牢牢置于台面上。也可将动物从笼子中取出，轻轻反转，抓住颈背部的手前臂支撑动物的背部，用另外一只手检查动物，见图2-33。

实验兔的器械保定

(2) 器械保定　器械保定方法是采用某些类型的设备来控制动物移动。例如，在进行静脉注射或从耳静脉采血时，通常使用保定器来保定兔子。兔子常用金属、塑料和帆布保定器进行保定，也可采用软布包裹兔身，见图2-34～图2-36。

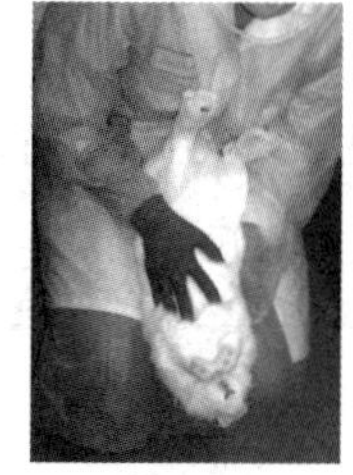

图2-33　徒手保定

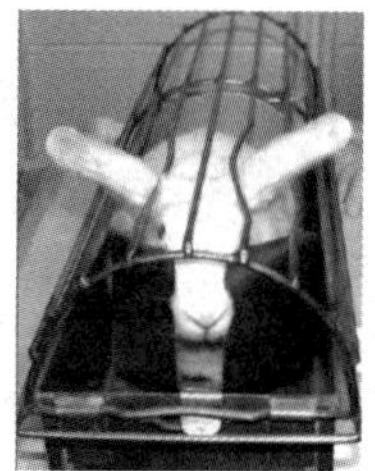

图2-34　金属保定

图2-35　塑料保定

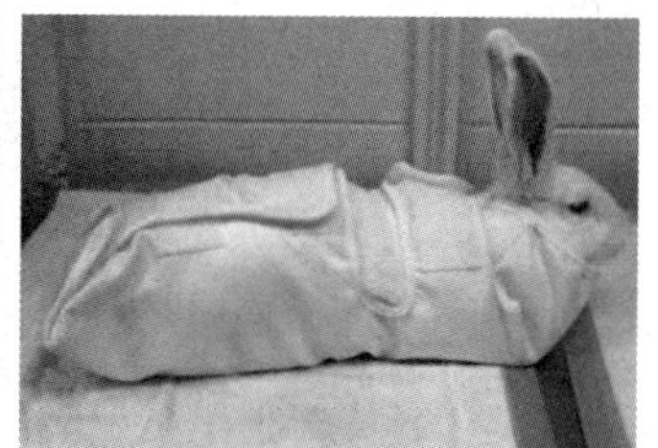

图2-36　帆布保定

使用保定器时，先检查保定器的大小，确保与需要保定的兔子大小合适，然后打开保定器，从笼子中取出动物并移至保定器。检查确保动物舒适，无过度强迫。

(3) 麻醉保定　也可采用麻醉方法抓取和保定兔子。麻醉保定通常通过肌内注射麻醉剂、镇痛剂或镇静剂完成。所采用的麻醉保定类型通常取决于保定目的、需要保定动物的时间以及研究方案。

3. 实验兔的性别鉴定

采用徒手保定检查。从笼子中取出兔子，轻轻反转，以前臂支撑动物背部。将其固定在支

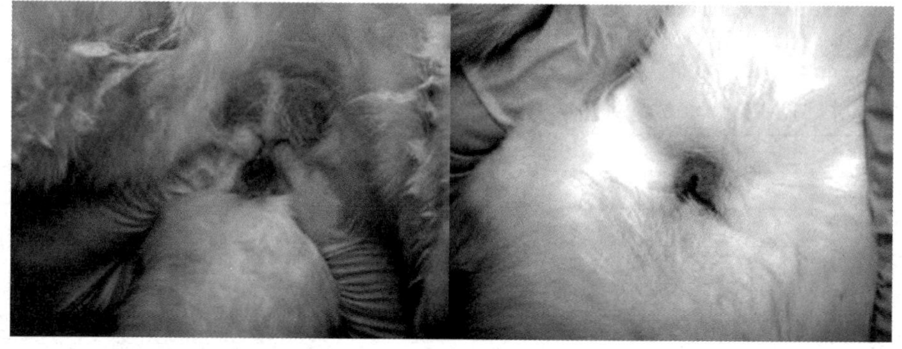

(a) 雄性　　(b) 雌性

图2-37　成熟兔生殖器

撑手臂和身体之间，保定兔子。用另外一只手检查动物的生殖器。如果正在检查成熟雄性兔的生殖器区域，可很容易识别外阴囊。如果正在检查未成熟雄性兔，在下腹部生殖器开口处轻轻施压，暴露出生殖器。雄性包皮突出，开口看起来呈圆形。如果正在检查成熟雌性生殖器部位，可很容易识别出无外阴囊。如果正在检查未成熟兔，在下腹部生殖器开口处轻轻施压，暴露出生殖器。雄性包皮突出，开口看起来呈圆形；雌性呈“V”形，下端裂缝延至肛门。见图2-37（彩图见插页）。

一、实施准备

每个学习小组 4 人，以下为 1 个学习小组需要的实验设备与材料。

1. 实验动物：4 只雌性实验兔、4 只雄性实验兔。

2. 设备与耗材：实验兔塑料固定器 4 个。

二、实施步骤

1. 教师提出实验兔抓取保定和性别鉴定的学习内容和目标。

2. 各学习小组制订工作计划、分配工作任务，确定实验兔抓取保定和性别鉴定操作的主要负责人，形成纸质文件。

3. 各学习小组利用课件和教材及教学视频，按照工作计划，分别学习实验兔抓取保定和性别鉴定的基本步骤和操作要点，在教师的指导下反复练习后做到准确和熟练。

4. 各小组学生分别练习和考核

（1）由各组负责人示范实验兔抓取保定和性别鉴定的基本实验操作，教师讲解重点、难点和注意事项。

（2）各组在该负责人的指导下完成实验兔抓取保定和性别鉴定的基本实验操作，教师巡回指导。

（3）所有学生撰写自己的工作记录。

（4）考核。

（5）项目负责人撰写该实验的工作小结。

（6）教师总结。

三、工作记录

1. 方案设计

组长		组员			
学习任务					
学习时间		地点		指导教师	
学习内容	任务实施				
徒手抓取					
人工保定					
器械保定					
性别鉴定					

2. 人员分工

姓名	工作分工	完成时间	完成效果

3. 工作记录

项目	1	2	3	4	5	6	7	8	备注
徒手抓取									
人工保定									
器械保定									
性别鉴定									

工作小结：

负责人签名：

任务评价

考核内容:实验兔抓取、保定和性别鉴定

班级：　　　　组别：　　　　姓名：　　　　　年　　月　　日

项目	评分标准		分值	负责人 10%	自评 30%	教师 60%
徒手抓取	评价要点	一只手动作流畅地抓住动物颈背部,并轻轻提起	5			
		另外一只手支撑动物躯干	5			
		将手放置于臀下以支撑下躯	5			
		平稳地将动物靠在实验员的身体上,帮助兔子头部进入臂弯	5			
	熟练程度	1只/2min	5			
人工保定	评价要点	将动物从笼子中取出,轻轻反转	5			
		抓住颈背部的手前臂支撑动物的背部	5			
		用另外一只手(现在空闲)检查动物	6			
	熟练程度	5只/min	5			
器械保定	评价要点	选择合适的保定器械	6			
		从笼子中取出动物移至保定器	6			
		尾部充分暴露	6			
	熟练程度	1只/2min	6			

续表

项目	评分标准		分值	负责人 10%	自评 30%	教师 60%
性别鉴定	评价要点	准确鉴定雌雄	5			
		准确识别雌雄生殖器	5			
	熟练程度	1只/min	5			
学习态度	将实验设备与材料摆放在合适的位置； 正确使用实验设备与材料； 积极动手操作、反复练习； 实验完成时能够及时整理实验台面、清洗实验设备		5			
动物福利	动物无剧烈挣扎、痛苦叫声； 实验结束时动物无死伤		5			
合作沟通	积极参与工作计划的制订； 按照工作计划按时完成工作任务； 乐于助人，也乐于向其他人请教； 善于提问，积极思考别人提出的问题，提出解决方案		5			
合计						
教师评语						

思考与练习

1. 在抓取兔子的过程中，兔子突然猛烈挣扎，这时如何处置？
2. 兔子的耳很大，有人提出提着兔子的双耳抓取兔子，你觉得可以吗？

任务四　犬的认识与基本操作

犬在外科研究、毒理学研究、牙科研究和医疗器械的开发中发挥着重要作用。它们还用于老年性疾病的研究，如肌肉萎缩、脊椎损伤、高血压和流感研究，是一种合适的动物模型。通过本任务的学习，能够描述犬的行为、常见品种与品系，了解犬的解剖生理特点，正确进行犬的抓取、保定和性别鉴定。

一、犬的生物学特点

犬属于脊索动物门，哺乳纲，食肉目，犬科，犬属动物。目前用于研究的主要是封闭群

Beagle 犬（比格犬），微生物级别有普通级和 SPF 级。

犬的生物学特征和解剖生理特点包括以下几方面。

1. 肉食性动物

犬喜欢肉食及腥味食，喜咬骨头，也能吃杂食和素食。吃食时总是囫囵吞下，消化道短，食物通过消化道时间短。

2. 听觉、嗅觉灵敏，记忆力强

犬的听觉大大超过人类，不仅能分辨出声音的强弱、生熟，而且能听见人类不能听见的声音。犬的嗅觉比人类高出 40 多倍，能辨别空气中的细微气味。犬在认识和辨别食物中，总是首先表现为嗅觉行为。出生仔犬也是依靠嗅觉来寻找母乳的。

3. 视觉和味觉差，辨色能力弱

犬的远视能力弱，对移动物体感觉灵敏。犬的味觉极差，只能靠嗅觉判断食物的新鲜与否。犬是色盲，辨色能力差，而在微弱光线下辨别物体的能力强，具备夜行动物的特征。

4. 适应环境的能力强，智力发达

犬对较热、寒冷、风雨等不良环境都有很强的承受能力，具有合群欺弱的特点，有服从主人的天性，智力发达，接受能力强，能领会人的简单意图。

5. 前后肢均有趾甲

应定期剪趾甲，尽量减少抓挠，防止对抓取者的伤害。犬还拥有尖锐的牙齿，可能造成严重咬伤。知道如何抓取犬，并解读其行为，将最大限度地减少咬伤风险。犬还会大声吠叫，因此在犬的饲养区域应该戴听力保护设施，防止抓取者听力受损。

6. 具有发达的血液循环系统和神经系统

犬的内脏与人相似，比例也近似。犬的汗腺不发达，仅鼻尖有一种鼻镜腺和脚（枕部）有汗腺。

7. 繁殖特性

犬性成熟 280～400d，为每年春秋单发情动物，多数在春秋季发情，发情期 13～19d。犬性周期 180（126～240）d，妊娠期 60（58～63）d，哺乳期 60d。双子宫型犬，每胎产仔 2～8 只，适配年龄雄犬 1.5～2 岁，雌犬 1～1.5 岁。

8. 神经类型不同

犬大体分四种神经类型：①多血质型；②黏液质型；③胆汁质型；④忧郁质型。由于神经类型不同导致性格不同，用途也不一样。

犬的一般生理指标见表 2-4。

表 2-4 犬的一般生理指标

项　目	数　值
寿命/年	10～20
体重	依品种存在差异
性成熟/d	280～400
妊娠时间/d	60(58～63)
哺乳期/d	60
体温/℃	38.3～38.8
呼吸数/(次/min)	22(11～37)
呼吸量/(mL/min)	330～740
心率/(次/min)	70～160
血压/kPa	19.86(17.77～25.20)
红细胞数/($\times 10^{12}$个/L)	4.5～8.0
红细胞体积/μm^3	59～68

续表

项　目	数　值
白细胞/($\times10^{12}$个/L)	6.0～17.0
嗜中性粒细胞/%	62～80
嗜酸性粒细胞/%	2～14
嗜碱性粒细胞/%	0～2
淋巴细胞/%	10～28
单核细胞/%	3～9
血小板/($\times10^{9}$ 个/L)	12～30
血红蛋白/(g/L 血液)	11～18
尿量/[mL/(kg·24h)]	25～41

二、常用的犬品种

犬的品种很多，国际上用于医学科学研究的犬主要有比格犬（图 2-38，彩图见插页）、Labrador 犬（图 2-39，彩图见插页）、四系杂交犬、Boxer 犬等。

比格犬原产英国，是猎犬中较小的一种。1880 年引入美国，开始大量繁殖。因其有体形小（成年体重为 7～10kg），短毛形态和体质均一，秉性温和，易于驯服和抓捕，亲近人，对环境的适应力、抗病力较强，性成熟期（约 8～12 个月）早，产仔数多等优点，被公认为是较理想的实验用犬，已成为目前实验研究型犬中最标准的动物。此种犬多用于长期的慢性实验，如生物化学、微生物学、病理学、病毒学、药理学以及肿瘤学（如癌的病因学和癌的治疗学）等基础医学研究。四系杂交犬（4-Way Cross）是为科研工作需要而培养出的一种外科手术用犬，它可由两种以上品系犬进行杂交而成。

图 2-38　比格犬

图 2-39　Labrador 犬

三、犬的应用

1. 实验外科学

犬广泛用于实验外科各个方面的研究，如心血管外科、脑外科、断肢再植、器官或组织移植等。临床外科医生在研究新的手术或麻醉方法时往往是选用犬来做动物实验，先取得熟练而精确的技巧，然后才妥善应用于临床。

2. 药理学、毒理学研究和药物代谢研究

犬用于药物代谢的研究以及各种新药临床使用前的毒性实验等。由于犬可以通过短期训练很好地配合实验，所以非常适合于进行慢性实验，如毒理学实验、消化道瘘管实验、疗效试验等。

3. 基础医学实验研究

犬是目前基础医学研究和教学中最常用的动物之一，尤其在生理、药理、病理等实验研究中起着重要作用。犬的神经系统和血液循环系统很发达，适合这方面的实验研究，如失血性休克、弥散性血管内凝血、动脉粥样硬化症，特别是研究脂质在动脉壁中的沉积等方面，是一个良好的动物模型；急性心肌梗死以选用杂种犬为宜，狼犬对麻醉和手术较敏感，而且心律失常多见。不同类型的心律失常、急性肺动脉高压、肾性高血压、脊髓传导实验、大脑皮质定位实验等均可用犬进行。

4. 营养学和生理学研究

犬用于营养学及生理学研究，如进行先天性白内障、胱氨酸尿、遗传性耳聋、血友病A、先天性心脏病、先天性淋巴水肿、蛋白质营养不良、家族性骨质疏松、视网膜发育不全、高胆固醇血症、动脉粥样硬化、糖原缺乏综合征等研究。

四、犬的抓取、保定与性别鉴定

1. 犬的抓取

实验犬的抓取

一般而言，犬是温顺的动物。在研究中大多数犬会友好相处。顺从的犬一般比较容易抓取。攻击性犬可能因为过于具有攻击性而难以抓取。顺从的犬一般把目光移开，避免眼光接触；降低身体、头部、耳朵，并将尾巴夹在身体下；躺下并翻滚，接触时保持安静。而具有攻击性的犬往往高高站立，并竖起头部和耳朵，背部的毛发竖起，上唇抬起露出牙齿，不时低吼。在抓取保定犬之前，要对其进行观察，注意犬的行为。通常温顺的犬也可能表现出异常行为。例如，生病或受伤的犬可能变得有攻击性。

如果经过训练，犬可以佩戴皮带步行。大多数实验犬在送到时，没有进行过带绳训练。每天花费几分钟戴上皮带，并提供积极的强化措施，鼓励犬与抓取者一起散步，这将有助于抓取者更容易地抓取犬只。抓取时可弯曲膝盖并用手臂围住犬的胸部，另外一只手托其臀部，然后站起来。如果要将犬进行长距离运输或运到犬舍外，应该将其放置到运输笼中。

2. 犬的保定

（1）犬套保定法　令犬站立或侧卧，保定人员抓住犬套，固定好头部，防止头部活动即可。见图2-40。

（2）倒卧保定法　将犬置于检查台上，并鼓励其躺下（犬腹部会接触到检查台）。保定者应将一只手臂放在犬背上，然后围住胸部，用身体压住犬。另外一只手应该轻轻抓住犬的口鼻部分，控制其头部；或者将犬置于检查台上，轻轻滚动犬，使得犬的一侧与检查台接触。将前臂放在犬的颈部，控制住头部。身体应该轻轻靠在犬身上进行保定。见图2-41。

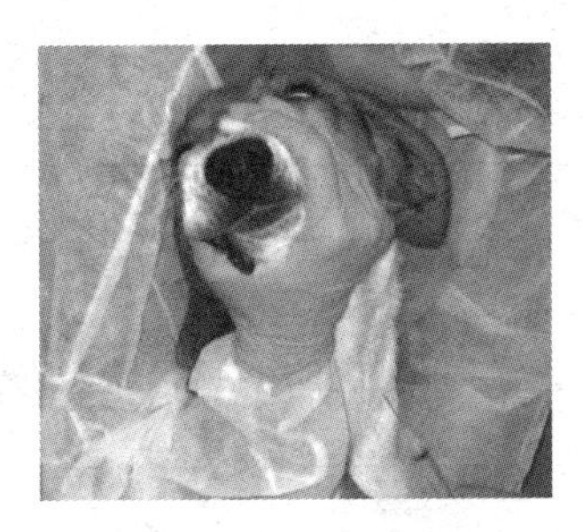
图2-40　犬套保定

图2-41　倒卧保定

实验犬的保定

（3）仰卧保定法　先将犬侧卧于手术台上，然后分别在四肢球节下方拴绳，并在手术台上拴紧，使四肢伸展且仰卧。另用一细绳将犬头保定于手术台上，防止其活动。

(4) 化学保定法　用麻醉药等进行麻醉保定。

3. 犬的性别鉴定

犬可以很容易地确定其性别。公犬有阴茎，位于腹部中线处包皮内。完整的公犬在后肢中线处有阴囊（接近于肛门）。雌性犬在靠近肛门处有外阴，皮肤皱褶无毛，带有裂隙状开口。

一、实施准备

每个学习小组4人，以下为1个学习小组需要的实验设备与材料。

1. 实验动物：2只雌性比格犬、2只雄性比格犬。

2. 设备与耗材：犬套4个。

二、实施步骤

1. 教师提出比格犬抓取保定和性别鉴定的学习内容和目标。

2. 各学习小组制订工作计划、分配工作任务，确定比格犬抓取保定和性别鉴定操作的主要负责人，形成纸质文件。

3. 各学习小组利用课件和教材及教学视频，按照工作计划，分别学习比格犬抓取保定和性别鉴定的基本步骤和操作要点，在教师的指导下反复练习后做到准确和熟练。

4. 各小组学生分别练习和考核

(1) 由各组负责人示范比格犬抓取保定和性别鉴定的基本实验操作，教师讲解重点、难点和注意事项。

(2) 各组在该负责人的指导下完成比格犬抓取保定和性别鉴定的基本实验操作，教师巡回指导。

(3) 所有学生撰写自己的工作记录。

(4) 考核。

(5) 项目负责人撰写该实验的工作小结。

(6) 教师总结。

三、工作记录

1. 方案设计

组长		组员			
学习任务					
学习时间		地点		指导教师	
学习内容	任务实施				
徒手抓取					
躺卧保定					
侧卧保定					
性别鉴定					

2. 人员分工

姓名	工作分工	完成时间	完成效果

3. 工作记录

项目	1	2	3	4	5	6	7	8	备注
徒手抓取									
躺卧保定									
侧卧保定									
性别鉴定									

工作小结：

负责人签名：

任务评价

考核内容：比格犬的抓取、保定和性别鉴定

班级：　　　　组别：　　　　姓名：　　　　　　　　年　　月　　日

项目	评分标准		分值	负责人 10%	自评 30%	教师 60%
徒手抓取	评价要点	弯曲膝盖并用手臂围住犬胸部	6			
		另一只手抱其臀部，然后站起来	6			
	熟练程度	1只/3min	5			
躺卧保定	评价要点	将犬置于检查台上，鼓励其躺下	6			
		保定者应将一只手臂放在犬背上，然后围住胸部	6			
		另外一只手应该轻轻抓住犬的口鼻部分，控制其头部	6			
	熟练程度	1只/5min	5			
侧卧保定	评价要点	将犬置于检查台上，鼓励其躺下	6			
		另一只手抓住最远的前肢	6			
		轻轻滚动犬使其定位至一侧	6			
		将前臂放在犬颈部，控制住头部	6			
	熟练程度	1只/5min	5			

续表

项目	评分标准		分值	负责人 10%	自评 30%	教师 60%
性别判定	评价要点	准确判定雌雄	6			
		准确识别雌雄生殖器	6			
	熟练程度	1只/5min	4			
学习态度	将实验设备与材料摆放在合适的位置； 正确使用实验设备与材料； 积极动手操作、反复练习； 实验完成时能够及时整理实验台面、清洗实验设备		5			
动物福利	动物无剧烈挣扎、痛苦叫声； 实验结束时动物无死伤		5			
合作沟通	积极参与工作计划的制订； 按照工作计划按时完成工作任务； 乐于助人，也乐于向其他人请教； 善于提问，积极思考别人提出的问题，提出解决方案		5			
合计						
教师评语						

思考与练习

1. 总结犬的侧卧保定技巧。
2. 如果保定较为大型且凶猛的犬，应该如何做比较合适？

任务五　认识其他用于研究的常见动物

除了小鼠、大鼠、兔和犬之外，还有许多常用的实验动物，这些实验动物具有自身的解剖生理特点，但是使用的许多原则和技术与大鼠、小鼠、兔和犬相比，仅有较小的变化。通过本任务的学习，能够描述豚鼠、猫、猪和非人灵长类动物以及水生动物的行为，常见品种品系以及生理解剖特点。

一、豚鼠

豚鼠属脊索动物门、哺乳纲、啮齿目、豚鼠科、豚鼠属，又名天竺鼠、海猪、荷兰猪。

豚鼠原产于南美洲，为南美洲的家养食用动物和玩赏动物，16 世纪开始作为实验动物引入世界各地。

1. 生物学特征

（1）外形　豚鼠头大、颈短、耳圆、无尾、四肢短，前肢有四趾，后肢有三趾，趾上爪短而锐利；不善于攀登和跳跃；两眼明亮，耳壳较薄且血管鲜红明显，上唇分裂，门齿锋利且能终生生长。毛色受几个主要等位基因控制，主要有白色、黑色、淡黄色和杏黄色等。

（2）嗅觉、听觉发达　豚鼠胆小、温驯，对外界刺激极为敏感，尤其对臭味、抗生素、气温突变和各种有毒物质等很敏感。饮食投喂抗生素后容易引起死亡和肠炎，如使用青霉素，不论剂量多大，途径如何，均可引起小肠和结肠炎，甚至致其死亡。对青霉素的敏感性比小鼠高 1000 倍。豚鼠听觉发达，能识别多种不同的声音。当有尖锐的声音刺激时，常表现耳郭微动，称为普勒反射或听觉耳动反射。

（3）草食性　豚鼠是草食性动物，喜食纤维素多的禾本科嫩草或干饲料。嚼肌发达而胃壁非常薄，盲肠膨大，约占腹腔容积的 1/3，粗纤维需要量较家兔还要多，但不像家兔那样易患腹泻病。与大鼠和小鼠相反，豚鼠喜欢白天活动，夜间少食少动。

（4）生殖特点　雌鼠有左右两个完全分开的子宫角，一对乳头，两组乳腺位于腹股沟部；性成熟早，雌鼠 30～45 日龄、雄鼠 70 日龄性成熟；性周期 15～17d。豚鼠属于晚成性动物，即母鼠怀孕期较长，妊娠期为 63（59～72）d，产仔数平均为 3.5（1～6）只，为全年、多发情性动物，并有产后性周期，哺乳期 2～3 周。新生仔体重约 80g，胚胎在母体发育完全，出生后即已完全长成，全身被毛，眼张开，耳竖立，并已具有恒齿，产后 1h 即能站立行走，数小时能吃软饲料，2～3d 后即可在母鼠护理下一边吸吮母乳，一边吃青饲料或混合饲料，迅速发育生长。

（5）营养特点　体内不能合成维生素 C，需在饲料或饮水中加维生素 C 或给新鲜蔬菜。当维生素 C 缺乏时出现坏血症，其症状之一是后肢出现半瘫痪，冬季尤其易患。

（6）喜活动、爱群居　需较大活动场地，单笼饲养时易发生足底溃疡。一般不伤人，不互相打斗。突然的声响、震动可引起四散奔逃，甚至引起孕鼠流产。

（7）免疫学特点　豚鼠易引起变态反应。

豚鼠的一般生理指标见表 2-5。

表 2-5　豚鼠的一般生理指标

项　目	数　值
寿命/年	4～8
体重/g	700～1200
性成熟/d	30～45
妊娠时间/d	68(62～72)
哺乳期/周	2～3
体温/℃	38.6(37.8～39.5)
呼吸数/(次/min)	90(69～104)
呼吸量/(mL/min)	150～350
心率/(次/min)	280(200～360)
血压/kPa	11.6(10.0～16.0)
红细胞数/($\times 10^{12}$个/L)	5.6(4.5～7.0)
白细胞/($\times 10^{12}$个/L)	5～6
血小板/($\times 10^{9}$ 个/L)	116
血红蛋白/(g/L 血液)	14.4(11～16.5)

2. 常用实验品种

经常用于生物科学实验的是英国短毛种豚鼠。该种豚鼠的特点是毛短而光滑，体格健壮，毛色有纯白色、黑色、棕黑色、棕黄色和灰色等。用于实验的英国种豚鼠具有很多品系。近交系中使用最广泛的为近交系2（对结核杆菌抵抗力强）和13（体形较大，对结核杆菌抵抗力弱）。封闭群中我国常用Hartley豚鼠（图2-42，彩图见插页），生长迅速、生殖力强、性情活泼温顺，母鼠善于哺乳，致敏性强，多用于药物检定、免疫学、传染病学等研究。

图2-42 Hartley豚鼠

3. 豚鼠应用

（1）传染病学研究　豚鼠可感染多种病原微生物并发生相应疾病，尤其对人型结核杆菌高度敏感，感染病变酷似人，是结核菌分离、鉴别、诊断、病理研究、治疗研究药物的首选动物。钩端螺旋体感染的研究也多用豚鼠。

（2）药理学研究　豚鼠对某些药物极其敏感，因此它是研究这些药物的专用动物。例如，豚鼠对组胺很敏感，所以适合作平喘药物和抗组胺药物的研究；豚鼠对结核杆菌具有高度的敏感性，可以用作抗结核药物的药理学研究。豚鼠妊娠期长，还适用于药物或毒物对胎儿后期发育影响的研究，是研究抗生素和青霉素的动物模型。

（3）营养学研究　豚鼠是进行维生素C研究的重要动物，如果饲料中缺乏维生素C，很快就会出现一系列维生素C缺乏症症状，是目前唯一用于实验性维生素C缺乏症的动物。豚鼠也可用于叶酸、硫胺素和精氨酸的生理功能，酮性酸中毒，眼神经疾病的研究。

（4）变态反应的研究　豚鼠是现有种类实验动物中最易致敏的，为此，豚鼠成为过敏性实验和研究变态反应的首选动物。

（5）血液学研究　豚鼠的血管反应敏感，出血症状显著。如辐射损伤引起的血综合征在豚鼠中表现得最明显，其次是犬、猴和家兔，而在大鼠和小鼠中却很少见。

（6）内耳疾病的研究　豚鼠的耳窝管对声波非常敏感，特别对700～2000Hz纯音最敏感，因此常选用豚鼠进行若干内耳疾病的研究。

（7）毒物对皮肤局部作用的实验　豚鼠和家兔皮肤对毒物刺激反应灵敏，其反应类似于人，常用作对皮肤局部作用的实验。

（8）补体结合实验　豚鼠的血清中含有丰富的补体，可为补体结合实验提供需要的补体。

二、仓鼠

仓鼠又名地鼠，属脊索动物门、哺乳纲、啮齿目、仓鼠科，是一种小型啮齿类动物。常用的有金黄地鼠、欧洲地鼠和中国地鼠。

1. 生物学特征

（1）习性　仓鼠夜间活动十分活跃，一般在晚上8～11点最为活跃，白天大部分时间睡眠，有嗜睡习惯。仓鼠睡眠很深时，全身肌肉松弛，且不易弄醒，有时误认为死亡；行动笨拙，运动时腹部着地。大群饲养时容易发生相互撕咬，因此性成熟后不宜群养。雌鼠除发情时，不宜与雄鼠同居。

（2）对环境温度较为敏感　最适宜的温度为22～24℃，一般温度在16℃以下时，仓鼠停止繁殖，当温度降低至8～9℃时可出现冬眠现象。室温低于13℃则幼仔易于冻死。夏季，仓鼠会随着外界温度的升高而略微升高体温。仓鼠是穴居动物，喜欢稍微湿润的环境，相对湿度以50%～65%为宜，高温、高湿可引起衰竭死亡。

（3）食性广，有贮藏食物的习惯　在自然条件下，仓鼠以草食为主，人工饲养下为杂食性。仓鼠的口腔内侧有一个很深的颊囊，可充分扩张，是仓鼠暂时贮存食物的地方，贮藏食物的能力很强。颊囊是缺少组织相容性抗原的免疫学特殊区，因而是人类肿瘤移植、筛选、诱发和治疗研究中有价值的材料和观察微循环改变的良好区域。

（4）生殖周期短，生产能力旺盛　仓鼠妊娠期平均为16（14～17）d，在啮齿类动物中妊娠期最短。雌鼠性成熟早，通常65日龄时就可配种繁殖。每胎产仔4～12只，平均8只左右，哺乳期18～25d。幼鼠出生后发育很快，出生4d开始长毛，10日后可趴出窝外觅食，14d睁眼。雄鼠成熟时体重为100g左右，雌鼠120g左右，平均寿命2～3年，每只雌鼠可产6～8胎。

（5）仓鼠对皮肤移植的反应很特别　在许多情况下，非近交系的封闭群个体之间皮肤相互移植均可存活，并能长期存活下来，而不同种群动物之间的皮肤相互移植，则100%不能存活，并被排斥。

2. 常用实验品种

实验中使用最广泛的是金黄地鼠（图2-43，彩图见插页）。该鼠金黄色，体重150g，染色体22对。我国繁殖和使用数量最多的是属于远交系的金黄地鼠。中国地鼠（图2-44，彩图见插页）也有少量应用，中国地鼠也称黑线仓鼠，呈灰色，体形小，染色体22对，体重约40g。

图2-43　金黄地鼠

图2-44　中国地鼠

3. 仓鼠应用

（1）肿瘤移植、筛选、诱发和治疗　仓鼠对移植瘤接受性强，比其他动物易生长。仓鼠对可以诱发肿瘤的病毒很易感也很敏感，还能成功移植某些同源正常组织细胞或肿瘤组织细胞等，因此它是肿瘤学研究中最常用的动物，被广泛应用于研究肿瘤增殖、致癌、抗癌、移植、药物筛选、X射线治疗等。

（2）生殖生理研究　仓鼠妊娠期短，平均16d，雌鼠出生后28d即可达到性成熟，性周期比较准，约 4.5d，因此仓鼠适合用于计划生育方面的研究。

（3）传染病学研究　金黄地鼠常用于狂犬疫苗、乙型脑炎疫苗的制备及检定。中国地鼠是内脏利什曼病、阿米巴肝脓肿、弓形虫、阴道毛滴虫和结核杆菌较好的动物模型。

（4）糖尿病研究　近交系中国地鼠易产生真性糖尿病，血糖可比正常高出 2～8 倍，胰岛退化，β 细胞呈退行性变，易培育成糖尿病株。中国地鼠可自发产生糖尿病。

三、猫

猫属于脊索动物门、哺乳纲、食肉目、猫科、猫属的动物。用于研究实验的猫与一般饲养的家猫属同一物种。但是作为科学研究用的猫，需选择健康、年轻、短毛（易于使用、清洁及管理），并熟悉人类触摸者。由于猫是一般家庭常见的伴侣动物，因此必须采取合法途径获取，并经所在单位实验动物伦理委员会同意后使用。

1. 生物学特征

（1）喜爱孤独而自由的生活，除在发情交配和哺乳期外很少群居　健康、稳定的猫只充满警觉性，并对周边环境非常好奇。猫眼睛明亮、耳朵竖立，大部分的猫喜欢被当宠物对待，常以抓饲养者的手或脚等方式引起人们的注意。当猫只呈现扁耳、露齿与拱背，表示处于侵略状态。

（2）对环境变化敏感　猫对熟悉的饲养人员及环境结构的改变很敏感，如因实验所需而更换饲养人员或饲养环境，则应花费足够时间逐渐使猫适应。猫的饲养人员，应由个性安静、稳定、动作温柔的人员来担任。

（3）猫的爪和牙齿很尖锐，善捕捉、攀登　一般而言，猫对轻柔的抓取方式反应较佳，饲养人员需安静地或者轻声细语地呼唤着接近猫，抓取猫后搔痒猫的脖子及脸颊。突然的大动作或噪声会使猫挣扎或跳脱，也会使饲养人员被抓伤或咬伤。

（4）猫的眼睛和其他动物不同　能按照光线的强弱灵敏地调节瞳孔，白天光线强时瞳孔可收缩成线状，晚上瞳孔可变得很大，视力良好。

（5）猫是季节性多发情动物　除夏季外，全年均可发情，但多发于秋季，属典型的刺激性排卵，即只有经过交配刺激才能排卵。猫孕期 63（60～68）d，分娩一般需 2～3h，产仔数 1～6 只，通常 3～5 只；哺乳期 60d；适配年龄雄性 1 岁，雌性 10～12 月龄；雄性育龄 6 年，雌性 8 年，寿命 8～14 年。

（6）猫对呕吐反应灵敏　受到机械和化学刺激易发生咳嗽。

（7）猫的大脑和小脑较发达　其头盖骨和脑具有一定的形态特征，对去脑实验和其他外科手术耐受力也强。

（8）猫对吗啡的反应和一般动物相反　犬、兔、大鼠、猴等主要表现为中枢抑制，而猫却表现为中枢兴奋。猫的呼吸道黏膜对气体或蒸汽反应很敏感。

猫的一般生理指标见表 2-6。

表 2-6　猫的一般生理指标

项　目	数　值
寿命/年	9～14
体重/kg	雄猫：3～7；雌猫：2.5～4
膳食量/(g/kg)	70～190
性成熟	雄猫：8～9 月龄；雌猫：5～10 月龄

续表

项　　目	数　　值
妊娠时间/d	59～65
哺乳期/周	7
胎数/只	3～6
繁殖期/年	6～8
体温/℃	38.6(38.0～39.5)
呼吸数/(次/min)	26(20～30)
心率/(次/min)	120～140
血压/kPa	16.00～20.00
红细胞数/($\times10^{12}$个/L)	8.0(6.5～9.5)
白细胞数/($\times10^{12}$个/L)	16(9～24)
血小板数/($\times10^{9}$ 个/L)	25
血红蛋白/(g/L 血液)	11.2(7～15.5)

数据源：The UFAW Handbook on the Care and Management of Laboratory and Other Research Animals. 8th edition，2010。

2. 常用实验品种

猫在 19 世纪末开始用作实验动物。因不易成群饲养，繁殖猫较困难。猫发情期有心理变态，饲养中涉及动物心理学问题，也给繁殖带来困难，加上国外一些经济发达国家，将猫、犬作为家养的重要玩赏动物，对猫、犬用于实验研究限制很大。因此对猫品种的培育远比鼠类差得多，在使用上也比鼠类、家兔要少。

我国实验中使用的猫大多为收购来的家养杂种猫。在选择实验用猫时，应选毛色不一的短毛猫，因长毛容易脱落造成实验环境污染，同时这种猫体质衰弱，实验耐受性差。

3. 猫的应用

猫的脑部在发展上介于低等哺乳类及灵长类之间，且脑部大小于演化过程中变异少，因此猫的脑部一直是研究人员极有兴趣的部分，广泛用于解剖学及功能性的探讨相关的研究。如今，猫主要用于神经学、生理学和毒理学的研究。猫可以耐受麻醉与部分脑破坏手术，在手术时能保持正常血压。猫的反射功能与人近似，循环系统、神经系统和肌肉系统发达。实验效果较啮齿类更接近于人，特别适宜作观察各种反应的实验动物。

四、猪

猪属于哺乳纲、偶蹄目、野猪科、猪属的动物。用于动物实验研究的猪主要为实验小型猪和微型猪。

1. 生物学特征

猪为杂食性动物，性格温顺，易于调教；喜群居，嗅觉灵敏，有用吻突到处乱拱的习性；对外界温、湿度变化敏感。猪和人的皮肤组织结构相似，脏器重量、齿象牙质和齿龈的结构也相似。猪的胎盘类型属上皮绒毛模型，没有母源抗体。猪的心血管系统、消化系统、营养需要、骨骼发育以及矿物质代谢等也与人颇为相似。猪的血液学和血液化学各项常数也和人近似。通常成年小型猪体重在 30kg 左右（6 月龄），而微型猪最小在 15kg 左右。

小型猪的一般生理指标见表 2-7。

表 2-7 小型猪的一般生理指标

项 目	数 值
体重/kg	30(20～60)
性成熟	雄性:6～10 月龄;雌性:4～8 月龄
妊娠时间/d	114(109～120)
哺乳期/d	30
体温/℃	39(38～40)
呼吸数/(次/min)	12～18
心率/(次/min)	55～60
血压/kPa	14～22
红细胞数/($\times10^{12}$个/L)	6.4
白细胞数/($\times10^{12}$个/L)	7～16
血小板数/($\times10^{9}$ 个/L)	0.24
血红蛋白/(g/L 血液)	100～168

2. 常用实验品种

(1) 明尼苏达-荷曼系小型猪 1943 年由明尼苏达大学荷曼研究所研究人员用亚拉巴马州的古尼阿猪、加塔里那岛的野猪和路易斯安那州的毕尼乌兹野猪再导入加马岛上的拉斯爱纳-郎刹猪培育而成，毛色有黑白斑。成年猪体重平均 80kg，遗传性质较稳定。

(2) 毕特曼-摩尔系小型猪 由毕特曼-摩尔制药公司从佛罗里达野生野猪和加利夫岛的猪育成，毛色有各种各样斑纹。

(3) 海福特小型猪 海福特研究所用白色帕洛斯猪和毕特曼-摩尔系小型猪，再导入墨西哥产的拉勃可种育成，白皮肤，成年体重 70～90kg。

(4) 葛廷根系小型猪（图 2-45，彩图见插页） 葛廷根大学用明尼苏达-荷曼系小型猪和缅甸 Vietnamese 小型猪交配，再导入德国改良长白种而育成。成年猪体重 40～60kg。

(5) 中国实验用小型猪（图 2-46，彩图见插页） 由中国农业大学利用贵州香猪选育。已在动脉粥样硬化、牙病防治、微粒植皮研究中取得良好的效果。

(6) 五指山小型猪 主产于海南省五指山区，体形小，体质细致紧凑。成年母猪体长 50～70cm，体高 35～45cm，胸围 65～80cm，体重 30～35kg，很少超过 40kg，是育成实验动物的良好品种。

图 2-45 葛廷根系小型猪

图 2-46 中国实验用小型猪

3. 小型猪的应用

猪在解剖学、生理学、疾病发生机制等方面与人极其相似，在生命科学研究领域内具有重要的实际应用价值。目前已用于肿瘤、心血管病、糖尿病、外科、牙科、皮肤烧伤、血液病、遗传病、营养代谢病、新药评价等多个方面。

猪的皮肤与人非常相似，是进行实验性烧伤研究的理想动物。美洲辛克莱小型猪，80%于出生前和产后有自发性皮肤黑色素瘤，与人类黑色素瘤病变和传播方式完全相同，是研究人黑色素瘤的动物模型。猪冠状动脉循环，在解剖学、血液动力学上与人类相似。对高胆固醇食物的反应与人一样，很容易出现动脉粥样硬化的典型病灶。幼猪和成年猪能自发动脉粥样硬化，其粥变前期可与人相比。老龄猪动脉、冠状动脉和脑血管的粥样硬化与人的病变特点非常相似。因此，猪可能是研究动脉粥样硬化的最好的动物模型。仔猪和幼猪与新生婴儿的呼吸系统、泌尿系统、血液系统很相似。仔猪像婴儿一样，也患营养不良症，如蛋白质、铁、铜和维生素 A 的缺乏症。因此，仔猪可广泛应用于儿科营养学研究。

小型猪作为异种移植的供体具有许多优点，既能解决人源器官严重不足，提供源源不断的供体器官、组织、细胞，也可克服非人灵长类动物异种带来的伦理、烈性病毒传染病等问题，一直是人类异种移植的首选供体和研究开发的热点。

转基因猪的研究一方面可为人类异种器官移植服务，另一方面也可作为生物反应器生产人类的重要蛋白。许多猪源性人用生物制品和功能食品如凝血酶、纤维蛋白原、转移因子、抗人白细胞免疫球蛋白、凝血因子Ⅷ、卟啉铁等已经被美国、欧盟、日本等发达国家和地区的食品药品监督管理部门批准生产，《中华人民共和国药典》和《中国生物制品规程》也有部分收载。

五、非人灵长类动物

非人灵长类动物在生物医学研究方面都扮演着重要的角色，与人类有相似的解剖和生理特征。最常见的非人灵长类动物包括猕猴种［通常为恒河猕猴（猕猴）］和食蟹猴、狒狒，有时也使用狨猴等。这里主要介绍猕猴。猕猴属于脊椎动物门、哺乳纲、灵长目、猴科、猕猴属动物。

1. 生物学特征

（1）群居性强　群居性较强，有社会等级，不恰当笼位安置会干扰这个房间中的社会等级并造成应激和紧张。猕猴天性好奇，会尝试伸出手并抓取任何所能抓得到的东西，这可以导致动物操作人员受伤。如果非人灵长类动物凝视，会张开嘴，吼叫，摇笼子和袭击，这是攻击性行为的例子，应避免与猕猴有直接的眼神接触，防止引发攻击性行为。房间中不可预见地、能造成巨响的活动也能引发动物的攻击性行为。

（2）善攀登、跳跃，智力发达　猕猴善攀登、跳跃，会游泳，聪明伶俐，动作敏捷，好奇心与模仿力很强；有较发达的智力和神经；能用手操纵工具。猕猴之间经常打架，受惊吓时会发出叫声。一般难以驯养，有毁坏东西的特性，常龇牙咧嘴，暴露其野性，但通常怕人，不容易接近。

（3）杂食，但以素食为主　猕猴属杂食性动物，以植物果实、嫩叶、根茎为食。猴群活动区域较固定，群体之间从不相互跨越，一般停留在靠近水源、环境安静和食物丰盛的地方。猕猴体内缺乏合成维生素 C 的酶，所以维生素 C 必须来源于饲料中，缺乏维生素 C 时会内脏肿大、出血和功能不全。

（4）昼行性　猕猴的活动和觅食均在白天。日活动时间很早，从拂晓开始活动和采集，每天上午 8～10 点为活动和觅食高峰。其后又逐渐迁移到林木茂盛、水源丰富的隐蔽处得以静静地玩耍和休息，直到下午 4 点又开始日活动的第二次高峰。在酷热的地区，由于中午的停息时间较长，下午活动时间一般都延续到夜幕降临之时。夜晚则回到大树或岩石上过夜。

（5）视觉灵敏　猕猴的视觉较人类敏感，视网膜上具有黄斑和中间凹。黄斑除有视锥细胞外，还有视杆细胞，而人的黄斑仅有视锥细胞。猕猴有立体感觉，能辨别物体的形状和空间位置；有色觉，能辨别各种颜色。猕猴有双目视力，两眼朝向前方。猕猴的嗅觉器官则处于最低的发展阶段，嗅脑很不发达，嗅觉强度退化。猕猴具有敏感的听觉、触觉和味觉。

（6）猕猴对痢疾杆菌和结核杆菌高度敏感，并且携带可感染人的B病毒。

猕猴的一般生理指标见表2-8。

表2-8 猕猴的一般生理指标

项　目	数　值
性成熟/岁	雄猴：4.5；雌猴：3.5
妊娠时间/d	164(156～180)
哺乳期/月	7～14
胎数/仔	1
体温/℃	白天为38～39，夜间为36～37
呼吸数/(次/min)	40(31～52)
心率/(次/min)	136～190
血压/kPa	12.5～19.5
红细胞数/($\times10^{12}$个/L)	5.2(3.6～1.8)
白细胞数/($\times10^{12}$个/L)	10100(5500～12000)
血小板数/($\times10^{9}$个/L)	19～23
血红蛋白/(g/L血液)	12.6(10～16)

2. 常用实验品种

（1）恒河猴（图2-47，彩图见插页）　最初发现于孟加拉的恒河河畔，我国广西的这种猴很多，所以俗称“广西猴”。身上大部分毛为灰褐色，腰部以下橙黄色，面部两耳多肉色，少数红色。

（2）熊猴（图2-48，彩图见插页）　产于阿萨密、缅甸北部以及我国的云南和广西。熊猴形态和恒河猴很相似，身体比恒河猴稍大，面部较长；毛色较褐，腰背部的毛色和其他部分相同，缺少恒河猴那种橙黄色的光泽，头皮薄，头顶有旋，头毛向四面分开。其行动不如恒河猴敏捷和活泼，小猴也不如恒河猴聪明易驯，叫声和恒河猴不同，声哑，有时如犬吠。

图2-47　恒河猴

图2-48　熊猴

（3）红面短尾猴　产于广东、广西、福建等地，又称华南短尾猴。该种猴的尾巴有的已退化到几乎没有，有的已缩至仅占身体的1/10～1/8；毛色一般为黑褐色；面部大多数发红，到老年经色又渐衰退，转为紫色或肉色，还有少数变成黑面的。小猴生下时为乳白色，非常鲜明，不久毛色就变深，由黄褐色变为乌黑色。平顶的毛长，由正中向两边分开，自幼即很明显。红面短尾猴常用于眼科和行为学研究。

(4) 四川短尾猴　产于四川的西部、西藏的东部。毛色和红面猴差不多，也为乌黑色，但稍浅，褐色较多，没有纯黑色的，胸腹部浅灰色的毛很多，毛的长度也和红面猴差不多，但被毛比红面猴厚。老年猴在两颊和颏下常生出相当长的大胡子，身体比红面猴略大。

(5) 树鼩　一般称作猿猴类动物。外形似松鼠，体小，吻尖细，成年时体重 120～150g；是昼夜活动的食虫类，行动敏捷；易受惊，如长时间受惊、处于紧张状态时，体重下降；每年 4～7 月为繁殖季节，妊娠期约 45d，每胎 2～4 仔，繁殖力高，存活率低。树鼩是一种体小、价廉的非人灵长类动物，它的新陈代谢远比犬、鼠等动物更接近于人，大体解剖也近似于人，因此在医学、生物学上用途很广，受到广大科学工作者的重视。现已用于化学致癌、人疱疹病毒感染、乙型肝炎病毒的研究等。

3. 猕猴的应用

非人灵长类动物在亲缘关系上和人类最接近，20 世纪上半叶才广泛应用于生物医学研究，1950 年后非人灵长类动物已普遍在实验室中使用。

(1) 应用于生理学研究　猕猴在生理学上可以用来进行脑功能、血液循环、呼吸生理、内分泌、生殖生理和老年学等各项研究。

(2) 应用于人类疾病研究　在人类疾病，特别是传染性疾病研究方面猕猴具有极重要的用途。猕猴可以感染人类所特有的传染病，特别是其他动物所不能复制的传染病。猕猴对人的痢疾杆菌和结核杆菌最易感染，因此，在肠道杆菌和结核病等的医学研究中是一种极好的动物模型。猕猴也是研究肝炎、疟疾、麻疹等传染性疾病的理想动物。此外，还可用于职业性疾病和铁尘肺、肝损伤等的研究。猕猴与人的情况很近似，无论其正常血脂、动脉粥样硬化病变的性质和部位、临床症状以及各种药品的疗效关系等，都与人体非常相似，非常适合复制疾病模型。

(3) 药理学和毒理学研究　猕猴的生殖、生理和人非常接近，是人类避孕药物研究极为理想的实验动物。应用猕猴研究镇痛剂的依赖性较为理想，因为猕猴对镇痛剂的依赖性表现与人较接近，已成为新镇痛剂和其他新药进入临床试用前必需的试验。猕猴也是进行药物代谢研究的良好动物。

(4) 人类器官移植研究　非人灵长类动物是研究人类器官移植的重要动物模型。猕猴的主要组织相容性抗原同人的 HLA 抗原相似，有高度的多态性，是非人灵长类动物组织相容性复合体基因区域的主要研究对象，基因位点排列同人类有相似性。

六、斑马鱼

有多种水生物种被用于实验研究。水生动物如鱼、青蛙、蟾蜍和蝾螈等，均能很好地适应实验室的生存环境，通常被作为动物模型来使用。斑马鱼（学名：Danio rerio）（图 2-49，彩图见插页），由于价格低廉，成为最常用的实验用鱼。它们易于繁殖，繁殖迅速且产量很高，并且能够很好地适应各种水环境，是环境监测、发育生物学、生理学、生态学、遗传学等研究常用的实验材料，在各个领域得到广泛应用。虽然水生实验动物已经进行了纯化培育，但是在微生物控制和饲养与应用条件方面的标准化和陆生实验动物还有很大的差距。

1. 生物学特征

斑马鱼原产于东印度，为广温性鱼类，与金鱼、鲤鱼一样属于鲤科。成熟斑马鱼体长只有 3～4cm，最大约 5cm，体纹与真正的斑马相似，有蓝白相间的条纹，但与斑马不同的是，斑马鱼的条纹是水平的。在适当的环境下，斑马鱼在 24℃ 以上极易产卵，同时产卵无季节性，可利用人为调控光周期使雌鱼产卵，每次可达数百颗。此次至下次产卵只需 3～6d。在

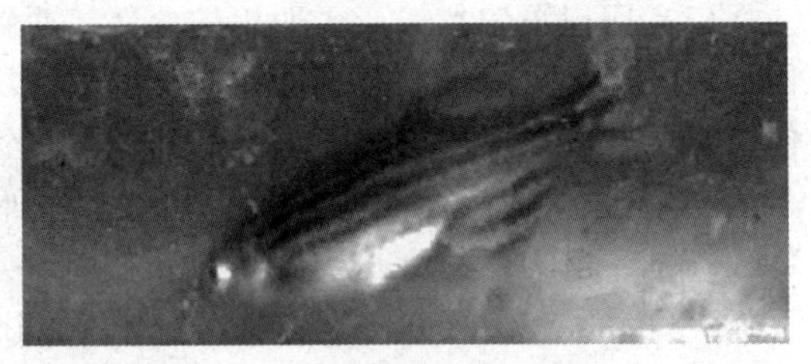

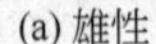

(a) 雄性　　(b) 雌性

图 2-49　斑马鱼

28.5℃，受精卵2～3d即可孵化，3个月就能达到性成熟。斑马鱼易于取得且操作方便，因此其鱼卵常被生物学家作为胚胎实验的对象。在基因转殖实验上的优点包括：鱼卵及卵膜透明、卵黄囊位于中央易于辨识、生长期短等。

斑马鱼可以采用以玻璃材质的水族箱饲育。近年来开发出了斑马鱼密集养殖系统（图2-50），适用于斑马鱼或其他小型水生物种养殖，每个养殖单元具有完整且独立的循环系统，亦可多个系统连接在一起形成大循环。淡水及海水均适用。斑马鱼养殖系统可最大限度地利用有限空间，并可将相同的水生环境无限复制，便于实验操作、观察与分析比较研究。

图 2-50　斑马鱼密集养殖系统

2. 水生动物应用

(1) 生物发育学研究　鱼类动物胚胎发育上的机制与哺乳动物非常相似，许多重要的调控蛋白的表达类似于哺乳动物。近年来斑马鱼已发展为研究脊椎动物胚胎发育的重要模型动物。其优点包括：具有光周期诱发产卵、体外受精、胚胎透明、胚胎发育期短（2～3d）、器官形成的过程易于观察、性成熟期短（3个月）等特性。结合嵌合克隆和颜料示踪等分析法，可跟踪细胞的发育命运，进行细胞的谱系分析，应用于组织器官的起源研究。

(2) 遗传学研究　斑马鱼基因资源丰富。鱼类繁殖能力强，繁殖周期短，数量性状基因丰富，易于属内杂交，人工性别控制可行，核移植、单倍体育种等技术也发展成熟，是遗传研究不可多得的好材料。

(3) 人类疾病模型　最近对一些变种的研究已显示在一些器官组织（如耳、肌肉、心脏、眼睛、血液、脊柱、胰脏及肾等）所产生的缺陷，与人类这些器官所产生的一些疾病之病理特征相似，且为相同基因变异所造成，因此斑马鱼可进一步作为人类疾病研究的动物模型。

(4) 药物研究　近年来用斑马鱼来探讨药物作用的机制，如一些心血管、抗血管形成及抗癌症等药物，都已经发现在斑马鱼胚胎及哺乳类系统皆能产生相似的生理及形态的反应。另外，以一些小分子的化学物质浸泡处理斑马鱼胚胎，亦可观察到明显的器官及发育上的变化，且有些化学物质所引起器官的改变与特定基因缺陷所产生的变种相类似。因此斑马鱼可用来进行如化学药物库的筛选、药物毒性及畸形的预测、药理及毒物基因学等研究。

（5）环境监测　鱼类对某些药物、毒物十分敏感，只要含有极微量的成分就可引起很强的反应。鱼类试验法结果判断明确且易于掌握，特别是耗时长的慢性环境毒性试验。已有研究者将转基因鱼应用于毒性试验，转入基因使鱼体对一些毒物更加敏感，拓宽了检测限，提高了灵敏度。有实验室通过针对不同污染物的不同的启动子，用以启动表达荧光蛋白的基因，设想培育出一些在特定条件下显示绿色或红色荧光的转基因斑马鱼，作为污染常规测试的替代物，对污染物进行直观的监测。

3. 斑马鱼的抓取

抓取斑马鱼可能会导致动物产生很大的应激，甚至会使得整个实验变化，增加生病、感染甚至死亡的风险。通常以温和的方式抓取斑马鱼。

鱼能携带结核杆菌，这类人畜共患传染病原可通过人暴露在受污染水的手传染，它可通过开放性的创伤或溃疡附在手上。为了防止病菌的传染，建议在抓取和保定动物时戴手套。如果没有戴手套，在将手伸入饲养缸内和处理斑马鱼之前，要始终确保对自己的手进行彻底清洗。

斑马鱼抓取和保定方式可能因为任务或需执行的操作而有所不同。斑马鱼可通过人工保定（技术人员用手、网兜等进行保定）和化学方法保定（镇静剂、麻醉剂等）。

（1）人工抓取　可采用网兜、瓦罐、塑料袋或者技术员用手将其从饲养缸中取出。如果使用网兜进行捕捞，就必须保证所使用的网兜的网眼都足够小，以避免鱼在网兜内挣扎而导致鱼鳍被缠住。

在抓取斑马鱼之前，先润湿手或用水打湿手套，这将防止伤害到斑马鱼皮肤和鳍上敏感黏膜层。拇指与食指牢牢地抓住动物，限制斑马鱼活动，动作轻柔以免伤害到动物。

（2）麻醉抓取　麻醉抓取有助于短效、无创伤操作，适用于需要麻醉手术或具有潜在性疼痛的操作。常用的麻醉剂有甲磺酸甲酯（MS-222）或丁香酚。可按照如下要求进行操作。

① 将原饲养缸内的水吸取部分并转移至两个小的容器内。

② 在其中一个容器内添加一定剂量的麻醉剂或镇静剂。

③ 将鱼放入添加有麻醉剂的容器中，可观察麻醉后的一些症状：失去平衡、游动姿势异常、对外界的刺激无法回应、呼吸减少。

④ 当顺利完成上述步骤后，将被麻醉的鱼转移至第二个小容器内，观察其恢复的情况，如它不能很快恢复正常状态，在水中用网兜轻轻移动鱼体直至其恢复正常呼吸为止。

4. 斑马鱼的日常护理和观察

当处理斑马鱼时，通常先观察整个鱼缸内动物整体情况。检查并及时发现饲养缸内有无出现病鱼或死鱼。这将有助于保持整个饲养缸的水质清洁。病鱼或死鱼会增加疾病在缸中扩散，危害到整个水生动物群体和/或实验研究。当观察到如下现象时，可认为有患病鱼：斑马鱼处于昏睡状态或游动过缓，需要大幅度费力开合鳃盖进行呼吸，食物不断吞入和吐出，鱼鳍紧贴鱼身，以非常快的游动速度来摩擦鱼体表的皮肤和擦过饲养缸内壁或缸内物品，吐泡，体表皮肤溃疡或病变，体表颜色改变及失去浮力。这时应立即将病鱼或死鱼从饲养缸内移出。

5. 性别鉴定

随着年龄增长，雄性和雌性的斑马鱼在体表上都有明显的特征可用以区分。雄性斑马鱼体态细长，肛门处呈浅淡黄色，以及在体表的白色条纹呈粉红色或淡黄色。雌性斑马鱼色彩更明亮，银白色更明显，还有一个明显的鼓起的腹部（当它们怀孕足月并准备产下鱼卵的时候更明显）。

一、实施准备

每个学习小组4人，以下为1个学习小组需要的实验设备与材料。

1. 实验动物：雌性仓鼠1只、雄性仓鼠1只。

2. 设备与耗材：手套。

二、实施步骤

1. 教师提出仓鼠抓取保定、性别鉴定的学习内容和目标。

2. 各学习小组制订工作计划，分配工作任务，确定仓鼠抓取保定、性别鉴定操作的主要负责人，形成纸质文件。

3. 各学习小组利用课件、教材及教学视频，按照工作计划，分别学习仓鼠抓取保定、性别鉴定的基本步骤和操作要点，在教师指导下反复练习后做到准确和熟练。

4. 各小组学生分别练习和考核

(1) 由各组负责人示范仓鼠抓取保定、性别鉴定的基本实验操作，教师讲解重点、难点和注意事项。

(2) 各组在教师和该负责人的指导下完成仓鼠抓取保定、性别鉴定的基本实验操作。

(3) 所有学生撰写自己的工作记录。

(4) 考核。

(5) 项目负责人撰写该实验的工作小结。

(6) 教师总结。

三、工作记录

1. 方案设计

组长		组员			
学习任务					
学习时间		地点		指导教师	
学习内容	任务实施				
抓取保定					
性别鉴定					

2. 人员分工

姓名	工作分工	完成时间	完成效果

3. 具体记录

项目	1	2	3	4	备注
抓取保定					
性别鉴定					

工作小结：

负责人签字

任务评价

考核内容：仓鼠抓取保定和性别鉴定
班级： 组别： 姓名： 年 月 日

项目	评分标准		分值	负责人 10%	自评 30%	教师 60%
抓取和保定	评价要点	使用个人防护设备	10			
		一手直接抓住仓鼠颈背部	15			
		一只手托住动物臀部	15			
	熟练程度	2min 完成	5			
性别鉴定	评价要点	生殖器和肛门距离近为雌性	15			
		生殖器和肛门距离远为雄性	15			
	熟练程度	1min 完成	10			
学习态度	将实验设备与材料摆放在合适的位置； 正确使用实验设备与材料； 积极动手操作、反复练习； 实验完成时能够及时整理实验台面、清洗实验设备		5			
动物福利	动物无剧烈挣扎、痛苦叫声； 实验结束时动物无死伤		5			
合作沟通	积极参与工作计划的制订； 按照工作计划按时完成工作任务； 乐于助人，也乐于向其他人请教； 善于提问，积极思考别人提出的问题，提出解决方案		5			
合计						
教师评语						

思考与练习

斑马鱼产卵量大，实验样本数大，胚胎和幼鱼透明，易于观察，饲养简便，被欧洲替代法验证中心推荐为新的替代动物。请查阅相关资料，撰写一篇关于斑马鱼饲养、繁育、利用及其优缺点的小论文。

项目三　实验动物的饲育

学习目标

1. 了解实验动物标准化的含义。
2. 能按照 SOP 要求进出实验动物房。
3. 了解各种实验动物笼养系统和采用设备，能按 SOP 要求开展动物饲养工作。
4. 了解实验动物饲养原则，能进行动物识别、观察与记录。
5. 能观察记录实验动物环境指标，并按照规范要求进行调控。
6. 能按照 SOP 要求进行设施、饲养设备等的消毒灭菌。
7. 了解常见实验动物生产、繁育方法。
8. 了解隔离器和 IVC 的用途。
9. 了解动物健康监测的方法。

课时建议与教学条件

本项目建议课时 20 学时。

实验动物房、相关实验动物饲育设施设备、SOP 文件。

任务一　人员、物品和动物正确进出实验动物房

实验动物饲养在有严格限制的设施中，进出实验动物设施须遵守相应的 SOP 规定，本任务的目标是了解实验动物设施情况以及对人员、物品和动物进出实验动物设施的要求，并熟练穿戴设备进出实验动物设施，填写进出记录，树立按照操作规范要求工作的理念。

一、实验动物微生物分级及实验动物设施

1. 实验动物的微生物分级

根据 GB 14922.2—2011《实验动物　微生物学等级及监测》的规定，实验动物按微生物学等级分为普通级动物（CV）、清洁级动物（CL）、无特定病原体级动物（SPF）和无菌级动物（GF）。

（1）普通级动物（conventional animal，CV）　不携带所规定的人兽共患病病原和动物烈性传染病病原的实验动物，简称普通动物。

（2）清洁级动物（clean animal，CL） 除普通级动物应排除的病原体外，不携带对动物危害大和对科学研究干扰大的病原体，简称清洁动物。其饲养在屏障系统中，空气要经过滤净化，饲养室要保持正压，进入室内的一切物品要经过消毒灭菌，工作人员进入要穿灭菌工作服，动物饮水要经灭菌。

清洁级动物是我国特有的微生物级别。

（3）无特定病原体级动物（specific pathogen free animal，SPF） 除清洁动物应排除的病原外，不携带主要潜在感染或条件致病菌和对科研干扰大的病原，简称无特定病原体动物或 SPF 动物。SPF 动物饲育在屏障系统中，由无菌动物、悉生动物、SPF 动物繁育而获得。笼具、饲料饮水都要经过特殊处理，并有严格的检疫、消毒、隔离制度。目前国内外所做的科研实验主要使用 SPF 动物。

（4）无菌级动物（germ free animal，GF） 无可检出的一切生命体。此种动物自然界中并不存在，它是经人工剖宫产净化培育出来的。在隔离器中剖宫产取出其仔体，用无菌母鼠代乳或人工哺乳。

悉生动物又叫知菌动物或已知菌丛动物，是指在无菌动物体内植入一种或几种微生物的动物。按我国微生物学控制分类，同无菌动物一样，属于同一级别的动物。悉生动物来源于无菌动物，也必须饲养于隔离器。与无菌动物相比，悉生动物的生活力、繁殖能力和抵抗力明显增强。

用于药物非临床安全性评价研究中使用的实验大鼠、小鼠应符合无特定病原体（即SPF）动物的标准，豚鼠应符合清洁级动物的标准。

从外部新接收的实验动物，应进行隔离检疫，经确认合格后方可使用。

实验动物设施

2. 实验动物设施

供实验动物保种、繁殖、生产的特定场所以及动物生存的外部条件，总称为实验动物环境。其中动物房舍、辅助建筑以及所需的各种设备等，称为实验动物设施。

按照 GB 14925—2010《实验动物 环境与设施》规定，按照空气净化的控制程度，实验动物环境分为普通环境、屏障环境和隔离环境。实验动物环境的分类见表 3-1。

表 3-1 实验动物环境的分类

环境分类	使用功能		适用动物等级
普通环境	实验动物生产、动物实验、检疫		普通动物
屏障环境	负压	实验动物生产、动物实验、检疫	清洁动物、SPF 动物
	正压	动物实验、检疫	清洁动物、SPF 动物
隔离环境	负压	实验动物生产、动物实验、检疫	SPF 动物、悉生动物、无菌动物
	正压	动物实验、检疫	SPF 动物、悉生动物、无菌动物

（1）普通环境 符合实验动物居住的基本要求，控制人员和物品、动物出入，不能完全控制传染因子，适用于饲育普通级实验动物。通常为单走廊专用房舍，采用自然通风或设有排风装置，有防虫、防鼠设施，要求笼具和垫料消毒，使用无污染的饲料，人员进出有一定的防疫措施。

屏障环境

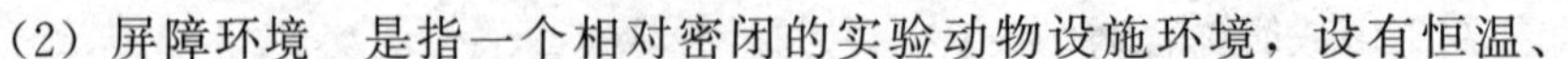

（2）屏障环境 是指一个相对密闭的实验动物设施环境，设有恒温、

恒湿和除菌换气系统，适用于饲育清洁级和 SPF 级实验动物。

在屏障环境中，送入的空气需经过滤，饲料、饮水、垫料需灭菌后方可使用，饲养人员进入要穿无菌工作服，戴口罩、手套。

除生物安全屏障系统为负压以外，普通屏障系统应保持为正压，且不低于 20～50Pa；出风口设有防空气倒流装置。

屏障系统一般设有清洁和污染走廊，进入系统的笼具、饲料、饮水、垫料、器械等一切物品都要经过严格的消毒灭菌，人员要经过专门培训，进入清洁区前更换无菌衣帽，遵循严格的操作规程和管理制度，保证屏障内不被污染。进入的动物要有专用包装，也经严格的消毒处理。系统内的人员、物品和空气等采用单向固定的流通路线。

屏障系统内所有围护结构材料均应无毒、无放射性。饲养间内墙表面应光滑平整，阴阳角均为圆弧形，易于清洗、消毒。墙面采用不易脱落、耐腐蚀、无反光、耐冲击的材料。地面应防滑、耐磨、无渗漏。天花板应耐水、耐腐蚀。

屏障系统内建筑物门、窗应有良好的密封性，饲养间门上应设观察窗。走廊净宽度一般不应少于 1.5m，门大小应满足设备进出和日常工作的需要，一般净宽度不少于 0.8m。饲养大型动物的实验动物设施，其走廊和门的宽度和高度应根据实际需要加大尺寸。饲养间应合理组织气流和布置送、排风口的位置，应避免死角、断流、短路。室内应选择不易积尘的配电设备，由非洁净区进入洁净区及洁净区内的各类管线管口，应采取可靠的密封措施。

(3) 隔离环境　是一个隔离器（isolator）为主体及其他附属装置组成的饲养系统，进入隔离器的空气，应经高效过滤，保证隔离器内空气洁净度达 100 级，无菌并维持正压状态。一切物品都要经严格灭菌后由灭菌渡舱或传递窗传入，动物经由无菌剖宫产的方法进入，饲养人员不得入内。适用于饲育无特定病原体级、悉生及无菌级实验动物。

隔离环境

隔离器可置于亚屏障系统或开放系统内运转，如在开放系统内，则要严格控制系统内环境的温、湿度。操作时，工作人员只能通过隔离器上的橡胶手套来进行饲养或实验。

二、实验动物 GLP 与 SOP

1. 优良实验室规范（GLP）

GLP 是英文 good laboratory practice 的缩写，中文为优良实验室规范。

GLP 规定了实验室实验研究从计划、实验、监督、记录到实验报告等一系列管理制度，涉及实验室工作的所有方面。它主要是针对医药、农药、食品添加剂、化妆品、兽药等进行的安全性评价实验而制定的规范。制定 GLP 主要目的是严格控制生物安全性评价实验的各个环节，即严格控制可能影响实验结果准确性的各种主、客观因素，降低实验误差，确保实验结果的真实性。

GLP 始于 20 世纪 70 年代。新西兰是第一个建立实验室登记法的国家。1976 年美国食品药品管理局（FDA）制定了仅限于药品的 GLP 规范草案。1980 年由美国联邦环保局（EPA）在《联邦杀虫、杀菌、杀鼠剂法》中发布了有关农药的 GLP 标准。加拿大、日本、韩国等国家先后发布了本国的 GLP 法规。欧盟在 1975 年 5 月公布了关于药品药理毒理、临床及临床标准草案法规，在 1986 年提出 GLP 草案，1988 年又发布 GLP 检查法令。欧盟的 GLP 与经济合作与发展组织（OECD）的 GLP 原则一致。

我国首先从医药行业开始GLP认定工作。我国现行的GLP法规是国家食品药品监督管理局（现国家食品药品监督管理总局）于2003年8月颁布的《药物非临床研究质量管理规范》。在临床前药品安全性评价工作中，大多数安全性实验项目的研究均需在动物实验室中进行；同时在GLP检查中，很多项目涉及实验动物管理，所以实验动物管理在药物安全性评价中占有重要的地位，因此实验动物的质量及其规范化管理与药品安全性试验结果的科学性和可靠性息息相关，所以必须加强实验动物规范化管理，确保GLP认证工作顺利通过。从实验动物科学管理角度来看，GLP也是国家食品药品监督管理总局对实验动物的实验条件和人员的法规性要求。

GLP要求实验动物中心工作人员专业齐全且分工明确，实验动物设施条件应与所使用的实验动物级别相符。动物实验设施应符合实验动物设施环境的国家标准，通过省（直辖市）级实验动物管理委员会的验收并取得实验动物使用许可证。GLP规定实验动物设施必须制定相关标准操作规程（SOP），在制定并生效后要对有关人员进行培训。

2. 标准操作规程（SOP）

标准操作规程（SOP）是针对实验动物中每一工作环节或操作过程制定的标准和详细的书面规程。规范的实验动物设施必须制定相应的SOP，包括供试品和对照品的接收、标识、保存、处理、配制、领用及取样分析；动物房和实验室的准备及环境因素的调控；实验设施和仪器设备的维护、保养、校正、使用和管理；计算机系统的操作和管理；实验动物的运输、检疫、编号及饲养管理；实验动物的观察记录及实验操作；各种实验样品的采集、各种指标的检查和测定等操作技术；濒死或已死亡动物的检查处理；动物的尸检以及组织病理学检查；实验标本的采集、编号和检验；各种实验数据的处理；工作人员的健康检查制度；工作人员的培训制度；质量保证部门的工作规程；SOP的编辑和管理；有必要制定SOP的其他工作等。

SOP一经生效必须严格执行。SOP文件的放置地点要方便有关人员随时查阅参考。SOP文件的制定、修改、生效日期、分发及销毁情况应当记录并存档备查。

三、实验动物设施中人员、物品与动物的进出要求与管理

清洁区严格地控制微生物的侵入，无论人员、动物、物品和空气都需经过相应的处理才能进出清洁区，保证屏障内不被污染。人员、物品、动物流向如下。

实验动物设施中人员、物品与动物的进出要求与管理

1. 人员移动路向

更衣（淋浴）→清洁走廊→饲养室或动物实验室→污物走廊→洗刷消毒室→更衣→外部区域。

2. 物品移动路向

物品→高压蒸汽消毒炉（已包装的消毒物品可经传递窗，笼具经泡有消毒液的渡槽）→清洁物品储存室→饲养室或动物实验室→污物走廊→外部区域。

3. 动物移动路向

外来实验动物→传递窗→检疫室（经检疫后）→清洁走廊→饲养室或动物实验室→实验动物（生产供应或实验处理后须移出屏障系统）→污物走廊（包装）→外部区域。

一、实施准备

需要准备如下材料。

1. 相关SOP。

2. 相关个人防护设施，动物房常用物品。

二、实施步骤

1. 教师提出本任务的学习内容和目标，即仔细阅读相关材料和SOP，穿戴相关个人防护设施，进入屏障设施，接收放置物品，观察动物检疫室，叙述动物进出动物设施的步骤和操作，最后离开实验动物设施。

2. 各学习小组制订工作计划，分配工作任务，确定主要负责人，形成纸质文件。要求每个小组分成两个部分，一半学生在动物设施管理人员的指导下在清洗消毒间进行物品传递操作，另外一半穿戴相关个人防护设施，进入屏障设施，接收放置物品，观察动物检疫室。然后双方交换操作。最后，小组集中描述动物进出动物设施的步骤和操作。

3. 进入实验动物设施的基本步骤

(1) 要进入屏障系统的人员在休息室存放外套、首饰及与实验无关物品。

(2) 实验人员在屏障系统门厅填写好人员进出记录表。

(3) 进入一更，随手关门，脱去外衣（近视眼镜可戴），放入个人物品柜内，在鞋柜前换拖鞋进入二更，并随手将门关好。

(4) 进入二更后，穿戴经过灭菌处理的无菌工作服、口罩、手套。

(5) 手部消毒。

(6) 人员进入风淋室，检查通向清洁走廊的内门关紧后打开风淋按钮，关闭外门。风淋30s，结束后打开内门进入清洁走廊，关闭风淋室内门。

(7) 在屏障内的操作顺序为：进入清洁走廊→贮物间（关闭传递仓紫外线灯，取出物品）→动物房（实验室），观察动物情况→污物走廊→屏障外。

人员进出实验动物设施，注意开门时先开一道门，当人进入后，随手关闭，再开第二道门，严防两侧门同时打开。无菌工作服和手套必须穿戴整齐，注意不得露出头发和裸手操作，口罩需罩住口鼻，袖口要包住手套口。

4. 物品消毒与传递的基本步骤

(1) 凡是可以清洗的物品（如笼具，饮水瓶，饮水瓶塞、盖，衣服，毛巾等），在消毒灭菌前必须进行彻底的清洗。

(2) 本次传递的是不宜高压灭菌或有包装的已灭菌实验用品，经传递仓进入屏障系统。

(3) 传递仓的操作

① 开启外门，用消毒液喷洒仓内。

② 将物品放入仓内，喷洒消毒液。

③ 关闭外门后开紫外线灯照射20min。

④ 由按标准操作规程进入屏障系统内的人员在内准备间关闭传递仓紫外线灯，开启内门取出物品。

⑤ 关闭内门。

(4) 严禁同时打开传递窗和渡槽两侧的门或盖子。

5. 各小组学生分别实训与评价总结

(1) 各组学生分为两部分，分别完成进出实验动物设施，接收物品放置于动物房内的操作及清洗消毒间传递仓操作，然后互换操作，填写工作记录。

(2) 考核动物进出实验动物设施的操作（口述）。

(3) 小组项目负责人撰写该实验的工作小结。

(4) 教师总结。

三、工作记录

1. 方案设计

组长		组员			
学习任务					
学习时间		地点		指导教师	
学习内容	任务实施				
人员进出实验动物设施					
物品进出实验动物设施					
动物进出实验动物设施					

2. 人员分工

姓名	工作分工	完成时间	完成效果

3. 工作记录

(1) 传递窗使用记录表

日期	传递物品	预处理方式	传递方式	消毒液及浓度	作用时间	操作人员

（2）实验动物设施人员进出登记表

日期	进入时间	出动物房时间	工作内容	签名

（3）实验动物设施物品进出登记表

日期	进/出	物品具体内容	数量	工作内容	签名

任务评价

考核内容：正确进出实验动物房
班级：　　　　　　组别：　　　　　　姓名：　　　　　　　年　　月　　日

项目	评分标准		分值	负责人 10%	自评 30%	教师 60%
人员进出实验动物设施	评价要点	穿戴相关个人防护设施	5			
		风淋	5			
		由清洁走廊进入饲养室或动物实验室	5			
		由污染走廊进入洗刷消毒室区域	5			
		更衣，由出口到外部，衣物送到盥洗室	5			
物品进出实验动物设施	评价要点	开启外门，用消毒液喷洒仓内	5			
		将物品放入仓内，喷洒消毒液	5			
		关闭外门后开紫外线灯照射20min	5			
		由清洁准备室进入清洁物品储存室	5			
		内准备间关闭传递仓紫外线灯，开启内门取出物品	5			
		关闭内门	5			

续表

项目	评分标准		分值	负责人 10%	自评 30%	教师 60%
动物进出实验动物设施	评价要点	外来实验动物由传递窗进入检疫室(描述)	5			
		检疫后经过清洁走廊到饲养室或动物实验室(描述)	5			
		生产供应或实验处理后的实验动物包装后由污染走廊到达外部区域(描述)	5			
学习态度	将实验设备与材料摆放在合适的位置； 正确使用实验设备与材料； 积极动手操作、反复练习； 实验完成时能够及时整理清洗实验设备		10			
个人防护	注重个人防护，穿戴正确		10			
合作沟通	积极参与工作计划的制订； 按照工作计划按时完成工作任务； 乐于助人，也乐于向其他人请教； 善于提问，积极思考别人提出的问题，提出解决方案		10			
合计						
教师评语						

思考与练习

1. 在进入实验动物设施后，突然发现没有记录笔来记录数据，于是返回到一更，拿取一支笔，又回到饲养室进行记录。这样做正确吗？

2. 查阅有关GLP的资料，阐述GLP对实验动物的相关要求。

任务二　实验动物的饲育与喂食

进入实验动物设施后，需要进行实验动物的饲育与喂食，因此本任务的目标是了解实验动物的饲育器材、实验动物的营养特点和饲养管理要点，并实际开展动物的换水、换料和更换垫料的工作。

一、实验动物饲育器材

实验动物饲育器材指用于实验动物饲养的设备和材料，主要包括笼具、笼架、饮水设备、运输笼等，它们离实验动物最近，产生的影响也最直接。这些年来，实验动物的饲育器材有了较大的发展。

笼具与笼架

1. 笼具与笼架

(1) 笼具　笼具是饲养和收容动物的容器。

① 笼具一般要求

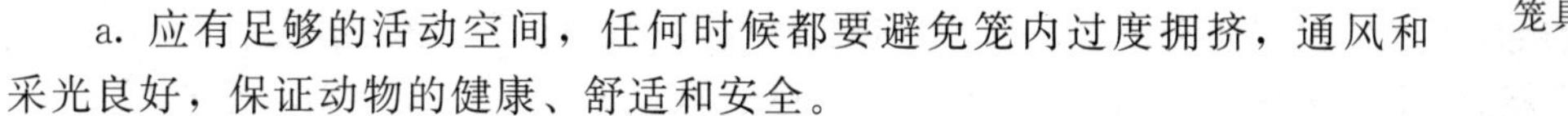

a. 应有足够的活动空间，任何时候都要避免笼内过度拥挤，通风和采光良好，保证动物的健康、舒适和安全。

b. 便于清洗和消毒，耐热、耐腐蚀。

c. 笼具设计要便于搬运、清理、贮存，易于观察动物活动，在日常饲养和实验过程中，便于加料、喂水、更换垫料和抓取动物，不仅管理方便，亦可节约大量劳力。

d. 坚固耐用，可抵抗实验动物啃咬，防止内部逃逸和外来动物进入，笼具的盖子要有一定的重量，并有可靠的栓子。如果是有网眼的笼子，孔径的大小要适合。

e. 经济便宜。

② 笼具的空间要求（表 3-2）

表 3-2　笼具的空间要求

动物类别	体重	饲育器	底面积	高度
小鼠	<20g <20g 群养(窝)	悬挂或微型隔离笼	0.0067m^2 0.0092m^2 0.042m^2	0.13m 0.13m 0.13m
大鼠	<150g <150g 群养(窝)	悬挂或微型隔离笼	0.04cm^2 0.06cm^2 0.09cm^2	0.18m 0.18m 0.18m
豚鼠	<350g >350g 群养(窝)	前开笼(不锈钢和硬脂塑料制成)	0.03cm^2 0.065cm^2 0.76cm^2	0.18m 0.21m 0.21m
家兔	<2.5kg >2.5kg 群养	前开笼(不锈钢和硬脂塑料制成)	0.18m^2 0.2m^2 0.42m^2	0.35m 0.40m 0.40m
犬	<10kg 10～20kg >20kg	金属单笼	0.6m^2 1m^2 1.5m^2	0.8m 0.85m 1.1m
猴类	<4kg 4～8kg >8kg	前开笼(不锈钢),单笼	0.5m^2 0.6m^2 0.9m^2	0.8m 0.85m 1.1m
猪	<20kg >20kg	单栏	0.96m^2 1.2m^2	0.6m 0.8m

③ 常见的饲养笼（图 3-1～图 3-3）

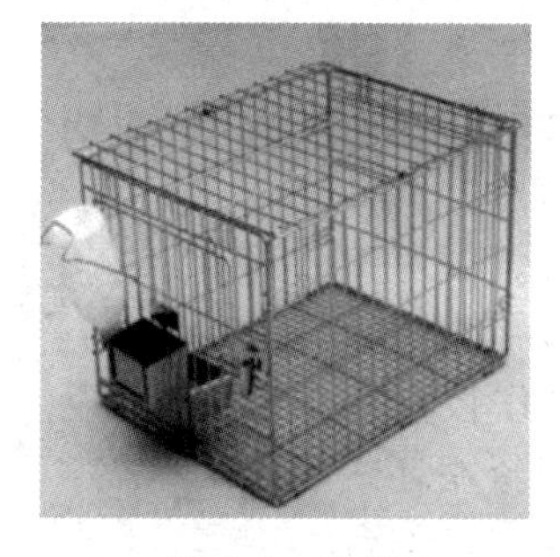

图 3-1　兔笼

图 3-2　鼠笼

图 3-3　猴笼

a. 按类型分有定型式（冲压式）、带承粪盘（板）的笼子、栅栏型或围网型笼。

b. 按功能分有运输笼、代谢笼、透明隔离箱盒。

（2）笼架

① 笼架是承托笼具的支架，使笼具的放置合理，有些还设有动物粪便自动冲洗和自动饮水器。笼架应牢靠，底部可安装小轮，便于移动。大小应和笼具相适合，层次最好可调节，具有通用性。笼架也应便于清洗，具有耐热、耐腐蚀性，材质一般是不锈钢。

② 常见笼架（图 3-4～图 3-6）有饲养架、个体通风笼架、悬挂式笼架、冲水式笼架、传送带式和刮板式笼架。

图 3-4　饲养架

图 3-5　个体通风笼架（IVC）

图 3-6　悬挂式笼架

2. 独立送风隔离笼具

独立送风隔离笼具

20 世纪 80 年代，意大利泰普尼斯（Thcniplast）公司在带空气过滤帽塑料盒的盒帽上方加了一个进风口，希望促进盒内的通风换气，从而出现了第一个独立通气笼盒（individually ventilated cages，IVC）。IVC 经过多年的使用、研究和不断改进，特别是在材料、净化、微电子等现代技术的带动下，已经成为高效节能、更适合动物福利和实验动物质量要求的大小鼠饲养设备。

IVC 系统采用模块化设计，一般由笼盒系统、笼架系统和主机系统组成。每只笼盒上都有独立的进风和排风管道，通过进风量与排风量形成笼盒内的正压，进入笼盒的空气一般至少经过过滤器过滤。其提供的环境指标要等于或高于屏障系统。

IVC 具有真正的可持续的 SPF 屏障环境，为啮齿类小动物提供 SPF 环境，防止交叉感染，有效保护实验动物；减少动物饲养笼的垫料更换、灭菌次数，防止含有有害物质或被污染的气体在动物饲养笼间的传播、扩散；节省资源，保障工作人员的健康与安全；节省占地面积，在普通环境、屏障环境、生物检疫设施、生物安全设施、环保监测设施中均可使用。

3. 换笼台及超净工作台

换笼台（图 3-7）是一种适用于 SPF 级动物房的动物笼交换、实验动物剖解、组织分离等的设备，这种类型的设备附加有一个高效微孔空气（HEPA）过滤器，可防止工作区域内的 SPF 级动物受到外界空气的污染，同时也可以保护操作人员避免有害物质的侵害。其主要结构为金属结构，外部有防腐涂层，内部有高效过滤单元，并配有紫外线杀菌灯、荧光灯、操作控制面板。操作面有气流式隔离，防止工作区内外空气交叉污染，采用全循环式气流设计，可固定保持工作台区域外的气压大于工作区内的气压，工作台内部为不锈钢一体化设计，圆弧成型无死角。但是这种设备不宜使用有害

换笼台及超净工作台

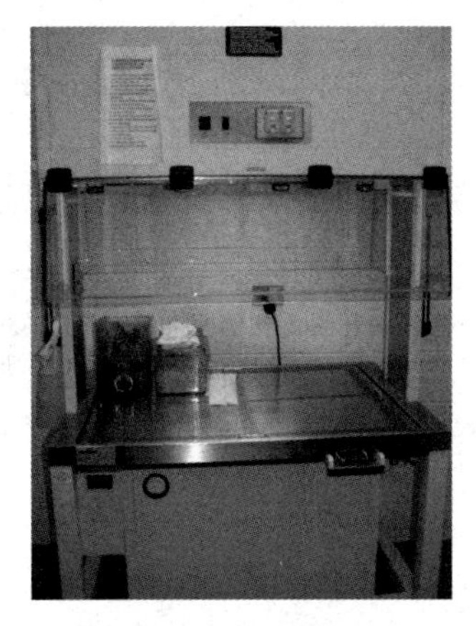

图 3-7 换笼台

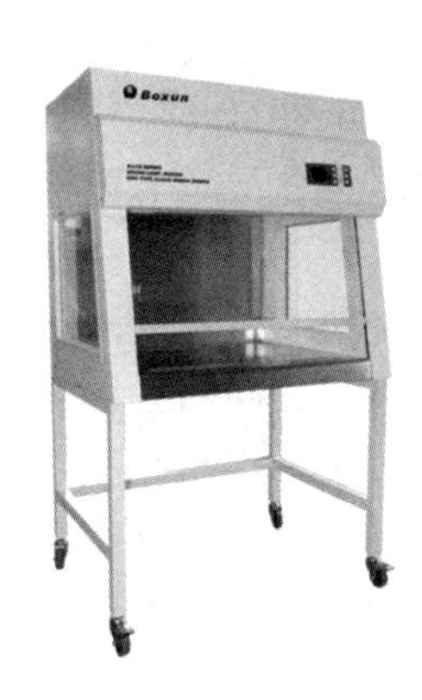

图 3-8 超净工作台

药物，麻醉剂或者腐蚀性化学药品，使用前应该消毒。

也可采用超净工作台（图 3-8）或干净的工作台进行换笼。

4．层流架与隔离器

层流架（图 3-9），也称净饲养架，是一种小型屏障饲养器材，有前过滤器和高效过滤器，通过送风系统或吸引系统形成正压或负压两种层流空气，只能维持短暂的清洁屏障。该设备只能控制空气洁净和通风指标，而其他环境指标（如温、湿度等）要由设施内加以控制，所以使用有较大的局限性。层流架适合于小型动物和短期的使用。

图 3-9 层流架

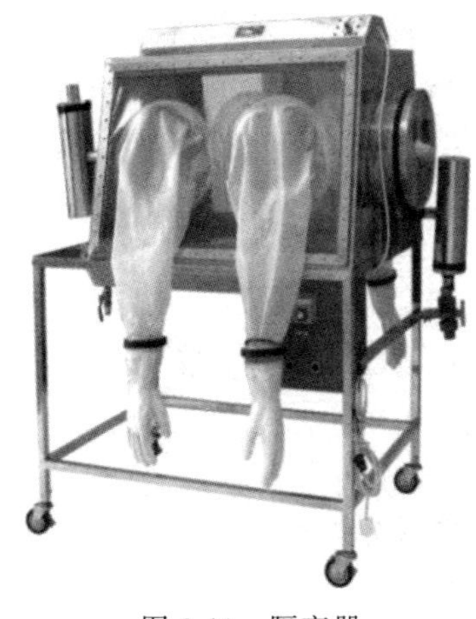

图 3-10 隔离器

隔离器（图 3-10）是隔离系统的最主要设备，由隔离器室、传递系统、操作系统、过滤系统、进出风系统、风机、支撑结构等组成。

隔离器可保持罩内无菌环境，是无菌动物饲养、实验操作和实验观察的唯一设备。它主要是作无菌控制，其他环境指标由罩外设备控制。用于无菌动物的隔离罩是正压装置，如做烈性感染实验应采用负压隔离罩。

5．运输笼

国际上常用的运输笼具带有空气过滤通风系统和控制温度、湿度的装置，运输车辆上也装有各种环境指标的控制系统，形成一个可移动的实验动物饲养设施，内部已基本达到 SPF 级设施标准。国内的运输笼具较为简单，啮齿类实验动物的专用运输箱一般四周及顶盖贴滤膜，符合有关动物法标准。

6. 笼具清洗设备

用于动物房的笼具清洗设备通常有自己专用的区域，这个区域是一个大房间，分为污染区、清洁区和无菌区。

动物笼具、笼架及其配件在污染区放进笼具清洗器，这些物品经过消毒后，进入清洁区的笼具清洗器暂时储存或分发至动物房内使用。

笼具清洗机有特定的清洗程序：预洗、洗涤、漂洗，最后热水冲洗。一些机器的洗涤程序中添加洗涤剂、酸和去垢剂。大多数笼具清洗机的洗涤程序是由电脑设置和监控的。不同机器类型和厂家的产品有不同的循环控制系统，控制程序的面板毗邻清洗舱门，笼具清洗器也因是否有循环热水而有所差异。

少量的笼具清洗可采用人工方式进行。

二、实验动物的饲料及垫料

1. 实验动物用饲料

（1）概述　对实验动物而言，合适的饲料对成功进行研究以及保持动物健康很重要。

实验动物需要从饲料中摄取营养元素，所食饲料必须含有维持动物生命与健康，发挥生长、繁殖、哺乳等生产性能所必需的而且足够量的营养元素，不同动物、不同生长阶段以及不同生理状况的实验动物对饲料营养成分配比及其营养需要亦有所不同。因此，动物的饲料不能混用。部分研究与饲料有关，应该根据研究要求配制专门的饲料。

根据实验动物的饲料所含营养成分可将饲料分为全价配合饲料、混合饲料、浓缩饲料、添加剂预混料和代乳料；按饲料加工后的形状可分为粉状饲料、颗粒饲料、膨化饲料、液体饲料和罐装饲料等；按实验动物的种类可将饲料分为大小鼠饲料、豚鼠饲料、兔饲料和犬饲料等；按照生理阶段可分为维持料和生长、繁殖料等。

市售的饲料质量必须符合国家颁发的《实验动物　配合饲料通用质量标准》（GB 14924.1—2001）和《实验动物　配合饲料卫生标准》（GB 14924.2—2001）的要求，主要的质量指标包括：

① 感官指标。饲料应混合均匀、新鲜、无杂质、无异味、无霉变、无发酵、无虫蛀及鼠咬。不得掺入抗生素、驱虫剂、防腐剂、色素、促生长剂以及激素等添加剂。颗粒饲料应光洁、硬度适中。

② 营养成分指标。包括营养成分常规检测指标、维生素指标、氨基酸指标、微量元素指标。

③ 重金属及污染物质指标。包括砷、铬、农药等。

④ 微生物控制指标。包括菌落总数、大肠菌群、霉菌、致病菌。

（2）饲料标签　商品化的实验动物饲料必须附有标签，以确保使用单位了解所购饲料的有关内容。内容包括：配合饲料名称，饲料营养成分分析保证值和卫生指标，主要原料名称，使用说明，净重，生产日期，保质期（注明储存条件及储存方法），生产企业名称、地址及联系电话等。还可以标注商标、生产许可证、质量认证标志等内容。标签不得与饲料的包装物分离。

（3）饲料的消毒灭菌　饲料消毒的目的主要是考虑到原料来源比较复杂，在收获、储存和运输过程中都有可能被病菌污染。因此通过消毒的方法达到灭菌，供给实验动物完全合乎营养要求的灭菌饲料。无特殊病原体动物甚至普通常规动物的各种饲料，都需要经过消毒，以除去病菌的污染，而无菌动物的饲料更需彻底灭菌。饲料消毒的方法有干热或湿热、γ射线照射等，也可使用化学药物熏蒸。

高温高压灭菌

① 高温高压灭菌。为将细菌全部杀死，要在121℃的温度条件加热15min，需要使用1.0kgf/cm²[1]的高压蒸汽锅。如果在干燥状态下加热(烘箱)，细菌的抵抗力较强，至少需要在160℃下处理30min。用高压锅灭菌必须使蒸汽渗透固型饲料内部，操作时预先将锅内减压至−60mmHg[2]以下，然后导入120℃的高压蒸汽。一般消毒以115℃ 30min、121℃ 20min、125℃ 15min为佳。饲料灭菌时要尽量控制因温度过高而造成的养分损失。绝大多数维生素，尤其是维生素C、维生素B_1、维生素B_6、维生素A遇热会受到破坏，而纯化学性饲料比天然饲料更不稳定。损失部分应予补充，配合饲料时维生素的剂量可加倍。

② 熏蒸。熏蒸是利用化学药品的气雾对饲料进行消毒。如用氧化乙烯进行饲料灭菌，灭菌后必须在不低于20℃的自然空气中将残余气体挥发掉。

③ 辐照。通常在对谷物饲料的消毒中，采用5Mrad剂量照射对其营养成分损失甚小。γ射线对维生素B_1和吡哆醇仅有微小的破坏，而在纯化学饲料中损失则较大，通常采用3～5Mrad剂量^{60}Co照射。辐照饲料目前用得较多。

(4) 饲料的采购　实验动物饲料的采购首先要考虑的是饲料的质量。合格的实验动物饲料厂应持有国家实验动物饲料生产许可证，应按国家有关实验动物饲料的营养标准，包装生产质量合格的实验动物饲料。采购时应注意饲料生产的日期、制造商的饲料保管措施与流程(如储存场所、害虫控制)，并应定期要求制造商提供主要营养成分的分析报告。

实验动物饲料应采用密封运输。

(5) 饲料的存储与保管

① 购入的各种饲料均应严格检查，分类存放，标志清楚。对每批购进的饲料清点登记，严格执行先进先出制度。

② 要定期清理成品饲料仓库，清扫存储罐，保持饲料存放区的清洁干净，避免饲料污染而导致动物感染疾病。

③ 饲料存放区域应使用搁板、架子或台车，保证存储的饲料架离地面。

④ 注意饲料保存地点的温度及湿度变化，防止成品饲料霉变。

⑤ 饲料打开包装后，未使用完的饲料应放于防止害虫侵入的容器内，以避免污染而传播疾病。

⑥ 检测合格的产品才可进库，成品饲料的发放手续要完备。一般饲料存放量不要过多，贮存时间不宜过长。原粮贮存3～6个月，粉状饲料1～2个月，动物性饲料1～3个月，成品颗粒料以不超过1个月为宜。

⑦ 高脂肪酸饲料容易氧化导致必需脂肪酸不足，适口性变差，因此生产时应添加抗氧化剂，采用密封、冷藏、充氮的专用运输车辆运输。用不饱和脂肪酸饲料喂给动物时，每隔24h应更换新鲜饲料。喂给高脂肪酸饲料，宜额外添加维生素，以减少体内过氧化反应。

2. 实验动物用垫料

垫料能吸附水分、动物的排泄物，维持笼内和动物本身的清洁卫生。垫料的原料常用锯末、木刨花、木屑、碎玉米芯等。选择垫料时，应选择容易获取，不含挥发性、刺激性物质，无毒性，不会干扰动物实验的材料。垫料的原材料常会携带各种微生物和寄生虫，使用

---

[1] 1kgf/cm²＝98.0665kPa。

[2] 1mmHg＝133.322Pa。

前要经加工处理、消毒灭菌、除虫等。常用方法有高压蒸汽灭菌法，射线辐照法和化学熏蒸法等。垫料应具一定的柔软性、吸湿性，没有营养，不被动物所吃，且容易清理并处置。

应及时更换新垫料，保持动物的清洁、干爽；一般每周更换两次。清理垫料应在污物走廊或处理间进行，清理出来的垫料必须及时焚烧处理。常见垫料的类型、使用方式及特性见表 3-3。

表 3-3 常见垫料的类型、使用方式及特性

垫料名称	使用方式	吸湿性	尘埃	可否焚烧	注意事项
锯木屑	直接 间接	很好	极多	可	灭菌后使用，储存时防止污染。使用新鲜松木锯屑，应避免尘埃
软木 刨花	直接 间接	好	较多	可	通常用于啮齿类和其他哺乳类小动物
硬木 刨花	直接 间接	极好	较多	可	多用于猫窝
玉米芯	直接 间接	极好	多	可	可粉碎成不同的颗粒使用
脱脂棉	直接	较好	无	可	用于高等级的啮齿动物
尿不湿	直接	较好	无	可	用于高等级的啮齿动物
煤渣	间接	极好	较多	否	对减少动物舍内气味很有益
次级棉	直接	极好	少	可	可能会把幼仔缠在一起
碎稻草	直接 间接	较好	极多	可	可铺垫在圈内
碎纸片	直接 间接	极好	少	可	作为啮齿类动物的垫料很好

三、实验动物的饮水要求与饮水设备

1. 实验动物饮水要求

根据国家标准，实验动物的饮水，应当符合城市生活饮水的卫生标准。清洁级、SPF级实验动物要求灭菌。清洁级和 SPF 级动物的生产、繁殖、实验等可以采用超级过滤、紫外线、活性炭、逆渗透等技术，也可以加次氯酸钠，或以盐酸调 pH 到 2.5～3.0（又称之为"酸化水"），确保实验动物的饮水达到无菌标准。为了达到良好的灭菌效果，许多动物实验室常将两种方法结合起来使用。屏障设施内实验动物的饮水一般经高压灭菌器消毒后使用。

2. 饮水设备

实验动物的饮水方式决定其饮水设备，各种动物有所不同。饮水设备应符合无毒、无味，流水通畅，不漏水，便于动物吸取，保持饮水不被污染，便于清洗，耐化学或高温消毒等要求。

实验动物的饮水设备包括饮水瓶（图 3-11）、饮水盆和自动饮水装置等。大鼠、小鼠、兔等小型实验动物多使用不锈钢或无毒塑料制造的饮水瓶，规格有 250mL 和 500mL 两种，

图 3-11 实验动物饮水瓶

但不用易碎的玻璃瓶。而犬、羊等大型动物则多使用饮水盆。这些饮水器具应定期清洗消毒，因而要耐高压消毒和药液的浸泡。

动物饮水用具要经常检查，防止水嘴漏水或不通；每次使用过的水瓶和水嘴要充分洗刷、清洁、消毒后方可再次使用。

饮水瓶是许多实验动物设施内常用的饮水用具。饮水瓶有一个金属嘴，嘴上套有一个金属外壳以及橡胶塞，再加上无毒塑料瓶身。金属嘴多为不锈钢，前端圆滑，便于动物对吸。瓶塞的外壳多为铝皮，是为了防止动物啃咬，啮齿类动物及兔常有这种行为。胶塞一般为绿色，是无毒的。装实验动物饮用水时，不可装到全满，否则因大气压的原因，水出不来。实验动物饮用水最好每天换一次。

3. 无菌水生产系统

大型实验动物设施耗用大量无菌水，需安装无菌水生产系统。这种系统通常先以超滤膜滤去 0.5μm 以上的悬浮微粒，可滤去细菌和真菌，然后以紫外线照射，可杀灭病毒，并进一步杀灭细菌和真菌。实验动物的饮用水无须蒸馏、离子交换等，这样更有利于动物对微量元素的需求。

四、实验动物的饲养管理

大鼠与小鼠换笼操作规范

1. 大鼠和小鼠的饲养管理要点

（1）饲料　饲喂大鼠和小鼠的饲料必须是营养价值高、全价、成分稳定、新鲜、清洁、无毒无害的混合饲料。生长发育的阶段不同，饲料的成分也应有所不同。刚离乳的幼鼠需加喂软料，哺乳期加喂葵花子或饲喂繁殖鼠料。

（2）饲喂　大鼠和小鼠具有随时采食的习惯，应保证其充足的饲料和饮水。一般情况下饲料添加量掌握在每次添加时上次添加的饲料已基本吃完为宜。应每周添料 3～4 次，不喂食污染、发霉、变质的饲料。饮水瓶要勤换，经常洗刷、消毒。

（3）饮水　普通级大小鼠的饮水应符合城市饮水卫生要求，清洁级大小鼠使用 pH 2.5～2.8 的酸化水，SPF 大小鼠则用高温高压灭菌水。饲料与水的消耗比例大约为 1∶2。

（4）垫料　每周应至少更换 2 次垫料，否则排泄物不但会引起呼吸道刺激，也容易造成动物被污染。换垫料时将饲养盒一起移去，在专门的房间倒垫料，可以防止室内的灰尘和污染。鼠笼内的垫料常采用锯末、碎刨花或玉米芯。换下的脏垫料及时移出饲养室并做无害化处理。

（5）环境　一般饲养室温度应保持在 20～26℃，相对湿度应以 40%～70%为宜。温度过高易中暑死亡，湿度过低可导致环尾症，即尾巴坏死脱落，在温度 27℃、相对湿度低至 20%时，几乎均会发生环尾症。经常对大鼠和小鼠舍进行通风换气，一般要求每小时换气 10～20 次。根据房舍的大小来合理安排饲养量。饲养室内应保持安静，禁止喧哗，搬动物品要轻拿轻放。光照对大鼠生殖生理和繁殖行为影响较大，封闭的饲养室多采用光照定时装置，提供适当的光照（12h 光照/12h 黑暗或 14h 光照/10h 黑暗，25lx）。

（6）观察　饲喂过程中要注意仔细观察大鼠和小鼠的采食、饮水、精神和粪便情况，若发现异常情况及时采取措施。认真做好各种生产记录，如选种、配种、产仔、离乳等。

2. 兔的饲养管理要点

（1）饲喂　家兔具有草食型的消化系统和生理功能，应以草料为主，辅以精料。常常采用自由采食和多餐限量的喂食方式。一般日喂 3～5 次，先喂精料，再补青、粗饲料。

(2) 饮水　家兔缺水或饮水不足，会显著降低采食量和日增重，年龄越大影响越明显，长期饮水不足会影响兔的健康和生产性能，因此必须保证家兔有充足的饮水，在以颗粒饲料为主时尤应注意。日粮中青饲料较多时，兔的饮水量少一些，但不能不供水。在饮水中加入0.9%的食盐，可减少因饮水过量造成的拉稀。最好采取自由饮水的供水方式，以确保家兔对水的需要。普通级家兔的饮用水要符合城市生活用水标准，清洁级家兔的饮用水要经灭菌或用酸化水（用盐酸将水的pH调至2.5～2.8）。

(3) 饲料　配合饲料以颗粒饲料为最好，可提高家兔的采食量。在不同的季节，不同的生长发育阶段，家兔的饲料都需要变化，在改变饲料时要逐步过渡，用一周左右的时间完成更换，以免造成胃肠疾病。

(4) 环境　家兔胆小易受惊，因此在管理中应注意饲养操作尽可能轻、稳、静，保持安静的环境，还要防止其他动物对其造成骚扰。饲养室温度应控制在16～28℃的范围内，相对湿度40%～70%。

3. 犬的饲养管理要点

(1) 饲喂　犬的饲料要新鲜；食盆要及时清洗，余食应拿掉，以防变质、腐败；饲喂应定时、定量、定场所；犬喜欢啃骨头，一般应给犬股骨、肩胛骨、蹄骨（不切碎）、软肋等让其啃咬；应经常供犬新鲜的水果、蔬菜等。

(2) 环境　犬舍要保持空气流通和适宜的温度。天气太热时，要打开门窗，使室内通风降温；气候变冷时，门窗要关闭。犬舍及运动场四周的围墙或栅栏一定要牢固，防止犬跑掉；犬的运动场上应设浴池，以清除被毛污物，且可降温；做好犬舍的卫生防疫工作。

4. 豚鼠的饲养管理要点

豚鼠饲养管理的许多方面与小鼠相同。

(1) 饲喂　要执行严格的饲喂制度，饲喂器和饮水器中应保持足够的饲料和饮水。饲料营养要全面，颗粒饲料之外一般加喂1次干草或青饲料，补充粗纤维。对于清洁级以上的豚鼠可采用维生素合剂代替青饲料，来控制微生物指标。豚鼠对日粮中不饱和脂肪酸的需要量较高，不足时会引起生长受阻、皮炎、脱毛、皮肤溃疡。豚鼠自身体内不能合成维生素C，可将维生素C溶于饮水中喂给。

每天定时加料1～2次，同时及时清除残料和剩水，以防豚鼠弄湿饲料。水存留时间过长造成微生物大量繁殖，会引起疾病暴发。干草可每天定时添加1次，经常保持新鲜饮水，至少每天换饮水1次。

(2) 清洁卫生、消毒和疾病预防　每周要消毒1次饲养盒，换2次垫料，垫料应是消毒后的软刨花或青干草一类。饲料盒提倡挂壁式，因为豚鼠有趴卧食具的习惯，饲料易被污染。水瓶应每天更换新水，每周消毒1次饮水瓶。如果是自动饮水装置，应每天检查吸水管是否被堵塞或漏水，每周更换消毒1次。

喂新鲜的蔬菜应彻底洗净并用0.05%的高锰酸钾溶液浸泡10～15min消毒，冲洗后再进行饲喂。

(3) 饲养环境　豚鼠听觉好，对外来的刺激（如突然的震动、声响）较敏感，甚至可引起流产，因此环境应保持安静。豚鼠怕热，其自动调节体温的能力较差，对环境温度的变化较为敏感，饲养室温度应控制在18～29℃的范围内，最适为20～26℃，相对湿度40%～70%。如果温度在29℃以上，而且湿度高、空气不流通时，可给豚鼠造成很大的危害甚至死亡，使孕鼠流产；温度过低易使动物患肺炎。保持饲养环境中有足够的新鲜空气也很重要，要使换气次数达到每小时10～15次。

5. 猕猴的饲养管理要点

(1) 饲料　猕猴是杂食动物，以素食为主。在饲料的配比上要多样化，注意适口性。以各种粮食的精饲料为主，按全价营养的要求，同时添加各种微量元素及生长素配制成主食，辅以水果、蔬菜等青饲料。配合饲料时，要注意饲料中应保证充足的维生素 C。

猕猴的饲喂要定时定量，让猴子有一个生活规律。在平时饲喂时，可以根据猴子的大小和食欲适当增减食量。

(2) 清洁卫生、消毒和疾病预防　新进猴必须进行检疫，检疫期间一律单笼饲养，经过1～3个月时间的检疫、适应和驯化，证明是健康的猴子才可入群。对猕猴应定期体检，每年至少一次。经过体检可以及时发现某些传染病、寄生虫病等。

(3) 观察　每日观察和记录猴的活动、觅食和粪便情况，以便及时发现问题并采取措施。

(4) 室内温度保持在20～25℃，相对湿度为40%～70%，保持空气清新，注意防暑保暖。笼舍门窗要牢固，防止猴子外逃。

一、实施准备

1. 阅读相关 SOP。
2. 相关个人防护设施，动物房常用物品。

二、实施步骤

1. 教师提出实验动物饲育工作的学习内容和目标。

2. 各学习小组仔细阅读饲喂相关 SOP 以及教学视频等相关材料，确定实验动物饲育工作的主要负责人，制订工作计划，分配工作任务，了解大鼠和小鼠饲育基本流程和操作要点。

3. 各学习小组进入实验动物设施后，按照工作计划和流程，完成规定房间的换水、换料和更换垫料及其他工作。

(1) 按照步骤，进入屏障系统。

(2) 进入指定的饲养间，关门，然后巡视房间的所有设施和动物。

(3) 记录温、湿度及压差（标准：温度20～26℃，相对湿度40%～70%，压差≥10Pa）。如不合标准迅速通知相关责任管理人。

(4) 更换指定的饲养笼。更换笼盒时在操作车上进行，顺序是由上而下，从左到右依次进行。步骤：把事先灭菌好的笼盒放在操作车上，然后把要换的笼盒也放在车上，填写新的笼位卡，挂在已消毒的笼具上，加入合适的垫料。对大小鼠，工作人员应使用消毒液浸泡过的镊子（两把镊子轮换使用）夹住动物尾部放入新笼盒里，用原来的笼盖盖上。配以已消毒的饮水瓶，加入适当的饲料。在第一次放入换好的笼盒之前，用消毒剂将笼架内的四壁擦干净，然后才能放入鼠盒。

(5) 对指定的饲料笼进行观察，如果不需要更换垫料，检查饮水和饲料。给饲料不足的笼具添加适量的饲料，添加量以不超过动物3d的消耗量为宜。饲料用给食铲给食，严禁用手拿。将不足的饮水瓶取下，更换已消毒的饮水瓶。更换时确认水瓶不漏水，出水口能正常出水。

(6) 观察动物活动情况，如果发现死亡动物，应立即取出动物尸体，用塑料袋包装，记录笼号、动物死亡数、日期，并更换该鼠笼、笼盖、饲料及饮水瓶，把更换下来的物品及动物尸体一起送至污物走廊前端的缓冲间。

(7) 最后一组学生更换笼具工作结束后应检查各饲养室的门是否全部关闭，拖拭清洁走道、清洁储藏室、缓冲间、更衣室的地面，然后走出屏障环境外。

(8) 在确认屏障环境内无人员后，开启紫外线灯，照射 20min。

4. 如果是 IVC 笼具，可做如下操作

(1) 准备本次操作所需的所有物品

(2) 开启换笼台或超净台

① 进入指定动物实验区域，开启超净工作台照明及新风。

② 用消毒液对工作台内部表面进行擦拭或喷雾处理。

③ 将相关物品经表面全面消毒后放入超净台内备用。

(3) IVC 笼盒操作

① 取 IVC 笼盒：依次从 IVC 笼架上取下待操作笼盒，对笼盒表面（上、下、左、右、前、后）用消毒液进行全面喷雾后，放入超净工作台或生物安全柜内。

② 打开笼盒：分别打开领取的洁净笼盒与准备操作的笼盒的笼盖，尽量使用已灭菌的工具抓取小鼠。如一定需要手抓，则对手部需随时进行消毒液喷雾（尤其是一笼操作结束时）。

③ 一笼操作完毕，在清洁笼盒的食槽内加入适量的干净饲料，更换水瓶并压紧瓶盖，确保水瓶不漏水后放入笼盒中。合上笼盖，扣紧搭扣并插上卡片，将笼盒放回原 IVC 笼架上（确保笼盒的进气口、出气口与笼架上的位置完全吻合）。

(4) 操作结束后，做好超净工作台和动物实验室内清洁、消毒工作。

(5) 关闭工作台的照明、风机，并开启紫外线灯 15min（生物安全柜可设置定时装置，实现自动闭灯）。

(6) 检查 IVC 系统　所有笼盒均在正常位置，无漏水等异常情况。

(7) 操作完毕后，将替换下的笼盒等物品推至中央走道，并带到缓冲区。

(8) 为避免发生混淆，操作需依次、逐一进行，超净工作台上不能同时放两笼。一笼操作完成后，应做好实验记录。

5. 所有学生撰写自己的工作记录。

6. 评价总结

(1) 小组负责人对本小组成员的操作予以评价，并撰写本小组的工作小结。

(2) 教师对各小组工作情况总结评价。

三、工作记录

1. 方案设计

<table>
<tr><td>组长</td><td></td><td>组员</td><td colspan="3"></td></tr>
<tr><td>学习任务</td><td colspan="5"></td></tr>
<tr><td>学习时间</td><td></td><td>地点</td><td></td><td>指导教师</td><td></td></tr>
<tr><td>学习内容</td><td colspan="5">任务实施</td></tr>
<tr><td>进入实验动物房</td><td colspan="5"></td></tr>
</table>

续表

温湿度及压差记录	
更换指定饲养笼	
换料	
换水	
观察动物活动情况	
走出屏障环境	

2. 人员分工

姓名	工作分工	完成时间	完成效果

3. 工作记录

动物房笼具、饲料、饮水瓶更换记录。

日期	动物种类	笼号	饲料	饮水瓶	笼具	操作者

考核内容:实验动物饲育操作

班级: 组别: 姓名: 年 月 日

项目	评分标准		分值	负责人 10%	自评 30%	教师 60%
饲育操作	评价要点	人员正确进入实验动物设施	10			
		检查记录温湿度	5			
		检查记录压差	5			
		已消毒的饮水、饲料、垫料和笼具正确进入实验动物设施	5			
		检查动物的饮水饲料和垫料	5			
		填写新的笼位卡,挂在已消毒的笼具上,加入合适的垫料	5			

续表

项目	评分标准		分值	负责人 10%	自评 30%	教师 60%
饲育操作	评价要点	将需要更换垫料的动物笼具取下，按照笼位卡信息，将动物放入已消毒笼具，配以已消毒的饮水瓶、加入适当的饲料	10			
		对于不需要更换垫料的动物，检查饮水和饲料余量	5			
		将不足的饮水瓶取下，更换已消毒的饮水瓶	5			
		给饲料不足的笼具添加适当的饲料	5			
		一盒笼具更换垫料用时5min	10			
学习态度	将实验设备与材料摆放在合适的位置； 正确使用实验设备与材料； 积极动手操作、反复练习； 实验完成时能够及时整理实验台面、清洗实验设备		10			
动物福利	动物无剧烈挣扎、痛苦叫声； 实验结束时动物无死伤		10			
合作沟通	积极参与工作计划的制订； 按照工作计划按时完成工作任务； 乐于助人，也乐于向其他人请教； 善于提问，积极思考别人提出的问题，提出解决方案		10			
合计						
教师评语						

思考与练习

1. 在进入实验动物设施后，发现有小鼠逃逸到地面上。这时应该如何处置？
2. 查阅有关隔离器的资料，描述在普通环境下使用隔离器的步骤。

任务三　实验动物的环境控制

在进入实验动物设施饲喂动物后，需要进一步了解实验动物设施内的其他设备和不同实验动物的环境要求。本任务的目标是了解实验动物设施的环境要求和控制方法，并按SOP要求学习控制环境的方法。

一、实验动物的环境要求

1. 影响实验动物环境的因素

(1) 气候因素　包括温度、湿度、气流和风速等。在普通级动物的开放式环境中，主要是自然因素在起作用，仅可通过动物房舍的建筑坐向和结构、动物放置的位置和空间密度等方面来做有限的调控。在隔离系统或屏障、亚屏障系统中的动物，主要是通过各种设备，对上述的因素予以人工控制。在国家制定的实验动物标准中，对各质量等级动物的环境气候因素控制，都有明确的要求。

(2) 理化因素　包括光照、噪声、粉尘、有害气体、杀虫剂和消毒剂等。这些因素可影响动物各生理系统的功能及生殖功能，需要严格控制并实施经常性的监测。普通级动物要在适当的范围内，采取有效的措施，对此予以监控；清洁级以上等级的动物，应通过实验动物设施内的各种设备，按国家颁布的各个等级标准予以严格控制。

(3) 生物因素　是指实验动物饲育环境中，特别是动物个体周边的生物状况，包括有动物的社群状况、饲养密度、空气中微生物的状况等。例如，在实验动物中许多种类都有能自然形成具有一定社会关系群体的特性。对动物进行小群组合时，就必须考虑到这些因素。不同种之间或同种的个体之间，都应有间隔或适合的距离。对实验动物设施内空气中的微生物有明确的要求，动物等级越高要求越严格。如国家标准规定，屏障环境下沉降菌最大平均浓度不高于 3CFU/0.5h·ϕ90mm 平皿，隔离环境要求无检出。

2. 实验动物环境要求

根据 GB 14925—2010《实验动物　环境及设施》中的规定，屏障环境中小鼠和大鼠的环境指标为：温度为 20～26℃，最大日温差≤4℃，相对湿度 40%～70%。换气次数＞15 次/h，空气流速＜0.2m/s，最小静压差＞10Pa，屏障环境的空气洁净度为 7。氨浓度＜14mg/m^3，噪声低于 60dB，照度为 15～20lx。其他动物和其他环境下的指标见附录。

3. 实验动物环境因素对动物的影响

(1) 温度　动物机体对环境温度的缓慢变化在一定范围内可以自行调节，但气温变化过大或过急对动物的健康将产生不良的影响。

气温过低或过高导致雌性动物性周期紊乱。一定时间内的高温（超过 28～30℃以上），可影响雄性动物精子生成，出现睾丸和附睾的萎缩，性行为强度降低；雌性动物性周期紊乱，卵子异常，受精率下降，繁殖能力低下，产仔数减少，死胎率增加，出现流产和胚胎吸收，泌乳量下降。在 32℃以上高温环境下，怀孕后期的大鼠常常发生死亡；高温使胎儿的初生重下降，增重缓慢，生长发育受阻，离乳率和成活率降低。低温时不利于幼畜成活，出现增重缓慢等现象；雌性动物性周期推迟，繁殖能力下降。

温度还可影响动物的生殖功能、动物机体的抵抗力、动物的新陈代谢以及动物的实验反应性等。动物暴露在高温或低温环境下，对动物的神经系统、内分泌系统以及各种酶活性的亢进或抑制均有影响。

(2) 湿度　实验动物饲养室常以相对湿度为指标。相对湿度指空气的实际含水量与该温度的饱和含水量的百分比值。一般情况下，大多数实验动物能适应 40%～70%的相对湿度，以 50%±5%最佳。

湿度与环境温度、气流速度共同影响动物的体温调节，当环境温度与动物体温接近时，动物主要通过蒸发作用散热。高温、高湿的环境对动物的热调节极为不利，高湿（80%～90%）时，微生物易于生长，饲料和垫料易霉变，易发生传染病，影响代谢。低湿环境时，空气干燥而灰尘飞扬，易引起呼吸道疾病。在温度27℃、相对湿度低于40%时，大鼠体表的水分蒸发过快，尾巴失水过多，可导致血管收缩，而引起环状坏死症（称环尾症）；某些母鼠拒绝哺乳，咬吃仔鼠；仔鼠发育不良。

（3）气流和风速　实验动物设施内空气的流动称气流。气流的速度称风速，由通风换气设备来控制。其目的是合理组织空气流向和风速以调节温度和湿度，降低室内粉尘和有害气体，利于工作人员和实验动物的健康。饲养室内的通风程度以单位时间的换气次数（即旧空气被新风空气完全置换的次数）为标志。

气流和风速的要求：气流速度≤0.18m/s，换气次数10～20次/h。一般送风口和出风口的风速较快，其附近不宜摆放实验动物笼架。

气流和风速的决定因素：送风风量、送风风速、送风口和排风口截面积、室内容积。

（4）光照　光照指动物接收到的光照强度、光线波长及光照时间（或明暗交替时间）等因素。

光照影响视力，如鸟类较能适应强光，而啮齿类动物辨色能力差，强光易损害视力，大鼠在2000lx几个小时，就出现视网膜障碍。光照还会影响实验动物的生殖功能，研究发现12h明/12h暗性周期最稳定，持续的黑暗导致大鼠的卵巢和子宫重量减轻，生殖受抑制。光的颜色也可影响生殖功能，蓝光比红光更能促进大鼠的性成熟。

（5）噪声　对人和动物的心理、生理造成不利影响的声音称噪声。来源为饲养室和实验室内的空调、层流柜等设备产生的声音和动物自身产生的噪声等。

噪声影响神经和心血管等系统的功能，动物会出现烦躁不安、紧张、呼吸、心跳加快、血压升高、肾上腺皮质激素增高，DBA/2幼鼠造成听源性痉挛，甚至死亡。大鼠在95dB环境下，中枢神经受损，如长时间（4d）接受会造成死亡。噪声还影响消化和内分泌系统功能，大的噪声使动物减食或导致消化功能紊乱而体重下降，血糖改变。另外噪声还影响繁殖及幼小动物生存，表现交配率下降、繁殖率下降、流产、拒乳、吃仔、死仔等。

（6）粉尘　即空气中浮游的固体微粒。来源为室外未经过滤的空气以及室内动物的皮毛、排泄物、饲料及垫料。粉尘可诱导呼吸道疾病，是过敏原和病原微生物的载体。

（7）有害气体　有害气体的主要成分为NH_3、H_2S、硫醇等特殊气味的气体，以NH_3的含量作为判定指标。有害气体主要对动物黏膜产生刺激而加重鼻炎、中耳炎、气管炎和肺炎等疾病。有害气体中氨的含量应控制在$14mg/m^3$（18.5ppm）以下。

（8）生物因素的影响及控制要求　生物因素主要包括动物社会因素和动物饲养密度、微生物、其他动物的存在以及实验动物饲养人员和研究人员等。在考虑生物因素时，主要注意同种动物间饲养密度，尽量避免将异种动物放在同一室内饲养，以防止动物疾病的传染、传播和对动物种质的影响。

4. 实验动物环境控制

（1）温湿度控制　动物房的温度、湿度、换气次数、空气压力梯度等环境指标一般由中央空调系统或独立空调系统控制。温度、湿度的控制标准依据国家《实验动物　设施与环境》（GB 14925—2010）标准执行。一般以温度（23±2）℃、相对湿度50%±10%、换气次数（15±5）次/h、空气压力梯度大于20Pa/级。酷暑、严冬季节温度常因与外界温差过大，若无法控制温度于动物的适宜范围，可适当放宽至国家标准的绝对范围内，也可采用部分回风。

工作日应每天记录室内温湿度。如果发现与标准值差异过大，应由相关人员检查、调试与修正。大多动物实验的结果要求附有实验时的温度和湿度，故先进的实验动物设施应配备温湿度自动记录系统。

湿度还可以使用加湿和除湿设备进行辅助调控。在调湿困难时，可降低温度和（或）加速气流。

（2）光照控制 啃齿类动物饲育室一般都采用人工光照。动物房一般以自动照明控制系统控制光照，设定为12h明/12h暗（或10h明/14h暗），地鼠房间的光照为14h明/10h暗，每天巡视时应检查光照是否正常。

（3）空气洁净度控制 不同级别的设施中，处理和要求不同。屏障环境的空气洁净度为7级，用于饲养无菌动物和免疫缺陷动物的隔离环境一般为5级。

动物房内空气洁净度的控制采用初效、中效和高效三级过滤的方式维持。每周清洗动物室内出风口的初效过滤器，以防动物毛发及木屑等堵塞滤网而降低送排风效率。送风系统的初效过滤器每月更换1次，中效过滤器每季度清洗1次，高效过滤器每年更换1次。采用自动化控制系统通风报警的，按照过滤器报警提示及时更换过滤器。

5. 环境异常的应急处理

（1）动物咬伤和逃逸 对动物咬伤和逃逸应以预防为主。设施内应配备急救卫生箱，箱内装有紧急救护所需要的基本物品，如棉花、纱布、胶布、消毒水、清洁剂（如75%酒精、碘酒、过氧化氢、抗生素等）。一旦有被咬伤事件发生，要先把伤口挤出血，然后用清水反复冲洗，再敷以消毒药液，严重时应及时去医院治疗。逃逸的动物应及时捕捉，并予以扑杀。

（2）断电 如停电超过1h，饲养操作人员应离开动物房，确保人员安全。撤出时关好屏障系统动物中心两侧的门，维持室内正压。如果有动物实验正在进行，应将动物放回笼子或固定，不能将动物带回原饲养间。停电前正在使用的电器要关闭开关或切断电源，防止突然来电造成电器损伤。同时做好记录。

（3）断水 发生断水应立即进行抢修。如果1d内无法恢复供水，准备灭菌处理过供动物饮用的水。同时做好记录。

二、屏障设施相关设备的维护与控制

实验动物设施的各项环境指标是通过相关设备的运转来实现及维持的，环境指标值无时不在动态地变化中。对设施的环境监测和维护，是实验动物设施经常进行的工作。日常维护的重点有以下三个方面。

1. 空调系统

空调系统主要控制温、湿度两个重要的环境指标，空调的热交换部件要经常清洗，并要经常检查制冷剂有无泄漏，自动控温装置是否有效。空调系统暂时停止运行时，以“先关闭排风系统，再关闭送风系统”为原则。恢复运行时先开启送风系统，再开启排风系统。

2. 送排风系统

空气过滤系统中有初效、中效和高效三级过滤，过滤材料在工作时会沾染粉尘，逐渐造成堵塞，而影响设施内的空气质量。初效过滤材料应2周至3个月更换一次，过滤材料经清洗、干燥可重复使用；中效材料3～18个月更换一次，经清洗、干燥也可重复使用；高效材料一般1～3年更换一次，一般不重复使用。材料更换的次数取决于空气使用量和周围空气的质量。勤换初效和中效材料，可减少对高效材料的更换，因为更换高效过滤材料会在一定时间内造成设施内环境因素的不稳定。

定期（3～6个月）检测各洁净室的压力，一般洁净区正压应大于10Pa，否则必须检查初效、中效过滤器是否堵塞，清洗更换、检查送排风机是否运转正常。

3. 消毒灭菌系统

灭菌系统的维护，注意高压灭菌装置和饮水灭菌系统是否有效，要经常监测，不可疏忽大意。此外，还有传递窗的紫外线灭菌是否有效，传递渡槽的消毒液要及时更换等一些日常的维护工作也不能忽视。

任务实施

一、实施准备

1. 阅读相关SOP。
2. 相关个人防护设施，动物房常用物品。

二、实施步骤

1. 教师提出实验动物环境控制设备检查与使用的学习内容和目标。
2. 各学习小组制订工作计划，分配工作任务，确定负责人。
3. 各小组认真阅读相关环境控制设备的SOP，或参考下面的操作。
4. 空调系统

（1）正确记录温度、湿度、压差。

（2）根据规定调节温、湿度：温度20～26℃，相对湿度40%～70%。

（3）根据房间压差要求：清洁走廊60Pa、饲养间或实验室45Pa、缓冲室30Pa、更衣区15Pa、污染走廊5Pa，调节送排风机压力。

（4）根据情况，选择辅助加湿和电热的操作。

5. 送排风系统检查、更换与启动

（1）即时清洗、更换过滤膜，在更换时需关停风机。

（2）初效过滤膜的更换与清洗　关停风机后，迅速拆下初效过滤膜，同时另安排工作人员进行卫生打扫，装上备用干净的过滤膜后，开启风机。注意更换过程动作必须迅速，以免风机关停时间过长。过滤膜用清洁剂浸泡后清水冲洗干净，在阳光下沥水晒干。

（3）中效过滤膜的更换与清洗　一般每1～2个月更换一次。拆下后进行检查，如果需要更换则更换之。更换和清洗方法同初效过滤膜的更换与清洗。

（4）回风口过滤膜清洗　先拉下风门，抽出过滤膜，在消毒液中用刷子刷干净，再用干毛巾将其擦干；用消毒液浸泡过的毛巾擦拭回风口周围，放回过滤膜，关上风门。

（5）启动风机。

6. 消毒灭菌系统检查、维护

（1）传递窗紫外线灯的检查。

（2）传递渡槽消毒液的更换。

7. 各小组学生分别练习

（1）由设施内工作人员示范实验动物环境控制设备的操作方法和要点，教师讲解重点、难点和注意事项。

（2）各组学生在工作人员的指导下完成环境控制设备的使用、检查和清洗更换。

（3）所有学生撰写自己的工作记录。

（4）项目负责人撰写该实验的工作小结。

8. 评价总结

（1）小组负责人对本小组成员的操作予以评价，并撰写本小组的工作小结。

（2）教师对各小组工作情况总结评价。

三、工作记录

1. 方案设计

组长		组员			
学习任务					
学习时间		地点		指导教师	
学习内容	任务实施				
空调系统					
送排风系统					
消毒灭菌系统					

2. 人员分工

姓名	工作分工	完成时间	完成效果

3. 工作记录

系统	项目	缓冲走廊	实验室	饲养室 1	饲养室 2	备注
空调系统	温度/℃					
	相对湿度/%					
	压差/Pa					
送排风系统	初效过滤材料					
	高效过滤材料					
消毒灭菌系统	传递窗			传递渡槽		日期

任务评价

考核内容：空调系统、送排风系统和消毒灭菌系统操作和记录

班级：　　　　组别：　　　　姓名：　　　　年　　月　　日

项目	评分标准		分值	负责人 10%	自评 30%	教师 60%
空调系统	评价要点	人员正确进入实验动物设施	10			
		正确记录温度、湿度和压差	5			
		检查空调制冷剂有无泄漏	5			
		根据情况启动辅助加热和加湿设备	5			
	熟练程度	5min 完成空调系统的检查和记录	5			
送排风系统	评价要点	初效过滤材料的检查、更换和清洗	10			
		中效过滤材料的检查、更换和清洗	5			
	熟练程度	二级过滤材料的检查、更换和清洗共用时 20min	5			
消毒灭菌系统	评价要点	传递窗紫外线灯检查	5			
		传递渡槽消毒液的更换	5			
		人员正确走出实验动物设施	5			
	熟练程度	传递窗和传递渡槽用时 5min	5			
学习态度	将实验设备与材料摆放在合适的位置； 止确使用实验设备与材料； 积极动手操作，反复练习； 实验完成时能够及时整理实验台面、清洗实验设备		10			
动物福利	动物正常生活，无惊吓； 实验结束时动物无异常		10			
合作沟通	积极参与工作计划的制订； 按照工作计划按时完成工作任务； 乐于助人，也乐于向其他人请教； 善于提问，积极思考别人提出的问题，提出解决方案		10			
合计						
教师评语						

思考与练习

1. 冬天气温较低，使用空调设备难以调节到动物适宜的温度范围，这时怎么做是比较合适的？

2. 供电局通知，周日临时线路检修，需要停电 1h。这时动物设施中饲养了一些大鼠，正在进行一个比较重要的科研项目，作为设施管理人员，请给出你的应对预案。

任务四 实验动物设施消毒与灭菌

实验动物设施及实验动物房内的器材必须定期消毒灭菌，以确保设施的微生物指标达到规定的要求。本任务的目标是了解实验动物设施消毒灭菌的方法，消毒液的配制和使用，并实际在实验动物设施内进行消毒灭菌工作，填写相应的记录表。

实验动物设施清洗、消毒操作规范

一、消毒与灭菌

消毒（disinfection）是指杀灭或清除传播媒介上的病原微生物，使其达到无害化的处理。灭菌（sterilization）是指杀灭或清除传播媒介上一切微生物的处理。相应地，消毒剂（disinfectant）是用于杀灭传播媒介上的微生物使其达到消毒或灭菌要求的制剂。灭菌剂（sterilant）是可杀灭一切微生物（包括细菌芽孢）使其达到灭菌要求的制剂。消毒、灭菌方法的选择应根据抗微生物因子对微生物作用的水平来确定。

1. 消毒、灭菌因子的基本分类

（1）低水平消毒法　只能杀灭细菌繁殖体和亲脂病毒的化学消毒剂和通风散气、冲洗等机械除菌法。可使用单链季铵盐类消毒剂（如苯扎溴铵），双胍类消毒剂（如氯己定），中药消毒剂和汞、银、铜等金属离子消毒剂等，以合适的浓度和有效的作用时间进行消毒。

（2）中水平消毒法　是可以杀灭和去除细菌芽孢以外的各种病原微生物的消毒方法，包括超声波、碘类消毒剂（碘伏、碘酊、氯己定碘等）、醇类和氯己定复配消毒剂、醇类和季铵盐（双链季铵盐）类复配消毒剂及酚类消毒剂等，在规定的条件下，以合适的强度、剂量或浓度和有效的作用时间进行消毒。

（3）高水平消毒法　可以杀灭一切病原微生物的消毒方法。这类消毒剂应能杀灭一切细菌繁殖体（包括结核分枝杆菌）、病毒、真菌及其孢子和细菌芽孢（除了一些高抗力的细菌芽孢外）。属于此类的化学消毒剂和物理消毒法有：紫外线及一般含氯、二氧化氯、过氧乙酸、过氧化氢、含溴消毒剂、臭氧、二溴海因等甲基乙内酰脲类化合物和一些复配的消毒剂等。是在规定的条件下，以合适的剂量或浓度和有效的作用时间进行消毒的方法。

（4）灭菌法　可杀灭外环境中除一些高抗力的细菌芽孢以外的所有微生物的物理、化学方法。属于此类的方法有：热力灭菌、电离辐射灭菌、微波灭菌、等离子体灭菌等物理灭菌方法以及用甲醛、戊二醛、环氧乙烷、过氧乙酸、过氧化氢和某些复方含氯等化学灭菌剂，在规定的条件下，以合适的浓度和有效的作用时间进行灭菌的方法。

2. 选择消毒、灭菌方法的原则

选择消毒方法时需考虑保护消毒物品不受损坏，同时易于发挥作用。应遵循以下基本原则。

（1）耐高温、耐湿度的物品和器材，应首选压力蒸汽灭菌；耐高温的玻璃器材、油剂类和干粉类等可选用干热灭菌。

（2）不耐热、不耐湿以及贵重物品，可选择环氧乙烷或低温蒸汽甲醛气体消毒、灭菌。

（3）器械的浸泡灭菌，应选择对金属基本无腐蚀性的灭菌剂。

（4）选择表面消毒方法，应考虑表面性质。光滑表面可选择紫外线消毒器近距离照射或液体消毒剂擦拭，多孔材料表面可采用喷雾消毒法。

二、实验动物环境设施常用消毒灭菌方法

1. 物理消毒法

（1）干热消毒　包括焚烧、烧灼、干烤等几种方法。焚烧适用于动物尸体的处理，尤其是带毒的动物尸体、污染的垃圾、垫料等。烧灼常用于耐热器材，如金属器械、不锈钢笼具、笼架等。干烤用于玻璃制品、金属材料、陶瓷等消毒。

（2）湿热消毒　主要有以下几种。

① 煮沸消毒。这种方法简单易行、经济实用且效果可靠。适用于金属器械、玻璃制品、棉制品、饮水瓶、饮水及笼具的消毒。

② 常压蒸汽消毒。又称为流通蒸汽消毒，是指在 1.013×10^5Pa 下，用 100℃的水蒸气进行消毒。适用于食物等不耐高热的物品的消毒。

③ 高压蒸汽灭菌。适用于大多数耐热物品，包括金属器械、饲具、垫料、饮水瓶、饮水、饲料等物品的消毒。

（3）紫外线辐射消毒　适用于空气、饮水及污染物体表面的消毒。

（4）电离辐射灭菌　是指用 γ 射线、X 射线和离子辐射照射物品，杀死其中的微生物的冷灭菌方法。常用于对手术器械、仪器以及食物的消毒灭菌。

（5）过滤除菌　一般用于液体和气体的消毒，而不用于对物品的灭菌处理。

① 液体过滤除菌。用于不耐热或不能用化学方法消毒的液体制剂、血清制品等。

② 空气过滤除菌。用于屏障系统（屏障系统的空气经初效、中效、高效过滤）、动物运输盒等。

2. 化学消毒法

常用化学消毒方法包括：药物液体浸泡、喷洒消毒、蒸汽或气体熏蒸消毒。常用的消毒药品及方法介绍如下。

（1）甲醛　常用于液体浸泡消毒和甲醛气体熏蒸消毒。

① 杀菌作用。8%甲醛水溶液作用 6～24h 可杀灭芽孢；5%甲醛水溶液作用 30min 可破坏肉毒杆菌毒素和葡萄球菌肠毒素。

② 杀真菌作用。5%甲醛水溶液作用 10min 可以杀灭球孢子菌、组织胞浆菌和芽生菌。

③ 灭活病毒。甲醛溶液广泛用于病毒疫苗的制备，应用浓度一般为 0.23%～0.4%。甲醛对铜绿假单胞菌噬菌体、脊髓灰质炎病毒、鹦鹉热衣原体、天花及甲型流感病毒等都有较好的杀灭作用。

④ 注意事项。刺激性大，使用时注意防护；在 9℃以下保存。

（2）戊二醛　常用浓度为 2%，用 0.3%碳酸氢钠或碳酸钠调节其 pH 值为 7.5～8.5 时，可达最强杀菌效果。常用于医疗器械的冷灭菌，内窥镜、生物制品的消毒灭菌，环境消毒以及水处理的杀菌灭藻。

（3）环氧乙烷　又称氧化乙烯。其气体和液体均有杀菌作用，但多用于气体消毒。常用于外科手术器械等的消毒灭菌，还可用于棉制品、电子仪器、塑料制品、橡胶制品等的消毒灭菌，也可用于日常的卫生防疫消毒。环氧乙烷液体溅在皮肤或眼内应立即用清水或 3%硼

酸溶液反复冲洗，并给予局部用药。

(4) 过氧乙酸 是一种广谱、高效、速效、廉价的消毒剂。稀释至0.2%时才能用于皮肤黏膜消毒；0.5%溶液浸泡笼具、鼠盒、饮水瓶、工作衣、帽鞋等10～30min；密闭房屋空间用浓度为15%溶液（7mL/m^3 空间）熏蒸消毒120min，或用2%溶液（8mL/m^3 空间）喷雾消毒，保持时间为30～60min，然后打开门窗通风；0.2%～0.5%溶液浸泡消毒青饲料，再用流动的清水冲洗；用0.2%～0.5%溶液喷雾或擦洗消毒笼架、恒温恒湿机、进风粗效滤材、通风管道外壁、门窗、墙壁、地面。

(5) 次氯酸盐类 漂白粉的主要成分是次氯酸钙，84消毒液的主要成分是次氯酸钠。次氯酸盐是一种广谱、高效、去污力强的新型消毒剂，能快速杀灭甲型、乙型肝炎病毒、细菌芽孢等各类致病菌。比如84消毒液可以1∶200用于动物饲养室的空气消毒，用量为10mL/m^3 喷雾；笼具、门窗等物体表面的擦拭消毒；抹布、拖把浸泡15min；1∶500可用于饲具的浸泡消毒，时间为5min。

(6) 二氧化氯 稳定性二氧化氯是在二氧化氯水溶液中添加碳酸钠、硼酸钠等予以稳定。通常用柠檬酸活化，在酸性条件下使用。稳定性二氧化氯能广谱且快速地杀灭微生物，无毒无害，无残留，不污染环境，是一种性能优良的安全高效消毒剂。原液用水稀释20倍可用于笼具、地面消毒。

(7) 乙醇 又称酒精。75%乙醇用于皮肤消毒；70%～75%乙醇常用于物体表面的消毒，如工作台面、推车表面等，时间应在3min以上。

(8) 苯酚 即石炭酸。3%～5%的苯酚水溶液浸泡、喷洒或擦拭污染物品表面，作用时间30～60min。若皮肤不慎接触到浓苯酚，可用乙醇擦拭去除。

(9) 煤酚皂溶液 又称来苏尔。1%～5%煤酚皂水溶液浸泡、喷洒或擦拭污染物表面，作用时间30～60min；1%～2%水溶液用于皮肤消毒，浸泡3～5min；对排泄物消毒用5%～10%的溶液搅拌均匀浸泡。

(10) 洗必泰 又名氯己定，化学名为双氯苯双胍己烷，是一种常用的皮肤黏膜消毒剂。0.5%的洗必泰乙醇溶液用于外科手术前擦手及手术前皮肤消毒；0.02%～0.05%浓度的水溶液或醇溶液用于病房物体表面的喷洒、浸泡、擦拭消毒；0.5%的水溶液可用于伤口创面的冲洗消毒及各种外科创面的消毒处理。注意事项：不能与肥皂及其他拮抗物质同用。

(11) 新洁尔灭 化学名为十二烷基苯甲基溴化铵，又名溴苄烷铵。通常0.1%浓度用于皮肤消毒和器械消毒；0.02%浓度消毒伤口和黏膜；对污染物品表面的消毒，可用0.1%～0.5%浓度的溶液喷洒、浸泡、擦抹处理，作用10～60min；还可用于饲具等的消毒。注意事项：不能与肥皂、洗涤剂和盐类接触；使用1～2周后应重新配制。

(12) 高锰酸钾 0.1%水溶液用于皮肤消毒；0.01%～0.02%水溶液用于黏膜消毒；0.1%浓度可用于青草饲料的消毒，作用时间10～60min；对污染物体表面的消毒浓度为0.1%～2%，作用时间为10～60min；还可加入福尔马林中，产生甲醛气体进行熏蒸消毒。注意事项：储存于密闭容器中，阴凉干燥处保存，不能与有机物、还原剂、易燃物、硫酸、硝酸、有机酸等接触；具有强腐蚀性，不可直接接触皮肤黏膜。

三、饲育器具的消毒与灭菌

1. 饲育架

耐热性较好的饲育架，可以用高压蒸汽灭菌（121℃，20～30min），高压蒸汽灭菌前，先将饲育架完全清洗干净，并擦干。普通饲育架大多数在饲养室中直接用药液消毒，可用擦拭布沾取消毒液（如次氯酸钠）擦拭，然后用消毒液（如0.5%～1%的过氧乙酸或50%异丙醇）喷雾，再与饲育室一起用福尔马林熏蒸。

2. 饲育笼

耐热饲育笼采用高压蒸汽灭菌。在灭菌前，需要先去除笼内污物（垫料等），将饲育笼在温水中浸泡一晚，充分清除笼内污迹，洗净饲育笼。最后送入灭菌器中进行灭菌（121℃，20～30min）。如果饲育笼装入垫料，可采用侧面交叉倾斜的方法叠在一起，以利于灭菌时蒸汽的通透。灭菌后，对笼子进行干燥（121℃，20min），放在固定的清洁场所进行保管。

饲育笼的消毒可采用加热（100℃，5min）、消毒液浸泡（如2.5%～5%的碘伏浸泡一个晚上）、消毒液直接喷雾、饲育室内消毒液喷雾及福尔马林熏蒸等方法。

3. 垫料

一般情况下，垫料采用高压蒸汽及干热灭菌方法。

（1）高压蒸汽灭菌　垫料放入不锈钢容器中，或者直接按每个饲育笼的需要量装入笼子中一起灭菌，一般装入2～3cm高。灭菌时间一般为121℃ 40min，干燥时间20min，如果是潮湿的垫料，则干燥时间适当延长，使垫料完全干燥为止。

（2）干热灭菌　用耐热的不锈钢容器，垫料放入八成左右，或直接按每个饲育笼的需要量装入饲育笼中一起灭菌，一般装入2～3cm高，然后放入到干热灭菌器中，进行180℃ 30min灭菌处理。使用后的垫料，原则上须焚烧处理，可装入易燃的、结实的、不漏水的袋中，将袋口密封，不能焚烧的应在冷暗处保存。

4. 饲料盒、饮水瓶

（1）消毒　在进行消毒和灭菌之前，均应清除饲料盒、饮水瓶中的饲料、饮水等，洗去附着的污物。用次氯酸钠浸泡饲料盒、饮水瓶一个晚上，清洗、干燥后放在规定的清洁场所。

（2）灭菌　在温水槽中将饲料盒、饮水瓶中残留的饲料等污物浸泡一个晚上，以中性洗涤剂充分洗净，放在大小适当的容器中送入高压灭菌器。灭菌后的饲料盒、饮水瓶应放在规定的清洁场所，灭菌后及使用前应确认颜色指示剂的灭菌效果。

5. 饲料

饲料的灭菌有高压蒸汽灭菌及γ射线灭菌，一般常用的是高压蒸汽灭菌。首先要检查饲料是否腐败、变质以及是否有虫害等。将饲料装入饲料箱放入高压灭菌器中，箱与箱之间不要重叠，上下应有一定的间隙。灭菌时间一般为121℃ 30～40min，干燥20～30min，对于潮湿的饲料应适当延长干燥时间。高压灭菌处理后的饲料，放入有盖的容器中，送入设施内。

6. 饮水

饮水一般采用高压蒸汽灭菌。将耐热性水瓶充分洗净后，装入80%经过滤后的自来水，盖上水瓶盖，放入耐热性容器中。将装有水瓶的容器放入高压灭菌器，由于灭菌物是饮水（液体），除此之外的东西（如垫料、饲料等）不能同时放入灭菌器一起灭菌。饮水灭菌条件一般为121℃ 60min。灭菌完成后需静置片刻再取出，以防止沸水喷出。灭菌后的饮水放在固定的清洁场所保存。

7. 实验器具

实验用的器具有各种形状、大小和材料等。一般根据其使用方法和目的进行适宜的灭菌或消毒处理。操作时先清除实验器具上的污物，然后再进行适当的灭菌或消毒处理，送入清洁区域保存。

8. 工作服

衣服的灭菌，用高压灭菌器及环氧乙烷的效果要比用干燥机或熨烫机的效果好。用高压灭菌器时，衣服要具有耐热性。可用洗衣机洗涤，干燥 30min 后，用包装袋包装后放入灭菌器内。灭菌时间一般为 121℃ 40min，干燥 30min，放在固定的场所保管。如果采用环氧乙烷灭菌，可将环氧乙烷灭菌器加热至 60℃，灭菌 3h，取出衣服放在规定的清洁区域保管。

9. 其他

包括需要消毒灭菌的工作车、拖鞋、记录用品、门把手等。

(1) 灭菌　工作车一般用高压蒸汽灭菌，条件 121℃ 20min。拖鞋、记录用品等一般用环氧乙烷灭菌，可将环氧乙烷灭菌器加热至 60℃，灭菌 3h，取出后放在规定的清洁区域保管。

(2) 消毒　作业车、拖鞋及门把手用消毒液消毒。将作业车、拖鞋洗净后揩干，用 70%酒精或 50%异丙醇喷雾，门把手则用擦拭布蘸取药剂后擦拭。记录用品可用紫外线消毒，一般采用直接照射法，放在空气不流通的容器中（如传递窗），被灭菌物放在 2m 内，照射时间 30min。

四、验收、检疫区域的消毒与灭菌

此区域因为经常性地搬入物品、动物，如果带入污染物则极易被污染，因此必须每天进行整理、消毒。

消毒操作顺序：操作过程中室内、工作台、手套、动物的运输箱消毒用 70%酒精，其他器具以 70%酒精与 0.1%新洁尔灭混合液喷雾消毒为主。作业结束后使用过的器材可采用高压蒸汽灭菌及煮沸灭菌，或以消毒液浸泡消毒。室内则以季铵类消毒剂（如新洁尔灭）擦拭，然后用碘仿类消毒。前后两次作业之间应以紫外线照射消毒。

五、SPF 级饲育室的消毒

1. 全面消毒与灭菌

新启用 SPF 级动物房或全面消毒灭菌时一般采用福尔马林熏蒸，通常要求温度 20℃、相对湿度 70%以上。

注意在喷雾与熏蒸前，应将空调的进风口、排风口及其与外部相通的部分和室内的电气开关、插座、温湿度传感器等用塑料薄膜及塑料胶带密封。此外，因福尔马林熏蒸时反应较剧烈，熏蒸罐应放在饲育室的中央，并将门的缝隙等密封，防止熏蒸的气体外流，操作人员戴好防毒面具，以防止发生中毒或窒息事故。24h 后进入拆封换气，2～3d 后再次入室，确认室内无福尔马林气味后，即可开始使用。

2. 常规消毒与灭菌

SPF 级饲育室的日常消毒，原则上每天对清洁物品贮藏室、浴室、缓冲间及走廊等进行空气消毒，定期操作则以周为单位，对屏障内所有区域进行消毒。

在选择消毒药时，一般选广谱消毒剂、卤化物消毒剂（次氯酸钠、碘伏等）、逆性皂液（界面活性剂）、过氧化物消毒剂（过氧乙酸）及季铵类消毒剂（如新洁尔灭）等并用。传递窗的消毒也可使用酒精、洗必泰、新洁尔灭等。

(1) 日常消毒参考操作流程

① 按照进入屏障设施的要求穿上无菌服进入动物室。

② 手指用消毒液浸泡或喷雾后擦干，戴上手套。消毒液一般用0.01%～0.02%次氯酸钠或者0.1%新洁尔灭，需每天更换，也可以用50%～75%的酒精喷雾消毒。

③ 地板上的污物、垫料、饲料残渣要清扫干净。

④ 加料、给水作业结束后，笼架上的垫料、饲料残渣用刷子或擦拭布扫清。

⑤ 笼架擦拭消毒。

⑥ 室内排气口的初效过滤器，每周用水清洗1次，然后用消毒液浸泡，拧干水分后重新装上；层流架上的初效过滤器同样一周清洗1次。

⑦ 使用后的清扫用具，用上述消毒药消毒后，尽量保持干燥。

⑧ SPF级饲育区域内的缓冲间、走廊、更衣室，用上述消毒液擦拭，或用微型喷雾机喷雾后，打开紫外线灯或在设定时间自动开启紫外线灯消毒。

⑨ 使用后的专用灭菌衣装入带盖的容器内收容，洗净灭菌后待用。

(2) 定期消毒参考操作流程

① 笼子、垫料、托盘、饲料盒、饮水瓶等，使用前用高压灭菌器灭菌。笼子和垫料每周换1次以上，笼盖、料盒1个月换1次以上，饮水瓶每周换2次以上，专用容器从传递窗、缓冲间搬出后洗净、灭菌。

② 不能用高压灭菌器灭菌的架子、饲育装置，每周1次以上用0.02%次氯酸钠液或0.1%逆性皂液或含0.1%有效碘的碘伏擦拭消毒。

③ SPF级饲育区内，尽量少用水，以保持干燥状态。同时除去积水，以减少微生物繁殖。

④ 传递窗、缓冲间内部用70%酒精或0.5%逆性皂液或0.5%过氧乙酸喷雾。另外，打开紫外线灯30min后方可打开内侧门。

⑤ 动物更换笼子时，用消毒的小镊子捉取动物，一个笼子内动物更换后，小镊子放在消毒液中浸泡3min以上可再使用。另外，接触过动物的手指、体重计、作业车等，用70%酒精或者0.5%洗必泰酒精混合液喷雾消毒。

⑥ 动物尸体应放在塑料袋中，封住袋口，塑料袋四周用70%酒精或0.5%洗必泰酒精混合液喷雾消毒。

六、无菌动物、悉生动物饲育区域的消毒灭菌

隔离器内的无菌动物与悉生动物饲育室的操作顺序原则上按照SPF级饲育室的操作基准，但消毒程度要更彻底一些，一般用1.5%～2%的过氧乙酸或2%～3%的戊二醛或碘伏进行喷雾消毒。平时，对地板、墙壁、工作台的消毒可用70%酒精、50%异丙醇及0.05%～0.1%浓度的季铵类等进行喷雾消毒。

七、消毒工作中的个人防护

消毒因子大多对人是有害的，因此在进行消毒时工作人员一定要有自我保护的意识和采取自我保护的措施，以防止消毒事故的发生和因消毒操作方法不当可能对人体造成的伤害。

1. 热力灭菌

干热灭菌时应防止燃烧；压力蒸汽灭菌应防止发生爆炸事故及可能对操作人员造成的灼伤事故。

2. 紫外线、微波消毒

紫外线、微波消毒应避免对人体的直接照射。

3. 气体化学消毒剂、灭菌剂

使用气体化学消毒剂应防止有毒、有害消毒气体的泄漏，经常检测消毒环境中该类气体的浓度，确保在国家规定的安全范围之内；对环氧乙烷气体灭菌剂，还应严防发生燃烧和爆炸事故。

4. 液体化学消毒剂、灭菌剂

使用液体化学消毒剂、灭菌剂应防止过敏和可能对皮肤、黏膜的损伤。

5. 处理锐利器械和用具

处理锐利器械和用具应采取有效防护措施，以避免可能对人体的刺、割等伤害。

一、实施准备

1. 阅读相关 SOP。
2. 相关个人防护设施、动物房常用物品、动物房常见消毒灭菌系统。

二、实施步骤

1. 教师提出本次任务的学习内容和目标。

2. 各学习小组仔细阅读消毒灭菌相关 SOP 以及教学视频等相关材料，了解消毒灭菌工作的要点，确定实验动物饲育工作的主要负责人，制订工作计划，分配工作任务。

3. 各学习小组进入实验动物设施后，按照工作计划和流程，完成高压灭菌操作，进入动物房，接收高压灭菌锅中的物品，对设施进行灭菌消毒的工作。

4. 高压灭菌操作（在有资质人员指导下进行，视情况选择一种材料进行灭菌操作）

（1）笼具和垫料

① 将饲养笼用自来水清洗干净，充分晾干。

② 垫料按每个笼子的需要量装入笼子中灭菌，一般装入 2～3cm。

③ 在被灭菌物的适当部位贴上高压灭菌专用颜色指示标签，并注上灭菌日期和时间。

④ 按标准操作规程灭菌，一般锅内压力 1.1kgf/cm^2，温度 121℃，维持 30min。

⑤ 灭菌结束后填写灭菌器使用记录。

⑥ 按标准操作规程进入屏障系统，在内准备间打开灭菌锅后门，取出饲养笼，关闭灭菌锅后门，将饲养笼送入动物饲养室。

（2）饲料

① 饲料装入不锈钢网箱中或者置于通透的布袋中。

② 饲料箱放入高压灭菌器中，但箱与箱之间不要重叠，上下应有一定的间隙。

③ 按标准操作规程灭菌，一般锅内压力 1.1kgf/cm^2，温度 121℃，维持 30min。

④ 灭菌结束后填写灭菌器使用记录。

⑤ 按标准操作规程进入屏障系统，在内准备间打开灭菌锅后门，取出饲料包，关闭灭菌锅后门。

⑥ 高压灭菌处理后的饲料放入有盖的容器中，饲料有结块时，击碎后再放入；饲料盖上箱盖，再密封，贴上处理的日期、时间标签。

（3）饮水

① 将耐热性水瓶充分洗净后，装入80%经过滤后的自来水，盖上水瓶盖，放入饮水瓶篮中。

② 在饮水瓶的适当部位，贴上高压灭菌用颜色指示标签，并用铅笔注上日期、时间等。

③ 将装有水瓶的容器放入高压灭菌器，因为灭菌物是饮水（液体），因此除此之外的东西（如垫料、饲料等）不能同时放入灭菌器一起灭菌。

④ 按标准操作规程灭菌，一般锅内压力1.1kgf/cm^2，温度121℃，维持60min。

⑤ 灭菌结束后，应慢慢排放蒸汽，灭菌30min以上的饮水冷却时间要稍长一些。灭菌器门打开后，需静置片刻再取出，以防止沸水喷出。

⑥ 灭菌后的饮水放在固定的清洁场所保存，灭菌后及使用前应检查颜色指示剂的灭菌程度。

⑦ 灭菌结束后填写灭菌器使用记录。

⑧ 按标准操作规程进入屏障系统，在内准备间打开灭菌锅后门，取出水瓶篮，关闭灭菌锅后门，将水瓶篮送入动物饲养室。

5. 设施内清洁消毒（分组选择一更、二更、饲养室、内准备间进行清洁消毒）

（1）清理饲养室内的散落垃圾，装入塑料袋内，袋密封后，四周用70%酒精喷雾，搬出室外。

（2）分别用消毒液浸泡的擦拭布擦拭内准备间、二更、风淋间、缓冲间、饲养室和清洁走廊的天花板、墙壁、实验操作台、饲养架、储物架、推车、超净台、经常使用或触摸的物体（如门、门把手等物体）表面，用消毒药水拖地。消毒液可选用500～1000mg/kg的次氯酸钠溶液、3%碘伏溶液、0.1%新洁尔灭或0.5%过氧乙酸溶液。擦拭消毒的原则为“先上后下、先左后右”。擦拭时戴好手套。

（3）对内准备间、二更、风淋间、缓冲间、清洁走廊和无动物的饲养间进行空气喷雾消毒。可用0.1%季铵液（如新洁尔灭）、3%碘伏溶液或0.5%过氧乙酸溶液置于喷壶中使用。消毒的原则为“先上后下、先左后右”，全覆盖不留死角。每次喷雾消毒完毕后，清理喷枪内残留的消毒液。

（4）确认全部人员退出后，紫外线照射30min。

（5）填写清扫消毒记录。

（6）注意个人防护，不能让消毒液进入口腔和眼睛。不慎进入应立即催吐或用大量清水冲洗，随后立即就医。

（7）注意在消毒液原液的有效期内使用，现配现用。过氧乙酸原液多次开启后会降低有效浓度，可以适当升高工作液浓度。

（8）常用消毒剂配制

① 0.5%过氧乙酸：15%过氧乙酸原液0.33kg加水至10L。

② 0.1%新洁尔灭：5%新洁尔灭原液200mL加水至10L。

③ 3%碘伏：300mL碘伏加水至10L。

6. 所有学生撰写自己的工作记录

7. 评价总结

（1）小组负责人对本小组成员的操作予以评价，并撰写本小组的工作小结。

（2）教师对各小组工作情况总结评价。

三、工作记录

1. 方案设计

组长		组员			
学习任务					
学习时间		地点		指导教师	
学习内容	任务实施				
高压灭菌操作					
实验动物 设施消毒					

2. 人员分工

姓名	工作分工	完成时间	完成效果

3. 工作记录

(1) 高压灭菌器使用记录表

日期	灭菌物品	灭菌温度压力	灭菌时间	责任人

(2) 屏障动物设施卫生消毒记录表

时间：____年____月____日

屏障房间名称	
消毒 记录	消毒剂名称(浓度)____________ □ 天花板　□ 墙面　□ 地面　□ 门窗 □ 工作台　□ 物架　□ 凳子　□ 层流罩 □ 设备表面　□ 电话　□ 温湿度计　□ 报警器 □ 压差表　□ 电源插座　□ 泡手盆　□ 传递窗 □ 挂钟　□ 水池 □ 地漏 其他物品：________________________ ________________________ ________________________ 操作人员：________________________

任务评价

考核内容：实验动物设施消毒与灭菌

班级：　　　　组别：　　　　姓名：　　　　　　　　年　　月　　日

<table>
<tr><th>项目</th><th colspan="2">评分标准</th><th>分值</th><th>负责人
10%</th><th>自评
30%</th><th>教师
60%</th></tr>
<tr><td rowspan="14">消毒灭菌操作</td><td rowspan="5">高压灭菌</td><td>向饲养笼中正确添加垫料，正确安放灭菌笼子，正确摆放饲料箱，正确向水瓶中加水</td><td>5</td><td></td><td></td><td></td></tr>
<tr><td>贴上高压灭菌专用颜色指示标签，注上灭菌日期和时间</td><td>5</td><td></td><td></td><td></td></tr>
<tr><td>按标准操作规程灭菌</td><td>10</td><td></td><td></td><td></td></tr>
<tr><td>灭菌结束后填写灭菌器使用记录</td><td>5</td><td></td><td></td><td></td></tr>
<tr><td>在内准备间正确开启灭菌锅后门，取出饲养笼(或饲料包、或水瓶篮)</td><td>5</td><td></td><td></td><td></td></tr>
<tr><td rowspan="9">设施内消毒</td><td>正确配制消毒剂</td><td>5</td><td></td><td></td><td></td></tr>
<tr><td>人员正确进入实验动物设施</td><td>5</td><td></td><td></td><td></td></tr>
<tr><td>清理饲养室内的散落垃圾，装袋，喷雾消毒</td><td>5</td><td></td><td></td><td></td></tr>
<tr><td>各房间的擦拭消毒操作顺序正确</td><td>5</td><td></td><td></td><td></td></tr>
<tr><td>完成各部位擦拭消毒及拖地</td><td>5</td><td></td><td></td><td></td></tr>
<tr><td>喷壶加液</td><td>5</td><td></td><td></td><td></td></tr>
<tr><td>按照正确顺序喷雾消毒</td><td>5</td><td></td><td></td><td></td></tr>
<tr><td>清理喷枪内残留的消毒液</td><td>5</td><td></td><td></td><td></td></tr>
<tr><td>正确填写消毒记录</td><td>5</td><td></td><td></td><td></td></tr>
<tr><td>学习态度</td><td colspan="2">将实验设备与材料摆放在合适的位置；
正确使用实验设备与材料；
积极动手操作、反复练习；
实验完成时能及时整理实验台面、清洗实验设备</td><td>10</td><td></td><td></td><td></td></tr>
<tr><td>个人防护</td><td colspan="2">戴手套擦拭和喷雾</td><td>5</td><td></td><td></td><td></td></tr>
<tr><td>合作沟通</td><td colspan="2">积极参与工作计划的制订；
按照工作计划按时完成工作任务；
乐于助人，也乐于向其他人请教；
积极思考别人提出问题，提出解决方案</td><td>10</td><td></td><td></td><td></td></tr>
<tr><td>合计</td><td colspan="6"></td></tr>
<tr><td>教师评语</td><td colspan="6"></td></tr>
</table>

思考与练习

1. 消毒时，如何进行自身防护？

2. 一名同学在一更和二更换衣后，进入清洁区域。他匆匆完成换水、添料工作后，发现有一只死亡小鼠，就把小鼠装入垃圾袋中，然后带着垃圾袋通过污染走廊离开清洁区域，将垃圾袋扔到外部垃圾箱中。请问，整个过程中他有哪些不符合要求的地方？如何改正？

任务五　实验动物健康监护

实验动物需要保持健康状况，以更好地开展科学实验，同时也是动物福利的要求。从购买实验动物开始，就要重视实验动物的健康，并进行兽医监护。确定并购买合适来源的实验动物，在实验动物运输到达设施后进行检疫对种群健康和降低研究动物应激非常重要。动物的健康状况需要随时观察并进行必要的监护，以确保实验动物的健康状况和环境达到国家标准和单位规定的要求。本任务的目标是了解实验动物的健康监护方法，并实际开展实验动物的健康监护，填写相应的记录表。

一、实验动物采购运输过程中的健康

1. 动物采购

所有动物必须购买自有相关资质的单位，应充分考虑具有实验动物生产许可证供应商的详细信息，包括哪些供应商可以提供何种实验动物以及动物质量情况等，以便从源头上控制实验动物的质量。采购前，应确认有足够的设施和专业人员来饲养、管理动物。采购动物时，应按规定索取动物群或个体的遗传学或其他资料。一般来说，不应该从宠物商店或宠物经销商获得用于科学研究的动物，因为这些来源的动物背景很难获悉和控制，并且存在引入对饲养管理人员和其他饲养动物健康威胁的潜在风险。

2. 动物运输

实验动物运输时应当提前计划好运输行程，运输过程中应提供适当的生物安全防护，以减少人畜共患病的威胁，防护极端的环境条件，避免过度拥挤，按要求供以饲料、饮水，并避免动物和人员外伤。对于某些特定阶段或条件下的动物运输必须有特殊的考虑，诸如怀孕期、围生期、老年动物、已处在疾病状态的动物（如糖尿病）以及供应商已做好手术的模型动物。

一般而言，SPF 动物应使用带有过滤保护通风口的一次性运输盒，并且在盒内放置水和食物，有助于确保在运输过程中不会发生微生物污染。在将运输盒放入洁净的动物房之前，对运输盒表面进行消毒，有助于减少动物运输过程中微生物污染的风险。对于水生类和两栖类动物，在运输过程中必须充分考虑到水生环境或足够潮湿的环境，同时，对于冷血动物应特别注意避免极端气温。运输非人灵长类动物时，任何长于 4h 的运输必须提供食物和饮水。

二、实验动物检疫

1. 检疫原则

动物按预计时间到达时，饲养管理人员对动物进行验收，并将动物放置在合适的检疫地点进行检疫和适应性饲养。

检疫就是将新接收的动物与设施中原有的动物隔离，应用各种动物传染病的诊断方法，对实验动物及其产品进行疫病检查。检疫的步骤与时间视各动物设施的需求而定，必要时以安乐死的方式牺牲数只动物做检查，以确定无潜在性疾病存在，避免新引进动物造成本设施内已经饲养的健康动物群感染疾病。

如果供应商提供的啮齿类的实验动物质量合格证书和健康检测报告数据是最新的、完整的、能够可靠地判断引进动物的健康状况，并且排除了运输过程中遭受病原体侵染的可能性，那么这些啮齿类动物可以不需要检疫。

2. 检疫项目

按照国家标准对实验动物进行寄生虫学、微生物学等级及监测。

兔容易感染疾病，特别是兔瘟、巴氏杆菌、球虫的感染和易患胃肠炎。因此对新引进的兔特别要注意是否注射过兔瘟、巴氏杆菌、波氏杆菌和魏氏梭菌的疫苗。新引进的犬应有供应商提供的最新健康报告，还必须有犬瘟热、犬传染性肝炎、犬钩端螺旋体与犬病毒性出血性肠炎病毒等疫苗免疫的证明，无体外寄生虫（节肢动物）、弓形虫和犬恶丝虫。非人灵长类动物的检疫要特别注意，因很多用于实验的非人灵长类动物是直接从野外捕捉来的，因此需要避免人畜共患传染病，特别要防止B型疱疹病毒与结核菌的感染。

3. 检疫时间

新进动物检疫时间：啮齿类动物一般进行2周隔离，犬和猫为3周，兔类为2周，灵长类动物为3周。

三、实验期间的健康观察

正常动物具有健康的外观，眼睛清晰闪亮，皮毛光亮，皮肤完整，并具有物种典型的姿势。健康的动物还表现出正常行为，机警，反应灵敏，活跃并呈现物种特有的典型动作。异常动物外观与正常动物看起来不同，可以观察到分泌物，变色、畸形或损伤，还可以观察到异常的行为，如不寻常的姿势、气喘、自残、嗜睡、垫料上无粪尿，水瓶中的水或料斗中的饲料没有减少等。

在实验动物饲养期间，评估动物健康状况是兽医和动物饲养人员的最重要工作之一。通过外观和行为的日常观察，判断动物的健康状况是否正常。

1. 日常观察

（1）观察动物的行为、外观　每天定时进入动物房，观察安静状态下的动物有无以下异常表现或症状。表3-4和表3-5主要列出了可能在啮齿类动物、兔、犬、猫、家畜或非人灵长类动物中观察到的典型异常情况。

（2）采食和饮水观察　在大群实验动物中发现患病动物最好的时机就是投放饲料的瞬间，健康动物常踊跃抢食，而患病动物往往独立于一侧，厌食甚至拒食。饮水时健康动物一般适度喝水，但腹泻动物常饮水量大增；食欲和饮欲俱增应怀疑是否为糖尿病。发现拒食的动物应立即做进一步的检查。

表 3-4 外观异常情况

部位	外观异常简要描述
眼睛	眼睛突出、眼睛模糊、眼睛苍白/褪色、眼睑无法闭合或张开、眼睑没有完全张开或闭合、眼睛有分泌物、眼睛发红、眼睛凹陷、眼睛不明显、小眼睛、眼睑发红/肿胀、眼睑下垂、流泪
被毛/皮肤	脱毛、被毛起皱、被毛凌乱、毛发稀疏、被毛褪色、被毛竖起、皮肤肿胀、皮肤结痂、皮肤损伤、皮肤剥落、皮肤褪色、皮肤丧失弹性、坏死
口/鼻	口鼻周围皮肤褪色、流涎、有鼻腔分泌物、牙龈发白、门齿缺失、门牙断裂、牙齿错合、口鼻肿大、有泡沫性分泌物
耳	耳结痂、耳朵肿胀、耳朵褪色、耳朵流液或释放异味、耳朵撕裂、耳静脉变色
肛门/生殖器部位	子宫/阴道脱垂、直肠脱垂、肛门部位流液或散发臭味、肛门变色、阴茎突起、泌尿器官变色、阴道分泌物流出、阴茎分泌物流出
四肢/关节/尾部	四肢肿胀、肢体失去功能或肢体功能受限、自残、肢体缺失、肌肉僵硬、突起、四肢变色、尾巴褪色、尾巴缺失、尾部肿胀、尾巴滑脱
尿液/粪便	粪便变色、粪便稀少、软粪、稀粪、黏粪、干粪、无粪便、腹泻、尿液变色、多尿、尿液恶臭、少尿、无尿

表 3-5 行为异常情况

观察行为	行为异常简要描述
温度	低体温
呼吸	喘息、呼吸缓慢、呼吸急促、呼吸杂音、呼吸困难、张嘴呼吸
体态	驼背、体重降低、瘦弱、腹部胀大、歪头
活动	共济失调、步态不稳、易怒、多动症、昏睡、磨齿、匍匐、圆周运动、翻正反射受损、阵挛性抽搐、震颤/抖动、身体姿势低、运动下降、运动增加、痉挛、对刺激过敏
其他	失踪、死亡、吞食、垂死(新生动物) 眼睛模糊、眼睛发白(水生动物)

(3) 个体检查　对可疑动物应进行个体检查。首先用镊子、捕网或捕笼捉住动物，进行徒手或药物保定，然后详细检查。通过触摸背部、臀部、腿部肌肉，判定动物的营养状况；仔细检查皮肤的弹性，有无缺毛瘢痕和外寄生虫；兔子要检查有无耳螨；肛门皮肤及被毛是否被稀粪污染；眼部有无角膜炎、晶状体浑浊、瞳孔形状变化和色素沉着等。用开口器具打开口腔，观察黏膜有无出血、糜烂、溃疡、假膜、炎症；轻轻压迫喉头与气管能否引起咳嗽；触诊腹腔有无疼痛反射、较大肿块；应用体温表检查动物的体温。

2. 哨兵动物

哨兵动物通常为标准的 SPF 小鼠，利用其对传染病的高度敏感性而设置。其放置在屏障设施的动物饲养房间的中央与四角，哨兵动物的饲养盒不用过滤帽，每次换盒时向哨兵动物鼠盒内加入其他鼠盒换下的垫料，每月从哨兵动物鼠盒中取出 1 只动物用于微生物和病理学检测，并补充新的哨兵动物。

3. 传染病的预防

传染性疾病是危害实验动物健康的主要疾病。一般而言，除犬、猫和非人灵长类动物外，很少治疗实验动物疾病的原因是：药物治疗可能会影响实验结果；治疗康复后的动物可能长期带毒，成为群体中的感染源；若对小鼠、大鼠等小动物进行治疗，有时还需要特殊设备，经济上不划算。因此，在实验动物中主要强调传染性疾病的预防。

合理的环境设施是预防疾病的必备条件，设施的饲养繁殖区和动物实验区要严格分开。制定并严格执行科学的饲养管理制度和标准操作程序（SOP），如隔离检疫制度，人员、物料进出动物设施的 SOP 等有助于全程控制传染病，定期地灭菌和消毒，按国家实验动物微生物质量标准定期采样、检测，严格动物健康状况的监护，及时采取封锁、扑杀、销毁、隔离治疗（仅大型动物而言）或降级使用，如 SPF 级动物降为清洁级动物使用等技术措施可保证实验动物的饲养环境与动物质量。

此外，除啮齿类动物不注射传染病疫苗外，应定时给大型动物注射传染病疫苗。如兔应接种兔瘟疫苗，犬应接种狂犬病、犬瘟热、犬传染性肝炎和犬细小病毒肠炎疫苗，以增强对传染性疾病的抵抗力。

4. 患病动物的处理

对疑似患病动物应及时隔离，同时将动物放在生产区外的隔离检疫区内，以做进一步的检查。对动物尸体、废物、污水除按规定做进一步检查外，应按废物处理办法给予及时处理。进一步检查包括：尸体检查、病理学检查、微生物学检查、血液学检查及生物化学检查等。

四、实验动物常见传染病

1. 重要的人畜共患病

能够传染给人的疾病称为人畜共患病。从事与实验动物相关的人员因经常接触实验动物，就有更多的机会或可能感染人畜共患传染病。另外与实验动物接触的所有工作人员，也应避免作为传染源或传递媒介而将其他饲养场动物的疾病传染给自己所管理的实验动物。实验动物中比较重要的人畜共患病有以下几种。

（1）流行性出血热　由流行性出热病毒引起的一种人畜共患传染病，主要以高热、出血性肾脏损伤为主要特征。流行性出热病毒属布尼亚病毒科、汉坦病毒属，56℃加热 30min 可使 90％病毒失活，60℃加热 1h 可将其全部杀死。该病毒对紫外线敏感。带毒野鼠和实验大鼠是主要的传染源，人类主要是由于接触带病毒的宿主动物及排泄物而受感染。污染尘埃飞扬形成气溶胶吸入感染被认为是主要传播途径。感染的大、小鼠无临床症状，人感染后典型表现有发热、出血和肾脏损害三类主要症状，严重的可导致死亡。

根据临床症状作出初步诊断，确诊需进行病毒分离鉴定和血清学检查。一般用间接免疫荧光试验查抗原，酶联免疫吸附试验查抗体，空斑减少中和试验查中和抗体。

防治措施主要包括：实验大、小鼠群定期检查，发现感染鼠及时处理；加强实验室管理，防止饲料、垫料等被野鼠排泄物污染，杜绝外来传染源，特别是冬、春季节的野鼠进入；加强防护，实验人员进入动物设施应戴口罩，防止被鼠咬伤；疫苗接种。

（2）淋巴细胞性脉络丛脑膜炎　由淋巴细胞脉络丛脑膜炎病毒引起的一种急性传染病，也是人畜共患的地方性传染病，主要侵害中枢神经系统，呈现脑脊髓炎症状。淋巴细胞脉络丛脑膜炎病毒属于砂粒病毒科、砂粒病毒属，呈圆形或多形性。该病毒在小鼠、地鼠、猴、牛等多种动物和人的细胞培养物中生长，也是人和多种动物共患的传染病，小鼠、大鼠、豚鼠、仓鼠、犬、猴、鸡、马、兔和棉鼠都易感，经唾液、鼻分泌物和尿液向外排毒，也可经子宫和乳汁传给后代。

临床症状主要有大脑型、内脏型和迟发型三种情况。大脑型病鼠呆滞、昏睡、不愿动、被毛粗乱、闭眼、弓背、消瘦、面部水肿、结膜炎；肢体痉挛性收缩，头部震颤，后肢强直，1～3d 死亡，人感染发病主要呈脑脊髓炎症状。内脏型主要症状是被毛粗乱、结膜炎、消瘦、腹腔积液、昏睡而死亡。迟发型主要症状是被毛粗乱、行动异常、蛋白尿、发育不良。

根据临床症状可做出初步诊断，确诊需进行病毒分离鉴定和血清学检查。动物实验取病鼠肝、脑、脾、肺等病料制成悬液，对实验鼠进行脑内注射，6～10d 出现症状，全身和四肢抽搐痉挛。血清学诊断采用免疫荧光试验、玻片免疫酶法、酶联免疫吸附试验等方法检测抗体，其中以酶联免疫吸附试验检测效果最好。

防治措施主要包括：坚持卫生消毒制度，加强饲养管理，定期检疫、监测、净化，注意工作人员的自身防护。

(3) 猴疱疹病毒病　由猴疱疹病毒引起的人和猴共患的一种传染病。猴是疱疹病毒的自然宿主，感染率可达10%～60%。人类感染主要表现脑脊髓炎症状，多数患者发生死亡。猴疱疹病毒属疱疹病毒科、甲型疱疹病毒亚科。疱疹病毒只有一个血清型，抗原性稳定，不易发生变异。疱疹病毒的自然宿主为恒河猴，不同年龄、性别的猴均可感染疱疹病毒，性交是病毒传播的主要途径。在实验动物中，家兔对疱疹病毒最易感，任何途径接种均可感染发病。

猴子感染疱疹病毒后，初期在舌表面和口腔黏膜与皮肤交界的唇缘有小疱疹，最后形成的溃疡表面有纤维性坏死痂皮，7～14日自愈。感染猴外观无全身不适，饮食正常。患猴鼻内常有少量黏液或脓性分泌物。常并发结膜炎和腹泻。

根据临床症状可作出初步诊断，确诊需进行病毒分离鉴定和血清学检查。

防治措施主要包括：被猴抓后要立即用肥皂洗净伤口，再用碘酊消毒，患者观察3周。如发现有可疑的疱疹病毒患猴出现，要立即扑杀。

(4) 狂犬病　是由狂犬病毒引起的急性直接接触性为主的人畜共患病，主要特征为侵害中枢神经系统，呈现狂躁不安，意识紊乱，最后麻痹死亡。狂犬病病毒属弹状病毒科、弹状病毒属，可被日光、紫外线、超声波、1%～2%肥皂水、70%酒精、0.001%碘液、丙酮、乙醚等灭活，对酸、碱、石炭酸、新洁尔灭、甲醛、升汞($HgCl_2$)等消毒剂敏感。几乎所有温血动物都对狂犬病毒敏感，本病一年四季均可发生，春夏季发病率稍高，可能与犬的性活动以及温暖季节人畜移动频繁有关。本病流行的连锁性特别明显。潜伏期2～8周，最短4d，最长可达数年。根据临床症状结合咬伤史作出初步诊断，通过实验室检查、病理诊断、生物学实验、免疫荧光试验确诊。

防治措施主要包括：犬只接种狂犬疫苗，引进犬要检疫，定期免疫注射易感动物，相关人员注射狂犬疫苗，发现病犬，马上扑杀，可疑犬也要杀掉焚烧或深埋。

(5) 沙门菌病　沙门菌是一种重要的人畜共患疾病病原体，属革兰阴性杆菌，为两端钝圆的中等杆菌，具鞭毛，无荚膜，无芽孢，在一般培养基上均能生长。豚鼠、小鼠、大鼠、兔、猴、猪和犬等均易感染，主要通过消化道传播。实验动物感染沙门菌后，常呈暴发型，没有前驱症状而在4～5d时间内大批死亡。亚急性型的患病动物呈现行动呆滞，被毛蓬松，食欲不振，结膜炎，眼睑黏合，出现腹泻、颤抖、摇晃，病程延续7～10d死亡。慢性型的动物除出现上述类似症状外，还出现消瘦，延续较长时间后逐渐康复或死亡。

可根据临床症状进行初步诊断，细菌学检查可以确诊。

防治措施主要包括：饲料应妥善保管，严防野鼠、苍蝇和粪便的污染；食具、环境定期消毒；发现患病动物及时隔离或淘汰；实验动物分类隔离饲养、密度适中，以便控制和减少相互交叉感染的机会；对实验动物群定期进行检测。

(6) 弓形虫病　由孢子虫纲的弓形虫引起、能够在人和动物之间传染的重要人畜共患病。小鼠、大鼠、地鼠、豚鼠、犬和猴为中间宿主，猫为终末宿主。自然感染的小鼠、大鼠和地鼠基本不显临床症状，但组织切片上可见灶性脑炎。豚鼠主要表现肝、脾肿大，幼龄鼠可出现角弓反张，排粪、排尿紊乱。猫急性发病时出现体温升高、嗜睡、呼吸困难，有时出现呕吐和腹泻；慢性病例主要表现消瘦与贫血，有时出现神经症状，孕猫也可发生流产和死胎。

采用血清学方法（ELISA、间接血凝等）检测特异性抗体或取感染组织作涂片检查，发现虫体即可诊断。

防治措施主要包括：加强饲养管理，防止猫类对饲料、饮水的污染。淘汰动物应进行焚烧处理，严防被猫吞食。

2. 影响实验动物生产的烈性传染病

（1）鼠痘　鼠痘是小鼠的一种毁灭性、高度传染性疾病。在世界各地广为流行，常造成小鼠大批死亡，有的呈隐性感染，但在实验条件下，病毒可转化为显性感染，从而严重影响和干扰实验研究的顺利进行。鼠痘病毒属于痘病毒科，该病毒对干燥、低温抵抗力较强，但2%火碱、0.5%福尔马林、3%石炭酸可杀死其病毒。鼠痘的自然感染宿主是小鼠，传染源主要是病鼠和隐性带毒鼠，经皮肤病灶和粪、尿向外排毒，污染周围环境，可经呼吸道、消化道、皮肤伤口感染。饲养人员、蚊子、苍蝇、体外寄生虫、蟑螂等可能是本病的机械传播者。

临床上将鼠痘分急性、亚急性两种感染类型。急性型小鼠绝食、昏睡、被毛逆立松乱、头颈肿胀、结膜炎，很快死亡，死亡率60%～90%；亚急性型主要是皮肤出现皮疹，发生溃烂、坏死，形成坏疽，最后四肢和尾部断裂，病程较长。根据临床可作初步诊断，然后根据动物学实验、病毒分离、血清学诊断等进行确诊。

防治措施主要包括：经常进行检测，对死亡小鼠进行无害化处理，自繁自养净化种群，定期免疫接种。

（2）兔出血症　由兔出血症病毒引起的兔的一种烈性传染病，又称“兔瘟”，主要特征是病兔突然死亡，临死兴奋、挣扎、抽搐、惨叫。兔出血症病毒为单股RNA病毒，呈球形、二十面体，立体对称。该病只发生于家兔，主要发生于60日龄以上的青年兔和成年兔，病兔和带毒兔是主要的传染来源，健康兔与其直接接触而感染，也可通过排泄物、分泌物等污染的饲料、饮水、用具等间接传播。

根据临床症状作出初步诊断，确诊须进行病毒分离鉴定和动物实验，辅以电镜检查。

防治措施主要包括：发现病兔及时淘汰，定期进行免疫监测，引进种兔要检疫，加强饲养管理，搞好卫生消毒。

（3）仙台病毒感染　小鼠仙台病毒感染是最难控制的病毒感染之一。临床表现有两种病型，急性型多见于断乳小鼠，主要表现呼吸道症状；多数情况下呈隐性感染，可对实验研究产生严重干扰。仙台病毒属副黏病毒科、副黏病毒属，为单股负链RNA病毒。自然条件下，仙台病毒可感染小鼠、大鼠、仓鼠和豚鼠，直接接触和空气传播是仙台病毒主要的传播和扩散方式。临床症状类似感冒症状，被毛粗乱，发育迟缓，体重下降，易继发支原体感染。

根据临床症状可作出初步诊断，确诊需进行鸡胚尿囊腔培养病毒分离鉴定和血清学诊断。血清学诊断方法中酶联免疫吸附试验和免疫荧光试验敏感性和特异性较好。

防治措施主要包括：定期进行免疫监测，发现病鼠及时淘汰。

（4）小鼠肝炎　由小鼠肝炎病毒引起的一种高度传染性疾病，随毒株、品种和年龄不同，而呈现出肝炎、脑炎、乳鼠肠炎和进行性消耗综合征为特征的疾病。小鼠肝炎病毒被列为影响科学研究实验的主要病原体之一。小鼠肝炎病毒属于冠状病毒科、冠状病毒属，通常在56℃经5～10min可被灭活，37℃经几天、4℃经几个月也失去活性，但可很好地保存于－70℃环境中。病毒对乙醚和氯仿敏感。小鼠肝炎病毒只感染小鼠，感染通常是隐性或亚临床的，但总有高度的传染性。本病呈世界性分布，在中国的小鼠群中广泛流行。经口和呼吸道是自然感染的主要途径。

急性型临床症状表现为精神沉郁、饮食欲废绝、被毛粗乱、腹泻、消瘦、脱水；神经型临床症状表现为两后肢松弛性麻痹、结膜炎、全身抽搐、转圈运动，2～4d死亡。

根据临床症状作出初步诊断，确诊需进行病毒分离鉴定、电镜检查和血清学诊断，酶联免疫吸附试验（ELISA）方法相当敏感，为常用方法。

防治措施主要包括：定期进行监测，搞好环境卫生。一旦感染，淘汰整个群体。

（5）犬瘟热　由犬瘟热病毒引起的，具有高度接触传染性、致死性。早期表现双相热型、急性鼻卡他，随后以支气管炎、卡他性肺炎、严重的胃肠炎和神经症状为特征。犬瘟热病毒属副黏病毒科、麻疹病毒属，对热和干燥敏感，50～60℃即可灭活。主要的自然宿主为犬科动物，本病一年四季均可发生，以冬春季多发，不满1岁的幼犬最为易感。病犬是最重要的传染源，病毒大量存在于鼻汁、唾液中，也见于泪液、血液、脑脊髓液、淋巴结、肝、脾中，并能通过尿液长期排毒，污染周围环境。主要传播途径是病犬与健康犬直接接触，通过空气飞沫经呼吸道感染。根据临床症状、病毒分离鉴定等作出诊断。

防治措施主要包括：健康犬隔离饲养，引进犬进行2周检疫期，幼犬注射血清预防，也可进行疫苗注射。

五、实验动物的健康监测

定期对各级实验动物群进行微生物学、寄生虫学监测，以确定其是否符合原定级别，是保证实验动物质量的手段之一。通过监测可掌握动物群中传染性疾病的流行情况，及时诊断、发现并控制疾病的传播，保证动物健康。

1. 监测内容

（1）微生物监测　根据动物微生物和寄生虫控制等级的标准要求，采用病理学技术，微生物的分离、培养、鉴定技术，免疫血清学技术等，对目标微生物进行检测，检测时不能只采用某个单一方法，应选用上述各种技术中敏感性和精确度高、成熟和公认的方法，从病理学、微生物学、免疫血清学等方面综合评判。

（2）寄生虫监测　包括体外和体内寄生虫的检测，普通级动物主要检查体外寄生虫，更高等级动物则按该等级标准要求进行体外和体内寄生虫种类的检定。采用皮肤和被毛检查、病理解剖、肠道寄生虫和血液原虫的显微镜检查等，以发现虫体、虫卵和主要特征性病理变化为判别依据。

2. 监测要求

实验动物的微生物学和寄生虫学质量监测应按中华人民共和国标准《实验动物　微生物学等级及监测》(GB 14922.2—2011）和《实验动物　寄生虫学等级及监测》(GB 14922.1—2001）进行。标准中规定了实验动物微生物学和寄生虫学的等级及监测，包括实验动物微生物学和寄生虫学的等级分类、检测要求、检测程序、检测规则、结果判定和报告等，适用于地鼠、豚鼠、兔、犬、猴和清洁级以上的小鼠、大鼠。

一、实施准备

1. 阅读健康监护相关SOP。
2. 相关个人防护设施，动物房常用物品。

二、实施步骤

1. 教师提出实验动物健康监护的学习内容和目标。

2. 各学习小组制订工作计划，分配工作任务，确定本次任务的小组负责人。

3. 各学习小组仔细阅读健康监护相关 SOP 或教材中有关健康监护的资料，重点学习了解如下内容。

（1）购买动物的要求是什么？

（2）动物运输的要求是什么？

（3）动物检疫的原则是什么？

（4）如何开展健康观察？

（5）什么是哨兵动物？如何使用？

（6）有哪些主要的传染病？如何预防？

（7）实验动物健康检测的内容有哪些？

4. 分组讨论，提出所在小组的意见。每个小组推选学生代表 1 名，进行交流发言。主题是“如何保证人员和动物的健康”。结合如下问题开展。

（1）如何预防人畜共患病？

（2）患病动物如何处理？

（3）实验设施准备开展可移植性肿瘤的实验，如何进行疾病预防？

（4）一条犬麻醉后进行实验性外科手术，手术完成后送到饲养室，你应该如何开展手术后护理？

5. 分组进入实验动物设施，观察动物健康状况并进行记录。

6. 评价总结

（1）小组负责人对本小组成员的操作予以评价，并撰写本小组的工作小结。

（2）教师对各小组工作情况总结评价。

三、工作记录

1. 方案设计

组长		组员			
学习任务					
学习时间		地点		指导教师	
任务内容	任务实施				
动物购买					
动物运输					
动物检疫					
动物健康观察					
动物健康监测					

2. 人员分工

姓名	工作分工	完成时间	完成效果

3. 工作记录

(1) SOP查阅记录表

动物采购	供应商名称	
	质量合格证书编号	
	动物批号	
	购进数量	
动物运输	是否有相应的SOP	
	采用过滤保护通风口的一次性运输盒	
	提供食物和饮水	
检疫	本设施是否有检疫室	
	规定的检疫时间	
	有无哨兵动物	

(2) 观察记录表

动物品系： 动物位置： 房间号码： 笼号：
记录人： 日期： 年 月 日

采食	□ 正常	□ 异常	□ 较差	□ 完全不吃
饮水	□ 正常	□ 喝很多	□ 喝很少	□ 完全不喝
粪尿	□ 正常	□ 无粪便	□ 软便	□ 下痢
	□ 少尿	□ 尿液变色	□ 其他	
精神、行为	□ 无异状	□ 僵直不动	□ 昏迷虚弱	□ 异常兴奋
	□ 咬同伴	□ 绕圈	□ 攻击性强	□ 其他
体形	□ 无异状	□ 消瘦	□ 长瘤	□ 腹围增大
毛发	□ 无异状	□ 凌乱	□ 稀疏	□ 脱毛
皮肤	□ 无异状	□ 皮屑	□ 外伤	□ 瘙痒
	□ 红斑	□ 溃烂	□ 皮肤肿胀	□ 其他
眼睛	□ 无异状	□ 分泌物	□ 睁不开	□ 红肿
	□ 眼睛突出	□ 眼睛苍白	□ 流泪	
呼吸系统	□ 无异状	□ 流鼻涕	□ 流鼻血	□ 咳嗽
	□ 呼吸缓慢	□ 呼吸急促	□ 开口喘气	□ 其他

续表

生殖器	□ 脱垂	□ 恶臭	□ 变色	□ 分泌物
四肢/尾部	□ 四肢肿胀	□ 肢体缺失	□ 肌肉僵硬	
	□ 尾巴缺失	□ 尾部肿胀	□ 尾巴滑脱	□ 尾巴褪色
其他	□ 牙齿错合	□ 腹部胀大	□ 门齿缺失	□ 异常尖叫

任务评价

考核内容：实验动物健康监护

班级：　　　　　组别：　　　　　姓名：　　　　　　　　　年　　月　　日

项目	评分标准		分值	负责人 10%	自评 30%	教师 60%
查阅 SOP 及相关材料	评价要点	正确查阅 SOP 及相关记录	10			
		正确回答问题	10			
小组代表发言	评价要点	观点正确性	10			
		发言技巧	10			
实验动物健康观察	评价要点	正确进入动物设施	10			
		观察步骤正确	5			
		观察结果记录	15			
学习态度	将实验设备与材料摆放在合适的位置； 正确使用实验设备与材料； 积极动手操作、反复练习； 实验完成时能够及时整理实验台面、清洗实验设备		10			
动物福利	动物无剧烈挣扎、痛苦叫声； 实验结束时动物无死伤		10			
合作沟通	积极参与工作计划的制订； 按照工作计划按时完成工作任务； 乐于助人，也乐于向其他人请教； 善于提问，积极思考别人提出的问题，提出解决方案		10			
合计						
教师评语						

思考与练习

1. 实验动物房间比较紧张。有两个实验项目需要同时开展，一个使用的是小鼠，另外一个使用的是大鼠。研究人员提出，将两个实验中的动物饲养在一个房间，这样两个实验均可以同时开展，不影响进度。你觉得如何？

2. 研究人员开展一项研究，其中一个步骤是进行外科手术，然后给予某种药物，观察疗效。但是发现，有两只大鼠在手术后明显表现出疼痛，非常痛苦。如果对这两只大鼠采取安乐死，可能实验统计的数量不足，会影响到最终的结果。这时应该如何处理？

任务六　实验动物的繁育

本任务的目标是了解大、小鼠的生殖生理及繁殖概况，了解各种类型的繁育系统和成功完成繁殖方案的途径，并进行综合实训，开展封闭群小鼠的繁育。

一、生殖生理

生殖是生物体种族延续的各种复杂生理过程的总称。环境因子、气候、营养、疾病都可影响生殖。常见实验动物生殖生理指标值参见表 3-6。

1. 初情期与性成熟

(1) 初情期　指雄性动物第一次能够排出精子或雌性动物初次发情和排卵的时期，标志着动物开始具备生殖能力，此时期机体的发育最为迅速。初情期动物虽有发情表现，但不完全，发情周期也往往不正常，其生殖器官仍在继续生长发育中。一般小鼠的初情期为 30 日龄，大鼠为 50 日龄，豚鼠为 45 日龄，兔 3～4 月龄，犬为 180 日龄。

(2) 性成熟　是指雄性动物性器官、性功能发育成熟，并具有受精能力；雌性动物生殖器官发育完全，发情周期和排卵已趋正常，具备了正常繁殖后代能力的时期。到达性成熟期的动物，由于此时身体的生长发育尚未完全，故一般不宜配种，否则过早怀孕一方面会妨碍雌性动物本身的发育，另一方面也会影响胎儿的生长发育，导致后代体重减轻、体质衰弱或发育不良。初配的实际时间都在性成熟后的一段短时间，通常选在两个性周期后。

2. 适配年龄

适配年龄是指性成熟后，雄性或雌性动物基本上达到生长完成的时期，各种器官组织基本发育完善，适宜于配种。小鼠的繁殖适龄期约为 8 周，大鼠为 3 个月，豚鼠为 4 个月，兔为 3 个月。动物达到繁殖适配年龄时，小鼠体重在 20g 以上；大鼠雄性在 250g 以上，雌性在 150g 以上。

3. 繁殖功能停止期

雌性动物的繁殖能力有一定的年限，年限的长短因品种、饲养管理以及健康情况不同而

表 3-6 常见实验动物生殖生理指标值

动物种类	始发情期/日龄	繁殖适龄期	成熟体重	性周期/d	发情持续时间/h	发情性质	由发情开始至排卵	妊娠期/d	产仔数/只	新生体重/g	哺乳时间/d	离乳体重	成年体重
小鼠	30～40	8 周	20g 以上	5(4～7)	12(8～20)	全年	2～3h	19(18～20)	6(1～18)	1～1.5	21	10～12g	25～30g
大鼠	50～60	3 月	♂250g 以上 ♀150g 以上	4(4～5)	13.5(8～20)	全年	8～10h	20(19～22)	8(1～12)	5～6	21	35～40g	250～400g
豚鼠	45～60	4 月	500g 以上	16.5(14～17)	8(1～18)	全年	10h	68(62～72)	3.5(1～6)	85～90	21	♂200g 以上 ♀150～200g	500～800g
家兔	150～240	4 月	2.5kg 以上	14 （刺激性排卵）	3.5(3～4)	全年	交配后 10.5h	30(29～35)	6(1～10)	♂50～100 ♀70～80	45	0.6～1.1kg	2～7kg
金黄地鼠	20～35	8 周	♂80～130g ♀95～150g 以上	4(4～5)	♂4(4～5) ♀6(12)	全年	8～12h	16(15～19)	7(3～14)	1.3～3.2	21	37～42g	110～125g
比格犬	180～240	12 月	5～20kg	180 (126～240)	9(4～13)d	春秋两次	1～3d	60 (58～63)	7(1～20)	200～500	60	1.5～3kg	7～12kg
猫	180～240	12 月	2～3kg	4(3～21)	4(3～10)d	每年两季发情，每季数次	交配后 24h	63(60～68)	4	90～130	60	2.5～1kg	2.5～5.5kg
猕猴	36～40 月	48 月	♂5kg 以上 ♀4kg 以上	28(23～33)	4～6d	11 月至次年 3 月发情一次	月经开始后第 11～15 日	164 (149～180)	1	300～600	6～8 月	1.5～1.8kg	4～12kg

异。雌性动物到达老年时，卵巢生理功能逐渐停止，不再出现发情和排卵。一般实验动物在此之前就予以淘汰。比如，小鼠性活动可维持1年左右，作为种鼠使用时间一般为6～8个月，之后其繁殖能力下降，仔鼠质量越来越差，因此应予淘汰。近交系小鼠一般连续生产5～6胎，即可淘汰。

二、繁殖管理

大鼠与小鼠繁育管理规范

1. 发情鉴定

发情鉴定是动物繁殖工作中一项重要技术环节。通过发情鉴定，可以判断动物的发情阶段，预测排卵时间，以便确定配种适期，及时进行配种或人工授精，从而达到提高受胎率的目的，还可以发现动物发情是否正常，以便发现问题，及时解决问题。

一般发情的大鼠和小鼠有三个特点：发红、肿胀、阴道张开。未发情鼠阴道形状拉长，阴道未张开，不出现肿胀，而发情雌鼠阴道上部肿胀，张开并呈现亮红色。

雌豚鼠为全年多发情期动物，发情的雌鼠有典型的性行为，即用鼻嗅同笼其他豚鼠，爬跨同笼其他雌鼠。与雄鼠放置一起，则表现为典型的拱腰反应，即四条腿伸开，拱腰直背，阴部抬高。将一只手的拇指和食指，放在雌鼠的两条后腿之间，生殖器两侧，髂骨突起前部，很快有节奏地紧捏，发情的雌鼠会采取交配姿势。检查雌鼠是否发情也可取阴道涂片，通过观察其角化上皮细胞是否积聚来确定。雌豚鼠性周期为15～16d，发情时间可持续1～18h，平均6～8h，多在下午5点到第二天早晨，排卵是在发情结束后。

地鼠的发情周期为有规则的4日循环，发情阶段通常在晚上，发情期后的早晨可见厚厚的突出于阴道外黏稠的分泌物，如果看不见，微微施加一点压力即可显现。用手指轻压能黏附于手指并拉出3～4cm长的细丝，这个特异的、有规律的排泄物对鉴定地鼠的发情阶段是很有用的。

犬是季节性发情的动物，除阴户肿胀、微微发红外，犬进入发情前期的最明显的特征是阴道排出红色带血的物质，阴道涂片中出现大量的红细胞，这一时间约持续9d。其后排泄物由红逐渐变淡，变得清亮，雌犬也乐于接受雄犬的爬胯，犬进入发情期。犬的发情期可持续11d。通常在发情期开始后2～3d排卵（见红后11～12d）。犬排卵后，卵母细胞才开始走向成熟，通常需经历35h卵母细胞才达到成熟的中期。犬的发情后期约持续2个月，犬不接受雄性动物的爬胯，阴户肿胀、阴道涂片中的红细胞逐渐消失。犬在发情期后有一个较长的不发情期，长达4个月左右。

2. 配种鉴别

除了人工辅助交配的实验动物以外，要观察小动物的交配是耗费时间的，也是困难的，因为正常交配均发生于夜晚，但在动物的实验与研究中，管理人员必须知道雌性动物交配的时间，从而能掌握怀孕阶段与分娩时间。证明已交配过的方法有阴道涂片法和阴道栓检查法。

（1）阴道涂片法　通过阴道涂片检查阴道中是否存在精子，如有即证明动物已交配过。涂片的方法与探测发情周期的方法一样。

（2）阴道栓检查法　大鼠、小鼠经常使用阴道栓检查是否交配。雌鼠交配后，在阴道口形成一个白色的阴道栓，是公鼠的精液、母鼠的阴道分泌物和阴道上皮混合遇空气后变硬的结果，可防止精子倒流，提高受孕率。阴道栓常视为交配成功的标志。阴道栓在交配后12～24h自动脱落。大鼠配种不久，阴道栓塞会收缩，易于丢失，可将大鼠放入带有承粪盘的鼠盒里，配种后第二天在纸上找到1块或碎裂成数块的栓塞，说明大鼠已于夜晚发生了交配。

3. 怀孕与分娩的护理

小动物的孕期护理较少。一般要求喂给含有高蛋白的繁殖饲料。保持安静的环境。

由于雌性动物产仔过多、产后雌性动物死亡或不具有哺乳能力时，必须将幼仔转交给另一个雌性动物哺育，称之为“代乳”。在周期性地采用核心种群剖宫产时，常把幼仔给无菌动物或悉生动物代乳并隔离饲养，代乳是重建健康种群的基本手段。雌性动物依靠气味辨别是否是自己的幼仔，因此，必须设法混淆气味使乳母无法辨别。可选择一些无毒的、气味持久的材料涂在窝内各幼仔身上，也可用乳母的粪尿或湿的垫料涂在刚移入的代乳动物身上。实验动物各窝产仔数是不等的，把产仔多的给产仔少的代乳称为“均窝”。均窝不仅能生产更多的实验动物，更重要的是各乳母带仔数相等，断乳时能得到更多均一的动物，从而大大提高了配种动物的繁殖利用率。

断乳的方法是简单的，只要把乳母和其哺育的幼仔分开即可。在哺乳期就应给幼仔吃干饲料，这样幼仔一旦断乳就能适应干的日粮，并有利于生长发育。如果因实验需要幼仔必须提前断乳，断乳前就应给这些幼仔更好的哺育条件，以确保断乳期的提前。

4. 选种与淘汰

选种在繁殖效率上起着重要的作用，留种动物必须是健康、年轻、不具有攻击性的，雌性动物应该具有良好的母性。

种用动物必须具有本品种、品系特征，并在微生物质量上要达到相应等级的质量标准。

对有疾病或子代遗传性能不良的，应该进行淘汰。淘汰种用动物时，一般以饲养室为单位进行。如果第一胎产仔太小或太弱，应及早淘汰。

5. 繁殖记录

翔实的记录是科学管理配种的关键之一，实验动物生产繁殖中的记录工作非常重要，应随时记录生产情况并及时总结，以发现和解决生产中出现的任何问题。

种群记录和生产记录包括系谱记录、品系记录、个体记录、繁殖记录和工作记录。繁殖群体一般应该记录如下数据：①繁殖卡，包括品种、编号、父母鼠号、出生日期、同窝个数、配种比例及繁殖情况等，繁殖卡应长期保存；②留种卡，包括品种、编号、父母鼠号、出生日期、同窝个数等；③生产记录和工作日志，如断乳日及断乳数、断乳动物性别、兽医相关资料等。

三、封闭群的繁育体系

1. 随机交配及随机交配制度

随机交配是指群体内每个个体与异性个体交配机会均等的交配方式。随机交配的动物群能够贮藏原始动物群中的遗传差异，保持各代间群体中等位基因频率稳定不变。由于基因处于杂合状态，随机交配的繁育群生活力强、发情早、产仔率高、胚间隔短、初生仔鼠死亡率低、生长迅速、抗病力强和易于饲养。在实验动物生产上合理利用，可以减少投资、简化操作，获得均一性好、生活力强的实验动物。

根据封闭群遗传学要求，封闭群中不应产生小群体，也不应改变封闭群特有的杂合性，应保持其遗传基因的稳定及其异质性和多态性，留种时应尽可能多地保留繁殖个体。因此维持和生产应该采用随机交配制度，以使近交系数的上升率不超过1%。根据封闭群的大小，可选用如下的繁殖方式。

(1) 随选交配法　当封闭群的数量很多时，一般选用该法。即从整个种群中随机选取种用动物，然后任选雌性动物交配繁殖。

（2）最佳避免近交法　留种时，每只雄种动物和每只雌种动物，分别从子代各留一只，作为繁殖下一代的种动物。动物交配时，尽量使亲缘关系较近的动物不配对繁殖，此编排方法简单易行。某些动物品种，如犬、猫、家兔等，生殖周期较长，难于按上述方式编排交配。只要保持种群规模不低于10只雄种，20只雌种的水平；留种时每只雌雄种各留1只子代雌、雄动物作种；交配时尽量避免近亲交配，则可以把繁殖中每代近交系数的上升控制在较低的程度。

（3）循环交配　将封闭群划分成若干个组，每组包含有多个繁殖单位（一雄一雌单位、一雄二雌单位、一雄多雌单位等），安排各组之间以系统方法进行交配。循环交配法广泛适用于中等规模以上的实验动物封闭群。其优点一是可以避免近亲交配，二是可以保证制种动物对整个封闭群有比较广泛的代表性。

2. 封闭群的维持与生产

（1）封闭群的引种、选种与留种　应尽量保持群内基因频率的分布平衡，以非近亲随机交配方法进行繁殖，每代近交系数上升度不得超过1%。一般而言，随繁殖代数的增加，近亲交配的概率增加。所以封闭群在繁殖过程中应避免种鼠仅生育1～2胎即淘汰，以减少种群代数的快速增加。

封闭群动物在引种时，所引动物必须遗传背景明确，来源清楚，有较完整的资料（包括品系名称、近交代数、遗传基因特点及主要生物学特征等），为保持封闭群动物的遗传异质性及基因多态性，引种动物数量要足够多，小型啮齿类封闭群动物引种数目一般不能少于25对。

在选择留种动物时，小鼠、大鼠、地鼠等一般要求体型符合品系标准，被毛光泽，生长发育良好；亲代繁育生产记录完整，受孕率高，母鼠产仔数多，断乳成活率高，离乳仔鼠健康，胎间间隔短；雄鼠两侧睾丸发育良好且匀称。尽量选择第二、第三胎实验动物留种。适配日龄：大鼠90日龄左右，小鼠70日龄左右。根据种鼠生产能力及时更新换种，一般种鼠生产5～6胎次应淘汰。兔、犬的留种要求公兔和雄犬雄性强，母兔和母犬母性要好，体质健壮，发育正常，行动活泼，繁殖力、抗病力和遗传力都强的个体。

各实验动物应详细记录育种卡片。

（2）封闭群的种群大小、选种方法及交配方法　是影响封闭群的繁殖过程中近交系数上升的主要因素，应根据种群的大小，选择适宜的繁殖交配方法。

① 当封闭群中每代交配的雄种动物数目为10～25只时，一般采用最佳避免近交法，也可采用循环交配法。

② 当封闭群中每代交配的雄种动物数目为26～100只时，一般采用循环交配法，也可采用最佳避免近交法。

③ 当封闭群中每代交配的雄种动物数目多于100只时，一般采用随选交配法，也可采用循环交配法。

（3）封闭群的生产　可根据实际情况，选择长期同居法或定期同居法。

（4）繁殖计划　根据使用计划确定配种日期非常重要，医学实验通常对大鼠和小鼠体重或日龄要求较为严格，如不按使用计划配种，可能造成延误实验或造成小鼠和大鼠超重而被迫淘汰。

配种计划一般按以下公式进行计算。

配种日期＝使用日期－(性周期＋怀孕期＋要求日龄)

配种数量＝计划总数÷8(1∶1配种)

例如：计划于7月9日需要60日龄的大鼠400只，那么配种日期应倒推4＋21＋60＝

85 天，即是今年 4 月 15 日。

配种数量为 400 只÷8＝50 只雌鼠。

四、近交系的繁育体系

1. 近交系育种方式

近亲繁殖的目的为增强纯合性。近亲繁殖是将亲缘关系比较近的个体进行交配。如兄妹、母子和父女之间的交配等。近亲繁殖的结果是纯合子的数量增加，而杂合子数量减少。这种近亲程度常用近交系数表示。

近交系小鼠和大鼠，一般采用以下三种方法进行繁殖，见图 3-12。

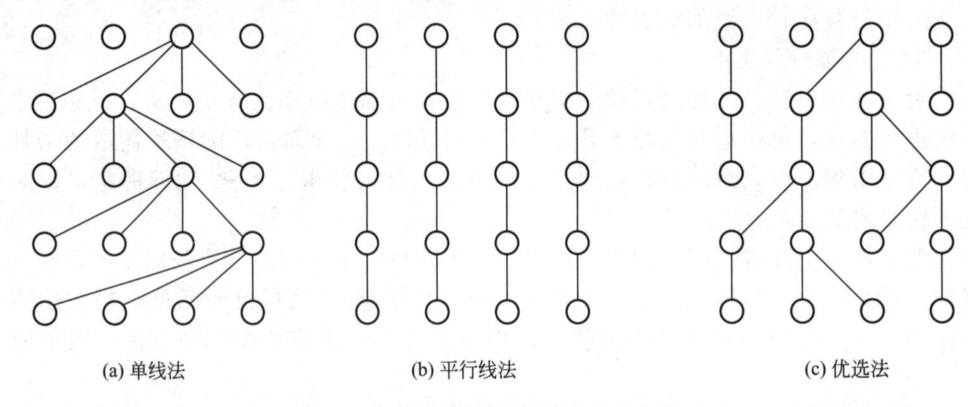

图 3-12 近交系核心群繁殖基本方式

(1) 单线法　从近交系原种选出 3～5 对兄妹进行交配，从中选出生产能力最好的一对进行繁殖，从子代种再选出 3～5 对进行繁殖，然后从中选出一对作为下一代的双亲，依此类推。此法个体均一性好，缺点是选择范围太小，易发生断代的危险，在实践中一般不予采用。

(2) 平行线法　从原种选出 3～5 对兄妹进行交配，每对生产的子代中都要选留下一代种鼠，平行向下延续。此法优点是选择范围大，有利于种的维持；其缺点是个体不太均一，易发生分化，长期下去可使动物分成不同的亚系。

(3) 优选法　这种方法保留了上述两种的优点，克服了两个方法的缺点，是较好的保种方法。如果每代选 6 对，每对都选自同一双亲的子代同胎兄妹，在繁殖过程中，每一代均保持 6 对，当某对不怀孕或生产能力低时，则可以从另一对所生的后代中选择优良者加以代替。这种代替，可以是一对，也可以从雌雄中选一只。

2. 近交系的生产

(1) 引种　近交系的维持和生产繁殖用原种小鼠必须遗传背景明确、来源清楚、有完整的谱系资料，包括品系名称、近交代数、遗传基因特点及主要生物学特征等。引种小鼠应来自近交系的核心群（引种动物可来自国家种子中心近交系的血缘扩大群或生产群），引种数量不限，以 2～5 对同窝个体为宜。小鼠近交系一旦育成，应按保种的有关规定，维持其特定的生物学特征的稳定，保持其基因同一性和纯合性。

(2) 繁殖　近交系动物通常采用“红绿灯繁殖体系”。在红绿灯繁殖体系中，近交系小鼠的维持和生产包括 3 个群。生产过程一般是核心群移出种子，经血缘扩大群扩增后，建立生产群，由生产群繁殖仔鼠供实验使用。当近交系动物生产供应数量不多时，一般不设血缘扩大群，仅设核心群和生产群。近交系繁殖见图 3-13。

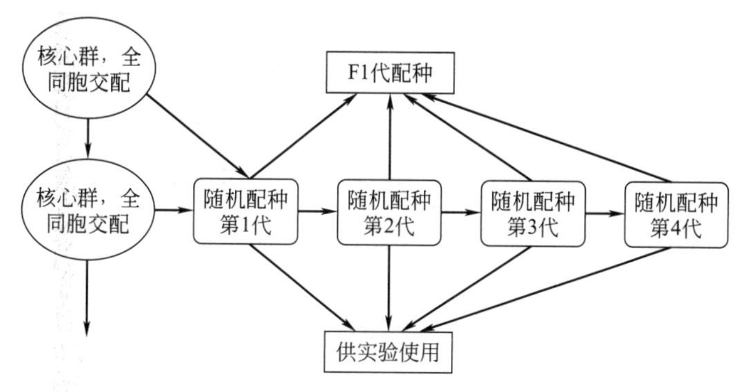

图 3-13　近交系繁殖

① 核心群。设核心群的目的，一是保持近交系自身的传代繁衍，二是为扩大繁殖群提供动物种群。核心群严格采用全同胞兄妹交配，应保证小鼠不超过 5～7 代能追溯到一对共同祖先。核心群应设动物个体记录卡（包括品系名称、近交系代数、动物编号、出生日期、双亲编号、离乳日期、交配日期、生育记录等）和繁殖系谱。

② 血缘扩大群。种鼠来源于核心群，采用全同胞兄妹交配繁殖。用来扩大群体个体数量，为生产群提供种鼠。血缘扩大群应设个体繁殖记录卡，血缘扩大群小鼠不应超过 5～7 代而能追溯到其在核心群的一对共同祖先。

③ 生产群。目的是生产供应实验用近交系动物。生产群种用动物来自核心群或血缘扩大群。一般以随机交配方式进行繁殖，随机交配繁殖代数一般不应超过 4 代，并设繁殖记录卡。为了便于控制，随机交配不超过 4 个世代，可采用挂指示牌的方法：从扩大群来的种鼠 F0 代挂白牌，F1 代挂蓝牌，F2 代挂黄牌，F3 代挂红牌。红牌表示已繁殖到第三世代，需更换种鼠，从扩大群取来种鼠继续生产，此即红绿灯繁殖体系。

为保证上述种群连续性，应做好配种计划。在生产中从核心群到生产群必须控制在 15 代以内，即生产群的小鼠上溯 15 代可在核心群找到共同祖先。各群之间不能有小鼠逆向流动。当小鼠出现断代时，可从血缘扩大群中选谱系记录清楚的小鼠重新建立核心群。

3. 杂交一代（F1 代）的繁殖

繁殖杂交一代的目的是为了在一定时间内提供大量遗传均一、体重相等、年龄接近的实验动物，因此交配方法最好选用定期同居交配法（非频密繁殖法）进行繁殖。

父系与母系互相交换产生的杂交鼠其特性也各有不同，因此杂交鼠的生产一定要知道父系或母系出处。这通常可由杂交鼠名字看出，其命名先写母系再写父系，例如：BCF1 小鼠是由 C57BL/6♀ X BALB/c♂，又如 B6D2F1 小鼠是由 C57BL/6♀ X DBA/2♂杂交而来，常有研究人员不明白而混淆，配种时宜小心。

五、突变系的繁育

对突变系，由于需要保持突变基因，或者当突变基因引起两性中一性或两性不能繁殖时，有时需要考虑采用特殊的交配方式。

1. 隐性纯合突变基因对繁殖没有影响

啮齿动物中大多数常见毛色的基因属于这种类型。隐性纯合能良好地生活和繁殖。如带有白化基因（c）的白化鼠之间交配，就能生产全部白化的后代。

$$cc \times cc \rightarrow cc\text{(白化)}$$

2. 突变

繁殖显性突变原种，最常用的交配方法是采用杂合子突变与正常动物交配，产生一半的突变型和一半正常的子代。如小鼠短卷毛基因：

$$\text{Re}+(\text{短卷毛})\times++(\text{正常})$$

$$\downarrow$$

$$\frac{1}{2}\text{Re}+(\text{短卷毛}):\frac{1}{2}++(\text{正常})$$

如果是杂合子之间的交配，则将能生产 3/4 突变型和 1/4 正常子代。

$$\text{Re}+(\text{短卷毛})\times\text{Re}+(\text{短卷毛})$$

$$\downarrow$$

$$\frac{1}{4}\text{ReRe}(\text{短卷毛}):\frac{1}{2}\text{Re}+(\text{短卷毛}):\frac{1}{4}++(\text{正常})$$

3. 隐性纯合中的雄性或雌性之一繁殖不良

有的突变型缺陷严重地危害纯合子动物的生理功能，而使其丧失繁殖能力。例如小鼠隐性“无毛”(hr)，因为纯合子（hr/hr）母鼠不能哺育乳鼠，所以不能用纯合子之间的交配。但因无毛雄鼠能繁殖，因而采用无毛雄鼠与杂合（+/hr）雌鼠回交的繁殖方法。

$$\text{hr/hr}\,♂\times+/\text{hr}\,♀$$

$$\downarrow$$

$$\frac{1}{2}\text{hr/hr}:\frac{1}{2}+/\text{hr}$$

由于纯合型裸雌小鼠（nu/nu）受孕率低，乳腺发育不良且有食仔的习惯，约 2/3 的纯合裸雄鼠不育和所有纯合裸雌鼠不哺育仔鼠。因此在这种情况下，只有采用纯合型雄鼠与杂合型雌鼠交配（nu/nu ♂×+/nu♀），其后代将出现表现型正常的仔鼠和裸鼠，比例为 1∶1。裸鼠的繁殖见图 3-14。

nu/nu ♂ × +/nu ♀

↓

+/nu 供繁殖　　nu/nu 供实验

图 3-14　裸鼠的繁殖

4. 隐性纯合中的两性都不能繁殖

如果隐性纯合的两性都不能繁殖，则饲养繁殖该基因型的原种就较为困难。小鼠垂体性侏儒（dw）基因就是一个例子，纯合子侏儒（dw/dw）缺乏垂体生长激素并且两性都不育。假如采用杂合子之间的交配，即能生产 1/4 侏儒和 3/4 正常的子代。

$$+/\text{dw}\times+/\text{dw}$$

$$\downarrow$$

$$\frac{1}{4}\text{dw/dw}(\text{侏儒}):\frac{1}{2}+/\text{dw}(\text{正常}):\frac{1}{4}+/+(\text{正常})$$

表现型正常的动物中有 2/3 是杂合子（+/dw），适用于繁殖侏儒鼠，但是在外貌上无法与正常纯合子（+/+）相区别，所以表现型正常的动物用“+/dw?”标记。测试外貌正常的基因型要经过试验。其方法有二。

(1) 取一只表现型正常的（+/dw?）与另一只已知的杂合子（+/dw）交配，如其子代产生 1/4 侏儒仔，则可证明此待查+/dw? 动物是+/dw；如这种试交的结果，子代中没有侏儒仔，则该动物是＋/＋。

（2）把未知的子代互相随机交配。表现型正常的动物有 2/3 机会是杂合子（＋/dw）。这样合在一起将有(2/3)×(2/3)＝4/9 的机会是预期的基因型。因此，可以平均接近 1/2 产生侏儒仔。如果交配结果不产生侏儒仔，则必然是这一对中有一只或两只是正常的纯合子（＋/＋）。

一、实施准备

1. 动物饲养、繁殖、消毒灭菌相关 SOP。

2. 相关个人防护设施、动物房常用物品、饲养用具、每组一对 7～15 周龄小鼠（雌雄各半）。

二、实施步骤

1. 教师提出本任务的学习内容和目标，即选择封闭群小鼠进行交配，观察交配情况，进行日常饲养管理和清洁消毒工作，直至新生小鼠产出，断乳。

2. 各学习小组制订工作计划，分配工作任务，确定主要负责人，形成纸质文件。要求小组负责人带领小组成员顺利完成工作任务。日常管理每天 1 人轮换，直至小鼠断乳。

3. 小鼠繁殖流程

（1）交配

① 种子的选择。分别从两笼中选择 7～15 周龄雌鼠和雄鼠各一只，编上个体号码以便于管理，原则上选取发育较好、体格健壮，并符合品系特征的动物作为种用动物。放入到新的笼子中，记录品系、编号、性别，并把记录卡贴在鼠盒上。

② 交配比例。♂1∶♀1，长期同居。

（2）阴道栓检查　在每天光周期结束前，将雌性小鼠同确认有生育能力的雄鼠成对合笼（一般做法是下午 5～6 点合笼），第二天上午 7～8 点检查阴道栓。阴道栓指小鼠交配后，精液在阴道内凝固，堵在阴道中的白色栓塞。小鼠的阴道栓比较牢固，可在阴道内留存较长时间。

可直接观察或用镊子等器械来辅助观察。在检查阴道栓时，将小鼠移动至不锈钢网罩上，以拇指及食指抓紧小鼠的尾端并将其他没用到的手指放在小鼠的荐骨及腰部附近，向后上提，使前爪抓住网罩，身体绷直，易于观察小鼠阴道栓。如使用辅助器械时，切忌将器械深入小鼠阴道，触碰小鼠子宫颈，触碰后会引起小鼠机械性假孕。

（3）产出、哺育

① 母鼠产后检查产仔数，安乐死或颈椎脱臼法处死公鼠。产后第 4 天后检查出生幼仔有无畸形和异常，且避免刺激母鼠，确定正常的仔鼠让母鼠哺育。

② 按规定格式，记录母鼠的编号、产仔数、淘汰数。

③ 给料和换盒时，要观察母鼠和仔鼠各种状态。

（4）异常处理　发现死亡、不孕、不能哺乳、食幼仔等异常现象，按 SOP 要求进行处理。

（5）日常工作

① 巡视房间的所有设施和动物，记录温湿度及压差。

② 给食给水、更换笼盒。按照SOP要求饲喂动物。灭菌饲料使用料铲给食，不能直接用手拿取。用水瓶供水，每周至少更换2次。每周更换笼盒2次，产后动物1周后进行更换。大小鼠的笼盖及食盒，每月更换1次以上。在更换笼盒时，以消毒液揩布擦拭饲养架。

③ 观察动物活动情况，如果发现死亡动物，立即进行处理。

④ 按照SOP要求进行日常饲养室清理，擦拭消毒和空气喷雾消毒，并进行记录。

⑤ 按照SOP要求进行高压灭菌操作。

（6）离乳

① 小鼠3周龄离乳。离乳后，安乐死或颈椎脱臼法处死母鼠。

② 离乳后，除去畸形、发育极差、尾卷曲或断尾的以及腹泻等异常的小鼠。记录离乳日、只数。

③ 结束本次实训任务。

4. 所有学生撰写自己的工作记录

5. 评价总结

（1）小组负责人对本小组成员的操作予以评价，并撰写本小组的工作小结。

（2）教师对各小组工作情况总结评价。

三、工作记录

1. 方案设计

组长		组员			
学习任务					
学习时间		地点		指导教师	
任务内容	任务实施				
选择小鼠					
交配合笼					
检查阴道栓					
日常饲喂和消毒灭菌					
产仔观察					
安乐死					
离乳					

2. 人员分工

姓名	工作分工	完成时间	完成效果

3. 工作记录

(1) 繁殖记录

品种	编号	性别	公鼠号	母鼠号	合笼时间	阴道栓	产仔日期	产仔数	淘汰数	仔鼠死亡

(2) 温、湿度记录，压差、消毒灭菌记录及动物健康观察记录等与此前的任务相同。

任务评价

考核内容：实验动物的繁育

班级：　　　　组别：　　　　姓名：　　　　年　月　日

项目	评分标准		分值	负责人 10%	自评 30%	教师 60%
交配	评价要点	正确选择种鼠，并填写记录	5			
		阴道栓检查	10			
产出、哺育	评价要点	安乐死处理公鼠	5			
		母鼠产仔记录	5			
异常处理	评价要点	正确进行异常处理并记录	5			
日常工作	评价要点	巡视记录	5			
		正确喂食并记录	5			
		日常清洗消毒并记录	5			
		日常观察并记录	5			
		高压灭菌	5			
离乳	评价要点	将离乳仔鼠放入新的笼子，并记录离乳情况	10			
		安乐死处理母鼠	5			
学习态度	认真完成个人分配的任务；在规定的时间正确完成工作；积极动手操作；提交材料完整、正确		10			
动物福利	注重动物福利，无虐待动物现象		10			
合作沟通	积极参与工作计划的制订；按照工作计划按时完成工作任务；乐于助人，也乐于向其他人请教；善于提问，积极思考别人提出的问题，提出解决方案		10			
合计						
教师评语						

思考与练习

撰写实验动物繁殖的报告，阐述你的感受。

项目四　动物实验操作技术

学习目标

1. 了解动物实验的基本原则。
2. 能进行小鼠、大鼠的采血操作。
3. 能进行小鼠、大鼠的灌胃操作。
4. 能进行小鼠、大鼠的注射给药操作。
5. 能进行小鼠、大鼠的麻醉和安乐死操作。
6. 能进行豚鼠和兔的口服给药操作。
7. 能进行豚鼠和兔的采血操作。
8. 能进行豚鼠和兔的注射操作。
9. 能进行犬的采血、注射给药操作。
10. 了解非人灵长类动物、实验猪和水生动物的抓取、保定、给药操作。
11. 加深对动物“3R”原则和动物福利的认识，并在实验过程中予以贯彻，人道对待实验动物。

课时建议与教学条件

本项目建议课时 30 学时。

各种规格注射器，大鼠、小鼠灌胃针，兔灌胃管，大鼠，小鼠，兔子，犬，豚鼠。

任务一　大鼠、小鼠的实验操作

动物在生物科学和医药研究中起着重要作用，因为动物可以从多方面模拟人类疾病。动物必须进行合适的处理，以控制研究变量，防止对操作者和动物造成伤害。动物实验时应对危害、操作动物和使用设备有正确的认识，操作必须严格遵守 GLP 和 SOP 规定。小鼠和大鼠是最常用的实验动物，在本任务的学习中，我们将了解动物实验的基本原则和要求，学习掌握小鼠和大鼠的编号分组、注射给药、口服给药、采血、麻醉和处死的操作，并培养团队合作意识。

一、实验动物的选择原则

实验动物选择的基本原则是从研究的目的和实验要求出发，以最短时间、最少的人力物力获得明确、重复性好的结果。对动物有三个基本要求，即要求个体间的均一性、遗传的稳定性和容易获得。

1. 尽量选择与研究对象的功能、代谢、结构及疾病性质类似的动物

（1）研究动物疾病　必须满足研究和经济两方面的要求。如猪瘟疫苗的安检首选是小鼠而不是猪；狂犬病疫苗安检使用小鼠，不仅经济而且安全。

（2）研究人类疾病　最好选择在生物进化过程中与人类接近的非人灵长类动物，或生理、毒理和对疾病的反应与人类似的动物，如猴、猩猩等。猕猴的生殖生理非常近似于人，月经周期也是28d，可用于生殖生理、计划生育及避孕药的研究。犬具有发达的血液循环系统和神经系统，其消化生理、毒理和对疾病的反应都和人类近似，适用于生理学、营养学、药理学、毒理学、行为学和外科手术学上的研究。

2. 根据实验目的按动物的解剖生理特点来选择动物

了解各种实验动物的解剖特点，根据这些特点来选择动物，既能简化操作，又能使实验易于成功。如家兔体温变化十分灵敏，最易发生热反应，反应典型恒定，所以做致热源实验宜选用家兔。而大、小鼠性成熟早，适合用于避孕药的筛选。小鼠体型小、性情温顺、易管理，对外来毒素和病原体敏感，所以适用于各种药物的毒性试验，微生物、寄生虫的研究，半数致死量的测定。大鼠无胆囊，不能选作胆囊功能的研究。豚鼠体内缺少合成维生素C的酶，适用于维生素C缺乏的研究。在做呕吐反应实验时，不应选择小鼠、大鼠、兔和豚鼠，因为它们的呕吐反应不敏感，而应选用敏感的鸽、犬、猴和猫。

3. 根据实验动物品种、品系的特点来选择动物

不同品种或品系的动物对同一种刺激反应差异很大，如DBA小鼠对噪声敏感、A系80%的繁殖母鼠均患乳腺癌等。

4. 根据生物医学研究必须达到的精确度来选择实验动物

一般来说，急性毒性试验对动物要求不高，但致癌、致畸、慢性毒性试验、生化试验、免疫学试验等，对精度要求较高，必须排除体内外微生物寄生虫及遗传上个体差异所带来的不利影响。为了避免遗传上的差异，对实验产生不利影响，可选近交系动物。但突变系的动物有些具有与人类相似的疾病，如高血压、T淋巴细胞免疫缺陷、糖尿病、肌肉萎缩症等，精确实验中为了避免微生物干扰应选GF、SPF动物。当然，为了使实验结果精确可靠、重复性和可比性好，最好选用标准化的实验动物在标准条件下进行实验。

二、实验动物选择应注意的问题

动物对外界刺激的反应存在着个体差异，为了减少实验误差，确保实验结果的准确性、稳定性及可重复性，在选择实验动物时应考虑动物的年龄、体重、性别、生理状态、健康状况及动物品系、微生物等级等。

1. 年龄、体重

在选择动物年龄时，应注意到各种实验动物之间、实验动物与人之间的年龄对应，以便进行分析和比较。动物体重除与年龄密切相关外，还与其品系（种）、营养状态、饲养管理等因素有关，动物体重过轻、过重均可能存在问题，会影响到实验的结果。正常情况下应选择体重正常、年龄符合实验要求的动物。

2. 性别

有的动物在对病毒感染的反应中存在性别差异，例如少数近交系小鼠的雄性表现出对柯萨奇B-1病毒感染引起的肝炎比雌鼠更为敏感。一般来说，实验若对动物性别无特殊要求，

则宜选用雌雄各半。

3. 生理状态

动物的生理状态（如怀孕、哺乳等）对实验结果影响很大，因此实验不宜采用处于特殊生理状态的动物进行，如在实验过程中发现动物怀孕，则体重及某些生理生化指标均可受到严重影响。

4. 健康状况

动物的健康状况对实验结果正确与否有直接的影响。通常在进行实验前，应检查动物的健康状况，如健康小鼠应被毛整齐顺滑有光泽，耳部、鼻子和嘴巴干净。

单纯的健康检查不能完全确定动物是否健康，因为有些疾病存在潜伏期，常无明显症状。一般在实验前，选好的动物需进行 7～10d 的预检，同时使动物适应新的饲养条件。

5. 品系、等级

一般情况下，近交系动物的生物反应稳定性和实验重复性都较封闭群好，封闭群动物和杂种动物在实验的重复性上有一定的问题。

SPF 动物是正常的健康无病动物模型，应用这类动物能排除疾病或病原的背景性干扰；普通动物具有价廉、易获得、饲养设施简便、容易管理等特点，但选用时应考虑微生物对实验结果有无影响。

6. 文献资料多

文献资料较多的动物了解比较透彻，在开展实验时不可预料的影响相对较少。比如，先天性 T 淋巴细胞免疫缺陷的裸小鼠常用于肿瘤、免疫及微生物的研究，有关它的资料比较多。

7. 选择与实验设计、技术条件匹配的动物

实验方法及条件相适应的标准化动物要避免用高精仪器、试剂与低品位动物相匹配，或用低性能测试手段与高品位动物相匹配。一般在不影响实验质量的前提下，选用最易获得、最经济、最易饲养管理的动物。

8. 选择有利于实验结果的动物

（1）一般选择成年动物来进行实验。慢性实验时，可选择年幼、体重较小的动物。

（2）雌性动物性周期的不同阶段以及怀孕、哺乳时的抗体特性有较大改变，因此一般优先选用雄性动物或雌雄各半做实验。

（3）健康动物对各种刺激耐受性大，实验结果稳定，因此一定要选择健康动物。

（4）不同实验季节和时间昼夜不同，动物的机体反应有一定的改变。如动物的体温、血糖、基础代谢率、内分泌激素的分泌等均会发生昼夜性变化。

（5）药物毒理等实验应选用两种以上动物，其中之一应是非啮齿类动物，常用的顺序是小鼠或大鼠→犬或猴。

三、动物实验前准备工作

饲养实验动物的目的是为了进行动物实验，以满足科研工作的需要。在进行动物实验之前，应做以下几方面的工作。

（1）搜集相关资料，选择合适的实验动物。

（2）购入或领取实验动物，并向供应单位索取由国家主管部门所颁发的质量合格证书及动物的相关资料，包括实验动物来源、种类、品系、年龄、性别、体重、健康状况等。

（3）进行体表检查　外购动物应先隔离检疫 7～10d，用于实验组和对照组的动物，在

动物实验前进行体表检查，内容包括发育状态、营养状态、精神状态、感觉器官、可触及的消化器官、淋巴结、被毛和皮肤等。

（4）准备所需的实验器材。

（5）准备好个人防护设备（PPE）。

四、动物实验结束后处理动物

（1）全程实验结束后，除有些实验根据需要取出有关脏器组织做组织学分析或解剖学观察外，一般应将动物安乐死。

（2）死亡的动物、相应的器官组织等统一放入塑料袋内，由专人负责集中到动物尸体储藏柜，定期送至指定的处理动物地点进行集中焚烧。

（3）动物处死后，及时将动物笼清洗消毒，防止有其他病毒或传染疾病带入实验室。

五、动物的标记与识别

动物标记以及识别是实验动物设施中每个人操作动物最重要的技能之一，是日常饲养、动物抓取、换笼、每天观察检查和研究步骤中的常规项目。为了保持对所有类型研究的正确记录，必须进行正确的标记和识别。

动物标记可采用三种方法：笼位卡标记、动物身体临时标记和动物身体永久标记。以下介绍啮齿类动物的标记识别方法。

笼位卡

1. 笼位卡标记

笼位卡是识别动物的第一步。有时是识别一只或一组动物的唯一方法。笼位卡显示相关详细研究信息，包括动物的遗传信息（如性别、物种、品种/品系）、动物的历史（如出生日期）、购买数量、接收日期和人员以及一般信息（如动物编号和/或笼号、研究人员/联系人信息和实验编号等）。笼位卡甚至可以是条形码，用于数据采集或追踪动物。

在将动物从饲养笼中移出或移入时，需要检查笼位卡，对个体动物进行识别，并检查笼位卡是否妥善放置在笼子上，防止损坏。如果有笼位卡被撕开或损坏，请立即向相关负责人报告。如果发现笼位卡掉在地板上或可能挂到另外一个笼子里，在更换前一定要验证动物的唯一编码是否与笼子相对应。在换笼或运输动物时，要正确转移笼位卡。

空笼位卡

动物/笼号#: _____	年龄/性别：_____
研究人员姓名 / 联系人：_____	品种/品系：_____
试验方案#: _____	出生日期：_____
接收日期：_____	供应商：_____
P.O. #: _____	

临时标记

2. 临时标记

临时标记是一种用于实验动物的非永久或短期识别方法，通常用于小型实验动物，如啮齿类动物。临时标记的记录方式包括剪毛和/或剃毛，以及应用无毒染料、记号笔或墨水在动物皮肤和尾巴上做标记。

实验室最常用的方法是用化学染色剂在动物体表明显部位涂染，适用于白色或浅色无花纹的动物。常用染色液包括饱和苦味酸乙醇溶液（涂染成黄色，最常用）、2%硝酸银溶液（涂染成咖啡色，涂后需光照10min）、0.5%中性红或品红溶液（涂染成红色）、煤焦油酒精溶液（涂染成黑色）、龙胆紫溶液（涂染成紫色）。操作时用毛笔（或以镊子裹上棉花代替）蘸取适量染色液，逆毛涂刷于标识区域的被毛上。染色后需待被毛稍干再放开动物。10以内的编号可使用一种染色液在不同部位涂染。

这种方法往往容易因梳毛或擦拭而除去，长期实验中需要及时复染。

永久标记

3. 永久标记

永久标记是不可移去的身份识别方法。这种类型的识别系统适用于确定需要终身识别的动物，包括电子芯片、耳朵打孔/开槽、耳标/翅号以及刺青。

（1）电子植入物　这种方法利用芯片或转发器（约米粒大小），植入动物皮下组织，通常是在背部或颈部。微芯片中带有动物的识别编号，还可能带有其他信息，如性别、出生日期、品系等研究数据，甚至还可能包括生理信息，如体温和活动方式等。植入是通过一个针状设备完成的，一旦微芯片植入，就可以使用一种条状设备扫描芯片位置，以判断动物识别号。

（2）打孔/剪耳　使用小型打孔工具在耳朵上打孔或剪耳。耳朵打孔常用于啮齿类和猪。根据编号系统，耳孔和耳缺打在耳朵的外侧，这种方法相对痛苦较少。耳缺和耳孔应该定期检查，防止皮肤再次生长或损伤，保持每个识别号码的准确性。耳孔/耳缺对应于特定编号系统见图4-1。

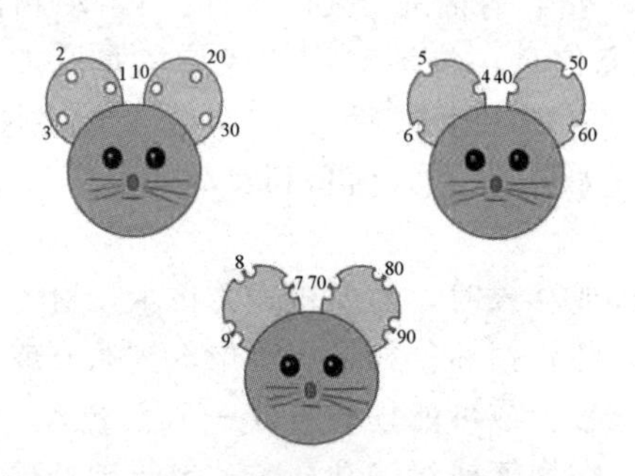

图4-1　耳孔/耳缺对应于特定编号系统

（3）耳标/翅号　这种标识方法常用于啮齿类、兔、绵羊、猪和禽类，相对痛苦较少。对啮齿类、兔和禽类而言，耳标较小（通常是金属或铝的），蚀刻有唯一的数字或字母，附着于耳根部或禽类的翅跟部。使用钳类工具将夹子轧于耳朵/翅膀处。耳标的大小根据动物种类有所不同。对绵羊和猪，耳标是塑料的，像耳环那样使用。塑料耳标上标有数字或字母。见图4-2。

应定期检查动物识别耳标。如果动物的耳标挂在笼具栏上，耳朵或翅膀可能被感染或撕裂。如果动物成群饲养，在争斗时耳标可能脱落。在将带耳标的动物从笼具中移出时应特别小心，确保耳标不会挂在笼子上或保定设备中，耳标也可能掉落到笼盘中。如果在研究或饲养期间发现动物失去耳标或发现一个丢失的耳标，应立即报告。此外，在再次佩戴耳标前必须验证动物的识别标记。

（4）刺青　刺青是在无菌条件下用黑墨水或蓝墨水（浅色被毛动物）或绿墨水（深色被毛动物）完成。刺青是一种非侵入性过程，在大多数情况下并不需要麻醉，有人工刺青和电

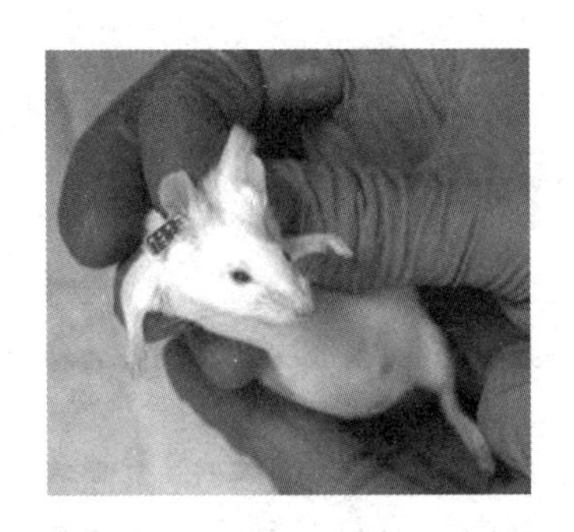

图 4-2 带耳标的小鼠

子刺青两种刺青方法。在啮齿类动物中，可以在脚趾部位刺青编号，也可以采用唯一的数字、字母或图案在尾部刺青。在大型动物中，通常选择无毛部位进行刺青。

（5）剪趾（不推荐使用） 剪趾曾经广泛用作识别方法。它要求剪去啮齿类动物脚趾的第一骨节（通常是仔鼠），以剪去一个特定的脚趾或几个脚趾对应于一个唯一的动物编码，组成动物编码系统。由于它会潜在引起动物的疼痛和不适，因此现在不常用，可以脚趾刺青取代。

一般而言，大、小鼠以打耳洞或两耳剪三角口来识别，终生同居的动物以随笼标签、标号为准；豚鼠则在身上涂饱和的苦味酸识别；兔子以刺青于耳朵或用耳钳打洞做记号加以识别，单笼饲养的则以随笼标签、标号为准；鸡、鸭采取翅号加以识别，翅号的编号反应家系和隔离器号以及个体号。但是所有的动物均需要有动物卡片以及动物笼架为主的识别记录。

4. 动物识别

动物识别是研究计划中非常重要的部分。如果动物识别不正确，可能导致给药不正确，错误执行安乐死或给予不当的兽医护理。这可能会危及有价值的研究数据，并产生灾难性结果。

在执行任何类型的研究和饲养相关操作时，一定要验证笼位卡的动物识别信息是否与正在抓取的特定动物识别信息一致，确保识别标识能够阅读，完整无缺。如果有动物放置笼位不正确，或者识别编号无法正确识别，应立即报告。

动物识别步骤如下。

步骤	内　容
第 1 步	确认笼位上的动物识别标识,应完整易读
第 2 步	抓取动物,验证个体动物编号,应完整易读
第 3 步	验证个体动物编号是否与笼位卡的识别编号一致
第 4 步	开始研究或饲养任务

六、小鼠与大鼠的给药途径和方法

在动物实验中，大多数小鼠和大鼠需要通过注射或口服使用某种类型的供试品。正确的注射和服药可确保投喂准确剂量，减少动物的应激和疼痛。大鼠和小鼠通常的给药技术包括静脉注射（IV）、肌内注射（IM）、腹腔注射（IP）、皮下注射（SC）以及灌胃给药（PO）。应根据实验的要求、动物及供试品的特点采用最适合的方法。

静脉注射

1. 静脉注射（IV）

大鼠和小鼠大多选择尾静脉注射。尾静脉分布于尾部两侧，位置浅表

容易固定，注射部位常选择尾下 1/5 处，距尾尖 3～4mm，此处皮肤较薄，血管即位于皮下，容易进针。

尾静脉注射的步骤如下。

（1）保定　将大鼠或小鼠保定，留出尾部，使一侧尾静脉朝上，用酒精棉消毒皮肤，有利于静脉暴露。

（2）找准尾静脉　大鼠和小鼠尾巴有三根血管，在背斜部观察动物时，可以看到尾部血液流动。中间的血管被称为背尾静脉（中间下面的为尾动脉），两侧的血管被称为侧尾静脉。注射部位是侧尾静脉，轻轻扭动尾巴，确定侧尾静脉。

（3）轻轻压住注射部位附近的静脉　这将造成静脉充血并轻微凸起。推荐使用 6 号或更小的注射针头，视静脉的粗细而选择。注射器规格通常为 0.25～1mL，以便控制注射速度。针头斜面向上以大约 30°插入静脉，稍微抽吸以在针筒中产生负压，如果有血液回流进针头，即可确认静脉。放开压住的静脉，慢慢推动注射器，注入药物。

（4）防止注射错误　如果在注射的时候感到阻力或尾部开始肿胀，应马上停止注射，因为很可能偏出或贯穿静脉。必须在高于先前的部位再次刺入静脉。

（5）注射完成后　取出针头并以手指或纱布垫轻轻压住注射部位，直到所有出血都止住后再将动物放回笼子中。将注射器和针头立即丢弃到合适的废弃物容器中（如果使用一次性的废弃物容器）或放置于储存容器中进行杀菌（使用重复性针头时）。

快速注射时（1min 以内注射完毕），适宜给药量均为 5mL/kg 体重以下，给药速度小于 3mL/min；缓慢注射时（5～10min 内注射完毕），大鼠每次给药不超过 20mL/kg 体重。如需多次注射，首次应尽量靠近尾末端，以后依次向尾根部移动，左右侧静脉交替使用。大鼠尾静脉注射见图 4-3。

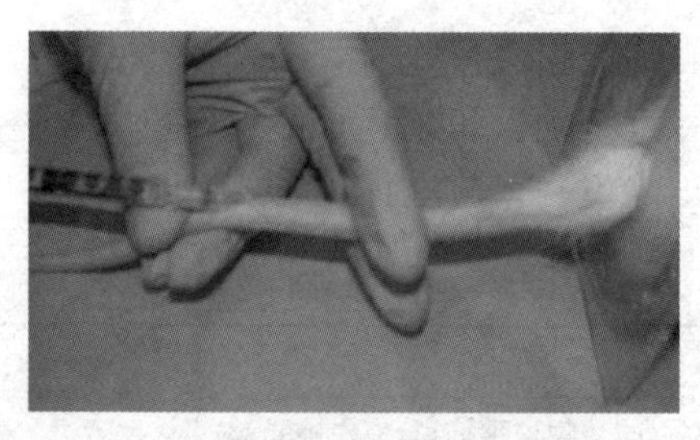

图 4-3　大鼠尾静脉注射

2. 肌内注射（IM）（图 4-4）

图 4-4　肌内注射

肌内注射

所有啮齿类动物的肌内注射技术和注射部位是相同的。肌内注射应直接注入后肢大块肌

肉部位，即股四头肌或大腿后侧肌肉。在注射前可剃除注射部位的毛发，有助于暴露出肌肉。

肌内注射由两人配合完成较为合适。其中一人以标准握胸法抓住啮齿类动物，另外一人抓住动物后肢，轻轻捏牢股四头肌或大腿后侧肌，将肌肉与周围组织和骨骼分离开，另一只手以针头斜向上约45°注入肌肉，稍用力推着针头向致密肌肉组织移动。注意：确保分离并捏住肌肉，以避免穿刺坐骨神经、股骨、股静脉和动脉。一旦针头插入肌肉组织，轻轻拉一下注射器以确认注射器接口不存在血液。推荐使用0.25～1mL的注射器，6号以内针头。

3. 腹腔注射（IP）（图4-5）

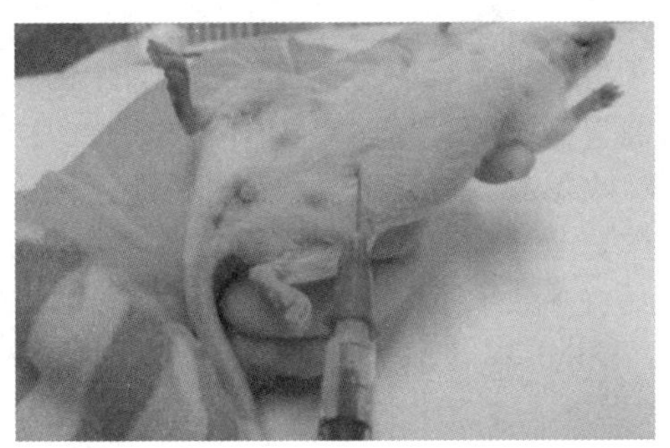

腹腔注射

图4-5　腹腔注射

腹腔注射（IP）是注射至啮齿类动物右下或左下腹部位。对具有大盲肠的品种（如大鼠）可仅注入右下腹部，以尽量减少不慎注入盲肠。其步骤如下。

（1）保定小鼠或大鼠。一手握住动物，使动物腹侧向上，头朝向地面。

（2）用手抓紧小鼠背部皮肤可使腹部皮肤紧绷，于下腹部腹中线一侧（旁开1～2mm）刺入皮下，在皮下平行腹中线推进针头3～5mm，再以45°向腹腔内刺入，当针尖通过腹肌后抵抗力消失，回抽无回流物，缓缓注入药液。

（3）注入完成，小心迅速取出针头，将动物轻轻放回笼子中，将注射器和针头立即丢弃到合适的废弃物容器中。

（4）小鼠每次宜0.2mL/10g体重以内，最多不超过0.8mL/10g体重。大鼠每次宜1mL/100g体重以内，最多不超过2mL/100g体重。推荐采用6号以内注射针头，1～5mL注射器。

4. 皮下注射（SC）（图4-6）

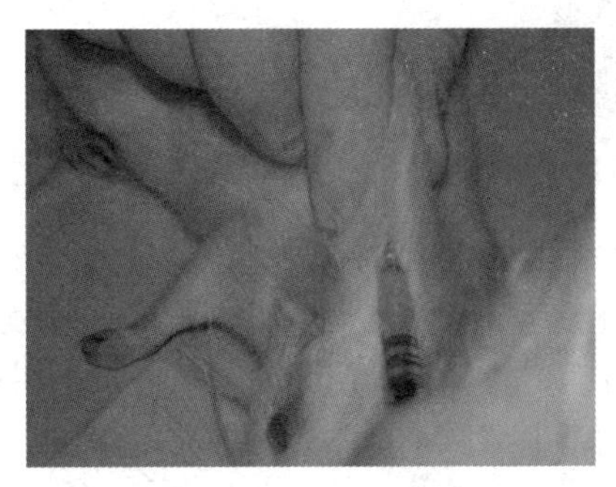

皮下注射

图4-6　皮下注射

皮下注射（SC）是注入真皮和下面肌肉之间的皮下空间。皮下注射通常是在颈背部或啮齿类动物的背部。

（1）由操作者或助手徒手保定动物，以酒精棉消毒注射部位皮肤，往上拉住皮肤（从颈背部或背部），形成一个皮下空隙。

（2）推荐使用1～2mL的注射器，6号以内注射针头。将针头以90°（与凸起形成的角度）插入凸起的底部。针头很容易通过皮肤。若针头可轻松地左右摆动，表明针头在皮下，轻轻抽吸无回流物，则可缓缓注入药物。每次宜0.1mL以内，最多不超过0.3mL。

（3）注射后缓慢拔出注射针，并需按压针刺部位片刻以防药液外漏，然后将动物轻轻放回笼子中。小心不要让针头穿过凸起的另外一侧。

（4）将注射器和针头立即丢弃到合适的废弃物容器中。

5. 灌胃给药（PO）

灌胃也称为插胃管，是一种用于将供试品或药物直接释放到胃中的技术。在大鼠和小鼠中通常采用坚硬不锈钢灌胃针进行灌胃操作。

（1）选择合适的灌胃针并消毒　小鼠和大鼠应选择长度和大小不同的灌胃针。通常选择灌胃针时应保持灌胃针长度高于动物。灌胃针的头部应该插入啮齿类动物的下颌部，针头球部应该与啮齿类动物最后一根肋骨保持一致。

（2）灌胃　使用单手保定动物，防止其移动，尽可能保持动物垂直。从一侧口角（门齿和臼齿间的空缺处）插入灌胃针，沿硬腭进入食道。在食道开口处，需要等待动物吞咽。只需要在动物吞咽时稍稍往下压，针头就滑下食道进入胃部。如果任何时候感到压力，或动物表现出呼吸困难，小心迅速地退出针头。如果插入到气管，会感到较大阻力。如果继续推动注射器，针头将穿透肺部，导致非常严重的创伤，通常会引起死亡。一旦进入到胃部，慢慢灌入药物，给药太快会导致药物回流。在给药后，小心快速地移去灌胃针和注射器。灌胃深度见图4-7。

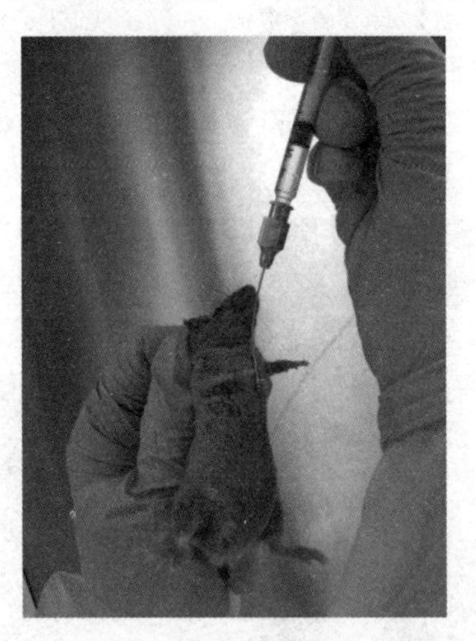

图4-7　灌胃深度

灌胃给药

（3）大鼠每次宜1mL/100g体重以内，最多不超过4mL/100g体重。小鼠每次宜0.1mL/10g体重以内，最多不超过0.5mL/10g体重。正确保定动物并在给药期间尽可能保持动物伸直非常重要。如果动物身体弯曲，在进入食道时可能遇到阻力，或可能发生回流。灌胃过程应迅速，尽可能减少动物的不适感。小鼠灌胃见图4-8。

最大抽血量

七、小鼠与大鼠的采血

血样可帮助科学研究人员和技术人员确定动物的健康状况、诊断疾病，并为研究人员提供非常重要的信息。无论使用何种方法，从啮齿类动

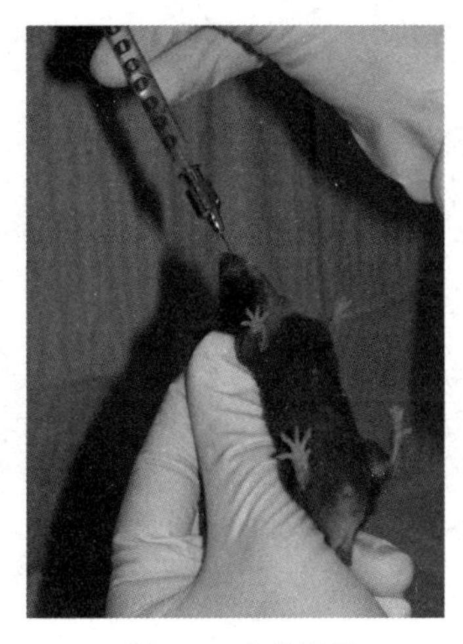

图 4-8　小鼠灌胃

物身上采集血样都应特别重视保持血样的质量。

1. 最大抽血量

健康成年动物的平均血液量通常约相当于其体重的 6%～7%（g）。典型可承受最大抽血量（可以从一只动物中安全抽取的血液总量）最高约相当于一只动物循环血液量的 10%。如果需要抽取动物的绝大多数血液（放血），应在动物安乐死后收集血样。表 4-1 列出了啮齿类动物单个样品常用抽血量、最大量和放血量。

表 4-1　大鼠和小鼠中常用抽血量、最大量及放血量

品种	单个样品/mL	最大抽血量/mL	放血量/mL
小鼠	0.2～0.3	1.6～3.2	1.0～1.5
大鼠	2.0～3.0	20.0～40.0	8.0～12.0

注：这些血量是近似的，根据动物情况有所变化。

2. 眼窝采血（图 4-9）

眼窝采血

眼窝采血是将采血毛细管直接置于啮齿类动物眼窝的眼窝窦（或大鼠脉络丛）中进行抽血的过程。这种类型的抽血过程可能需要采用安乐死，通常使用在小鼠中。一般来说，如果在数天或数周中采集多个血样，通常更替使用眼睛并使用无菌采血毛细管，以防止感染。如果从同一只眼睛中采集血样，通常的做法是在两次连续采血期间等待 10～14d。此外，也可在采血后使用外用的眼药膏，以防止刺激或感染。

这种采血方法需要精细的技术。如果毛细管放置不当，可能导致眼球、周围血管和视神经的严重损伤。如果发生这种情况，动物一般进行安乐死或给予合适的止痛药，且伤口必须立即接受治疗。在采血后几分钟检查动物恢复迹象及疼痛不适的临床症状。

3. 尾静脉采血（图 4-10）

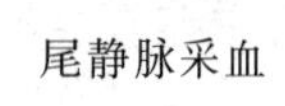

尾静脉采血

尾静脉采血在小鼠和大鼠中均可进行。侧尾静脉是快速有效采集少量至中量动物血液的一个很好部位。

4. 心脏穿刺采血（图 4-11）

心脏穿刺采血是在安乐死啮齿类动物中进行采血的一种方法。此过程常用于最终采血步

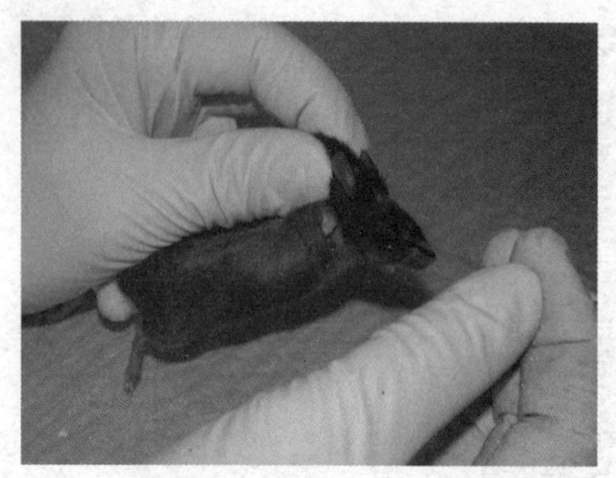

(a) 颈背部保定小鼠，并将毛细管插入眼内眦（沿着动物鼻子的45°）

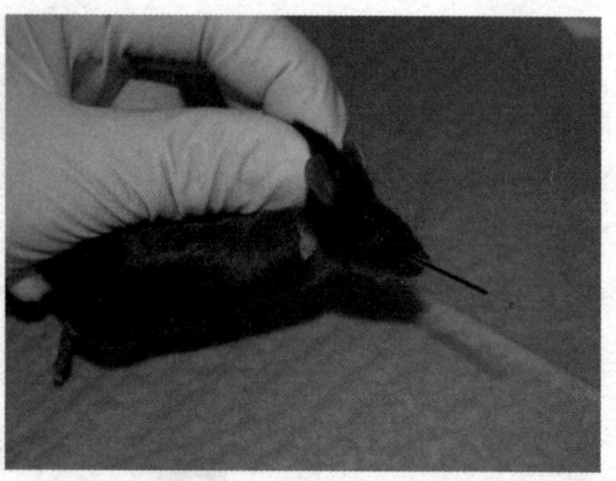

(b) 当血液进入采血管，轻轻扭转采血管，使其向前进入眼窝窦

(c) 倒转动物，利用重力帮助加速血液流入采血容器中

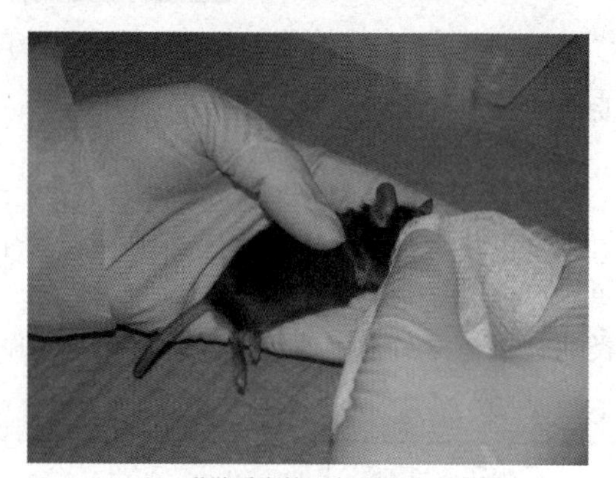

(d) 移除采血管，合上眼睑，轻轻压一下眼睛，以确保止血

图 4-9 眼窝采血

骤，因为它可在单个样品中采集大量血液。采用心脏采血的动物可先进行安乐死或麻醉。将小鼠麻醉后仰卧保定，拉伸小鼠前肢使之向两侧平举，以手指触摸心搏最明显部位定位并垂直进针，或针头从剑状软骨与腹腔间凹陷处向下倾斜30°向心脏刺入，见回血即可抽取。

心脏穿刺采血

眼窝采血、尾静脉采血和心脏穿刺采血难度较大，涉及动物保定、安乐死、采血管准备、采血、基本血样制备和储存，需要尽量减轻动物的疼痛和不适。

八、小鼠与大鼠的麻醉

进行动物实验有时需要麻醉，安全、有效的麻醉方法和技术可高质量地保证动物实验的顺利进行，并体现动物福利的宗旨。麻醉过浅或过深会使实验动物遭受过多痛苦，影响实验进程和实验结果，重者可导致实验动物死亡。

在选择麻醉药物时，要以安全性、有效性作为选择麻醉药物的中心原则，尽量选择安全范围大而且麻醉效果好的药物以及合适的麻醉方法。

1. 常用的麻醉药

常用的麻醉药从物理性质上可分为挥发性麻醉剂（如乙醚、氟烷、甲氧氟烷等）、非挥发性麻醉剂（如巴比妥类、氯胺酮、水合氯醛、乌拉坦）和一些新型的复合麻醉剂（如速眠

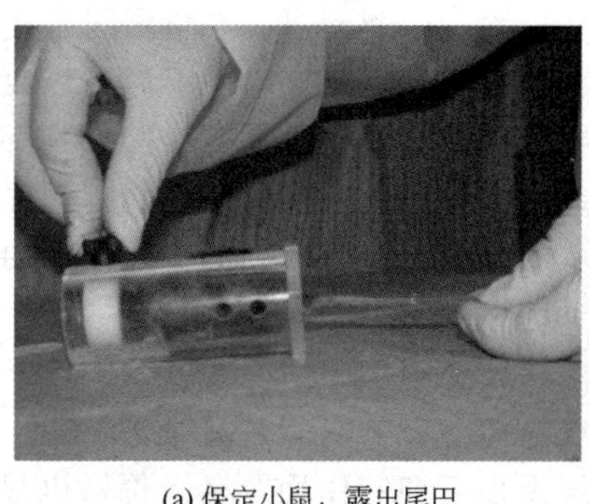

(a) 保定小鼠，露出尾巴

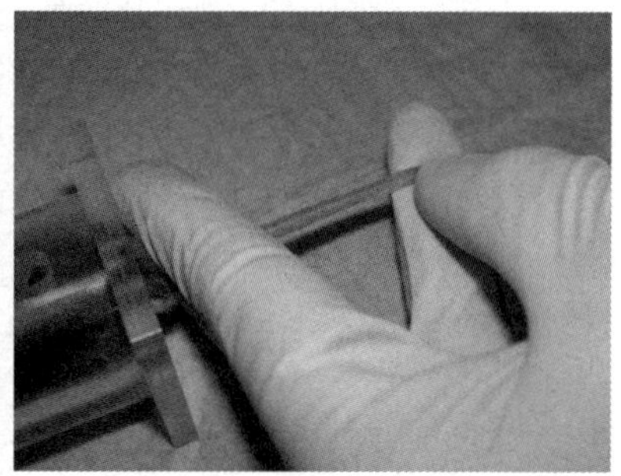

(b) 握住尾根部，以加速血流

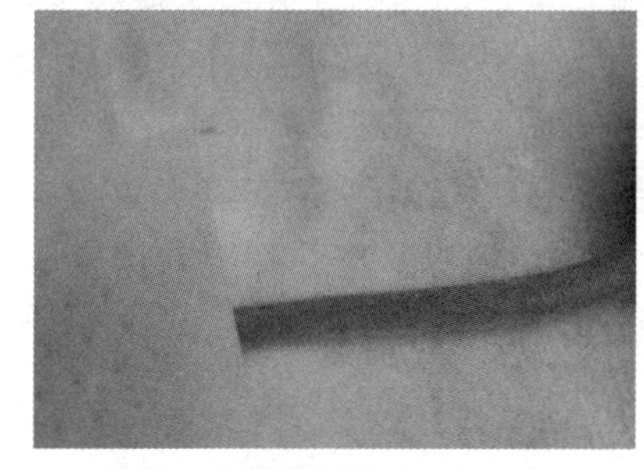

(c) 酒精擦拭尾部

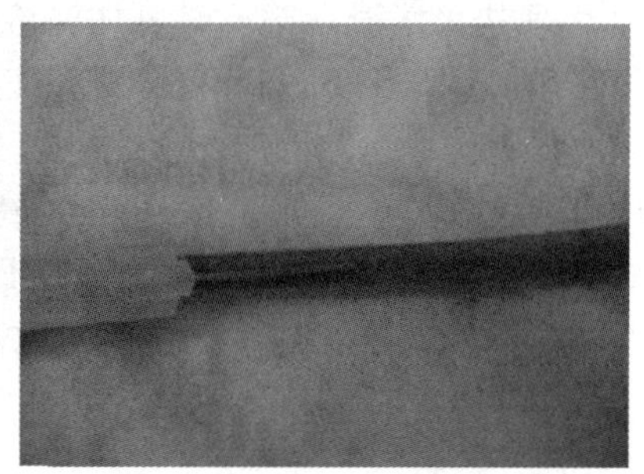

(d) 斜面朝上插入针头至侧尾静脉

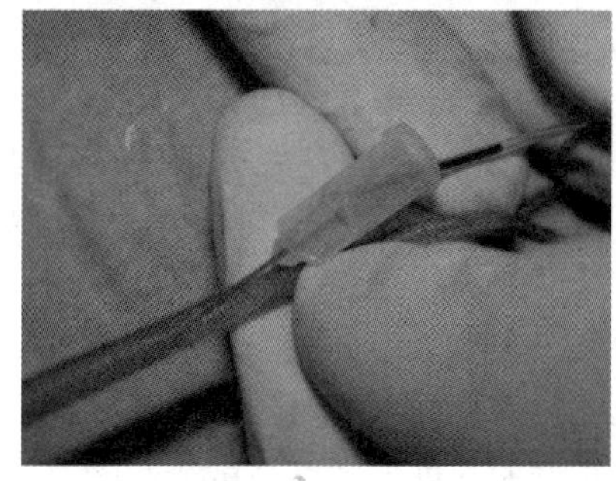

(e) 从针头接口处收集血液

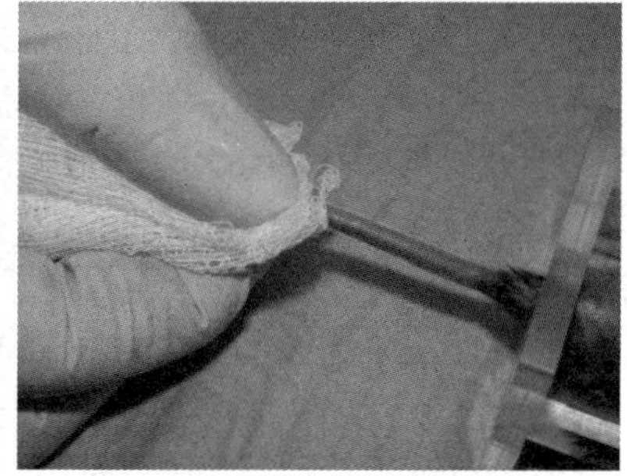

(f) 移去针头，并轻压止血

图 4-10　尾静脉采血

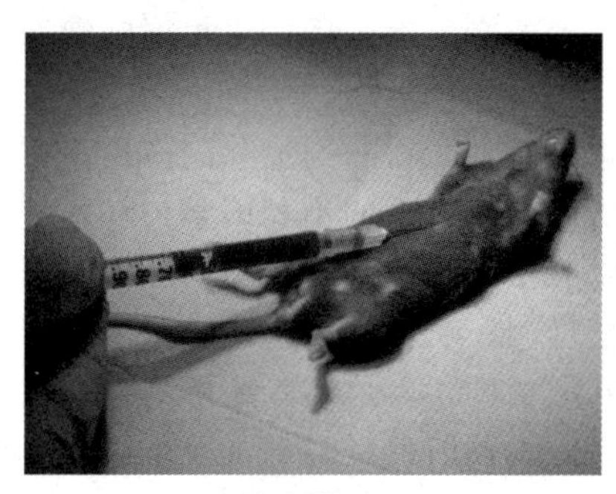

(a) 小鼠

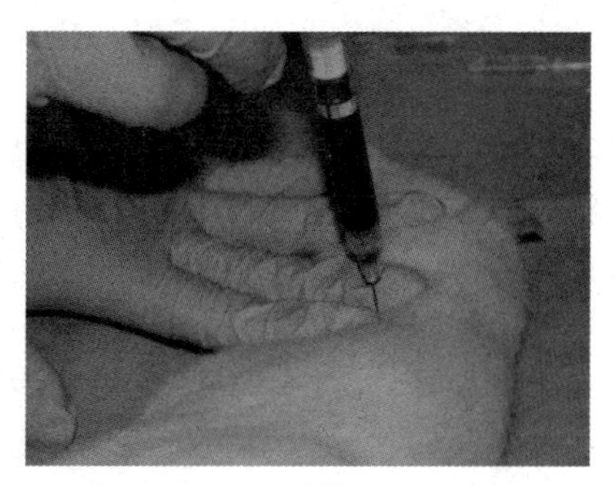

(b) 大鼠

图 4-11　心脏穿刺采血

新、速麻安等)。

(1) 乙醚　乙醚是最常用的挥发性麻醉药物，各种动物都可应用。其麻醉量和致死量相差大，所以其安全度大。但由于乙醚局部刺激作用大，可刺激上呼吸道黏液分泌增加；通过神经反射还可扰乱呼吸、血压和心脏的活动，并且容易引起窒息，在麻醉过程中要注意。但总体来说乙醚麻醉的优点多，如麻醉深度易于掌握，比较安全，而且麻醉后恢复比较快。

（2）氨基甲酸乙酯　此药是比较温和的麻醉药，安全度大。多数实验动物都可使用，更适合于小动物。一般用作基础麻醉，如使用全部过程都用此麻醉时，动物保温尤为重要。使用时常配成20%～25%水溶液，犬和兔静脉、腹腔注射0.75～1g/kg体重。但在作静脉注射时必须溶在生理盐水中，配成5%或10%溶液，每千克体重注射10～20mL。鼠1.5～2g/kg体重，由腹腔注射。

（3）戊巴比妥钠　此药麻醉时间不长，一次给药的有效时间可延续3～5h，所以十分适合一般使用要求。给药后对动物循环和呼吸系统无显著抑制作用，药品价格也很便宜。用时配成1%～3%生理盐水溶液，必要时可加温溶解，配好的药液在常温下放置1～2月不失药效。静脉或腹腔注射后很快就进入麻醉期。使用剂量及方法为：犬、猫、兔静脉注射30～35mg/kg体重，腹腔注射40～45mg/kg体重。

（4）硫喷妥钠　为黄色粉末，有硫臭，易吸水。其水溶液不稳定，故必须现用现配，常用浓度为1%～5%。此药作静脉注射时，由于药液迅速进入脑组织，故诱导快，动物很快被麻醉。但苏醒也很快，一次给药的麻醉时效仅维持0.5～1h。小鼠1%溶液腹腔注射0.1～0.3mL/只；大鼠0.6～0.8mL/只。

2. 麻醉药物的选择

（1）根据不同实验动物选择麻醉药物　不同实验动物对同一麻醉药物的敏感性存在差异。就速眠新而言，若使动物达到麻醉状态，对猴只需0.1～0.15mL/kg体重的剂量，而对小鼠和大鼠，则需0.3～0.8mL/kg体重。实验中应选用对实验动物较为敏感的麻醉药物，同一实验动物对不同麻醉药物的敏感性存在差异。如相对于其他实验动物，小鼠和大鼠对速眠新的敏感性较低，但对其他麻醉药物，如盐酸氯胺酮、戊巴比妥钠等，其敏感程度与其他动物相比基本相同。

（2）根据不同动物实验选择麻醉药物　如动物实验需要动物保持较长时间麻醉状态、较深麻醉程度，可选择具有较强镇静催眠作用的戊巴比妥钠；如所需时间较短、麻醉程度较浅，可使用中枢性抑制但作用短效的乙醚，以及对中枢抑制弱、苏醒快的盐酸氯胺酮及速眠新。

（3）根据不同麻醉途径选择麻醉药物　戊巴比妥钠、盐酸氯胺酮均通过静脉注射，速眠新通过肌内注射。而乙醚作为吸入性麻醉剂，必须在密闭容器中通过吸入方式麻醉。实验者应根据实验动物特点和动物实验的需要，选择合理的麻醉途径后，再根据麻醉途径选择相应的麻醉药物。

（4）复合麻醉的药物选择　复合麻醉可以减少每种药物的剂量和副作用，避免单纯使用一种麻醉药物时麻醉过深或过长、大量使用对机体可能带来的不利因素，在保护实验动物的同时，更好地达到实验预期目的。研究发现，以肌松型的速眠新、地西泮（安定）和镇痛性麻醉剂盐酸氯胺酮相配合，可以避免动物的中枢抑制，从而大大减少动物因麻醉过深、呼吸抑制导致的死亡。另外，抗胆碱药阿托品作为麻醉辅助药，可解除麻醉药物导致的平滑肌痉挛，抑制腺体分泌等症状，用于复合麻醉中能更好地预防麻醉过深的发生。

3. 常用全身麻醉方法

（1）吸入麻醉法　吸入法对多数动物有良好的麻醉效果，其优点是易于调节麻醉的深度和较快地终止麻醉，缺点是中小型动物较适用，对大型动物如犬的吸入麻醉操作复杂，通常不用。

例如乙醚的麻醉，可采用开放麻醉法，用脱脂棉浸湿乙醚后，小动物（如大鼠、小鼠）可将头部放入蘸有乙醚棉球的广口瓶内，4～6min后即处于麻醉状态。如实验过程较长，可在其鼻部放棉花或纱布，不时滴加乙醚维持，或可用乙醚先麻醉后再用非挥发性麻醉剂维持麻醉。也可采用封闭麻醉法，将小动物置于封闭容器中，该容器中预先放入浸泡乙醚的棉球，乙醚挥发后使动物吸入而麻醉。在给药过程中，必须随时观察动物的变化，如果发现动物的角膜反射消失，瞳孔突然放大，应立即停止麻醉，防止麻醉过深，引起死亡。

（2）注射麻醉法　大鼠、小鼠和豚鼠常采用腹腔注射法进行全身麻醉。犬、兔等动物既可腹腔注射给药，也可静脉注射给药。在麻醉兴奋期出现时，动物挣扎不安，为防止注射针滑脱，常用吸入麻醉法进行诱导，待动物安静后再用腹腔或静脉穿刺给药麻醉。

在注射麻醉药物时，先用麻醉药总量的2/3，密切观察动物生命体征的变化，如已达到所需麻醉的程度，余下的麻醉药则不用，避免麻醉过深抑制延脑呼吸中枢导致动物死亡。

4. 麻醉深度

麻醉深度要根据动物体重、药物浓度，仔细计算好所需的麻醉药物剂量。

5. 麻醉后的动物监护

防止麻醉后的动物因呼吸道阻塞而窒息死亡。在需要动物长时间处于麻醉状态的实验中，追加麻醉药物要严格控制剂量（一般不超过麻醉剂量的1/3），因为有了基础麻醉，麻醉药物稍微过量，便可超过动物的耐受域值，导致麻醉过深。为了预防动物的麻醉过深，实验室应备有常用的抢救药物，如尼可刹米、东莨菪碱、肾上腺素等，以及呼吸机、供氧设备等，有条件的实验室还应配备心电监护仪，可随时监控动物的血压、脉搏情况。实验者应掌握动物麻醉过深的抢救方法，以尽可能避免和挽回因此而造成的实验损失。常用麻醉剂的用法及剂量见表4-2。

表4-2　常用麻醉剂的用法及剂量

麻醉药物	适用动物	给药途径	给药剂量/(mg/kg体重)	常配浓度/%	给药量/(mL/kg体重)	维持时间
乙醚	各种动物	吸入	—	—	—	实验过程中一直要吸入麻醉药，时间随实验而掌握
戊巴比妥钠	犬、猫、兔	静脉	30	3	1.0	2～4h，中途加1/5量，可多维持1h以上
		腹腔、皮下	40～50	3	1.4～1.7	
	豚鼠	腹腔	40～50	2	2.0～2.5	
	大鼠、小鼠	腹腔	45	2	2.3	
	鸟类	肌内	50～100	2	2.5～5.0	
氨基甲酸乙酯（乌拉坦）	犬、猫	腹腔、静脉	750～1000	25	3～4	2～4h，安全，毒性小，主要适用于小动物，有时可降低血压
	兔	直肠	1500	25	6.0	
	豚鼠	肌内	1350	20	7.0	
	大鼠、小鼠	肌内	1250	20	6.3	
硫喷妥钠	犬、猫	静脉、腹腔	25～50	2	1.3～2.5	15～30min，效力强，宜慢性注射
	兔、大鼠	静脉、腹腔	50～100	1	5.0～10.0	
异戊巴比妥钠	犬、猫	静脉	40～50	5	5	4～6h
	兔	腹腔、肌内	80～100	10	10	
	鼠类	腹腔	100	10	10	

以上麻醉药种类虽较多，但各种动物使用的种类多有所侧重。如做慢性实验的动物常用乙醚吸入麻醉（用吗啡和阿托品作基础麻醉）；急性动物实验对犬、猫和大鼠常用戊巴比妥钠麻醉，对家兔、青蛙和蟾蜍常用氨基甲酸乙酯，对大鼠和小鼠也常用硫喷妥钠或氨基甲酸。

九、小鼠与大鼠的安乐死

实验动物安乐死是指以一种人道或无痛苦方式杀死动物。大多数实验动物可能需要进行安乐死，因为大多数实验最终可能需要解剖实验动物，而且按照实验规范，新的实验一般不允许使用已经进行过实验的动物。如果没有后续实验，研究完成后继续饲养耗费成本高，因此需要对动物施行安乐死。

颈椎脱位法

1. 物理安乐死

物理安乐死包括对动物关键功能产生迅速及严重的损害，导致动物死亡。使用物理安乐死的优点是可避免组织中的化学残留物，使动物迅速丧失意识。

（1）颈椎脱位法　颈椎脱位是一种快速将动物颈椎与头骨分离或断裂颈部的技术。在啮齿类动物中，技术人员将一根棍子置于动物头骨根部，或使用其一只手的拇指和食指置于动物颈部两侧，牢牢按住头/颈部，迅速后拉尾巴，通过直接造成颈椎脱臼使动物死亡。

（2）断头　断头是迅速将动物的头与身体分离的技术。在进行断头前将成年动物保定，有助于减少定位期间动物的应激。

断头一般在成年动物中不宜施行。但是在新生啮齿类动物中，断头是安乐死的首选技术，因为新生动物适应了在母体子宫内的缺氧状态，对缺氧有较强耐受性，所以一般不选择化学安乐死。技术员应使用手术刀、刀片或合适的剪刀对新生仔鼠进行安乐死。

2. 化学安乐死

化学安乐死是吸入或注射（通常过量）化学物质引起的死亡。这些成分通常会导致意识丧失，随后关键系统受到严重抑制，引起死亡。CO_2 和戊巴比妥是常用的两种化学物质。

（1）CO_2 吸入剂　CO_2 是一种合理、安全、廉价且有效的啮齿类动物安乐死物质。它具有麻醉（诱导睡眠）和镇痛（减少疼痛）两重特性。将动物置于密闭室中，通过一个压缩气瓶给予 CO_2，动物经历短暂兴奋，然后睡眠，最后直接抑制心肌导致死亡。CO_2 安乐死的常见装置见图 4-12。

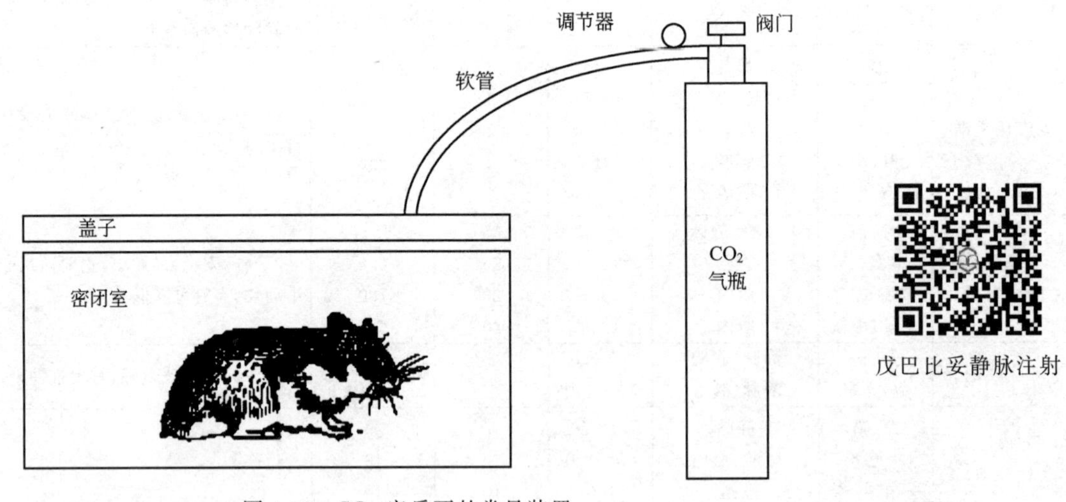

戊巴比妥静脉注射

图 4-12　CO_2 安乐死的常见装置

（2）戊巴比妥静脉注射　戊巴比妥是巴比妥类药物，一度被广泛用作麻醉剂。虽然现在作为麻醉剂的使用减少，但仍然是执行啮齿类动物安乐死的一种合适药物。戊巴比妥一旦进入到动物体内，迅速并顺利致死，动物很少不适或痛苦。它迅速发挥作用，导致动物意识丧失，然后缓慢停止呼吸，引起心脏衰竭。确保呼吸和心跳停止，以确认死亡。

3. 死亡确认（图 4-13）

动物意外复苏，会造成动物明显的疼痛和痛苦，也不符合动物福利原则。因此，必须采

死亡确认

取措施确保安乐死动物确实已经死亡。可以采用如下两种方法来确认动物的死亡。

（1）证实动物呼吸和心跳已经停止。

（2）使用辅助方法［如切开动物隔膜防止其复苏，或将成年啮齿类动物出现死亡后（观察到不移动、无呼吸）长时间暴露于 CO_2 下］确保死亡。

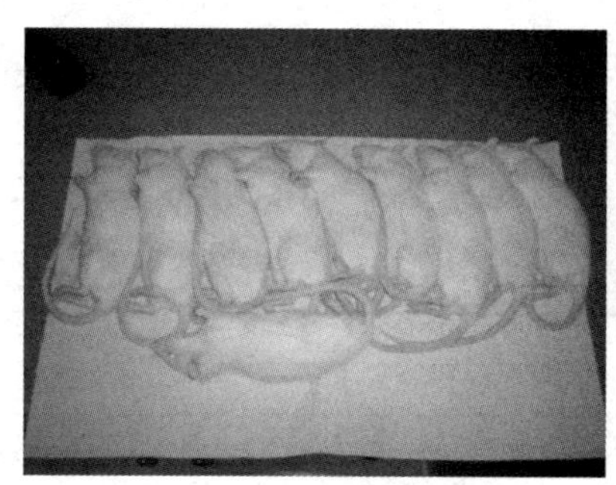

(a) 死亡大鼠无呼吸

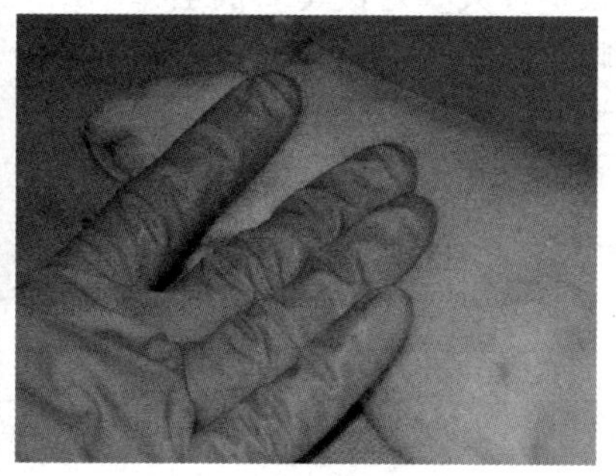

(b) 死亡大鼠无心跳

图 4-13 死亡确认

十、动物实验后废弃物的无害化处理

实验中产生的废弃物应在实验后进行清扫，废弃的纸箱、塑料袋应整齐折叠，包扎；换下的笼具整齐叠加，放到污染走廊上。实验中产生的动物尸体应由实验人员集中放置于塑料袋内，自行带出，放到动物尸体冰柜内。

动物实验结束后，应及时清理、消毒。

一、实施准备

每个学习小组 4 人，以下为 1 个学习小组的需要。

1. 实验动物：小鼠 10 只、大鼠 10 只。

2. 设备与耗材：小鼠固定器 4 个、大鼠固定器 4 个、1mL 一次性注射器 80 个、生理盐水 500mL、戊巴比妥钠（0.5%浓度）100mL、戊巴比妥钠（1%浓度）200mL、小鼠灌胃针 4 个、大鼠灌胃针 4 个、抗凝剂 10mL、3%～5%苦味酸 50mL、品红 50mL、尖头小剪刀 4 把、尖头无齿小镊子 4 把、电子天平 1 个、温度计 1 个、耳标 20 个、1.5mL 离心管 300 个、微量采血毛细管 200 个、乳胶手套 1 盒、帆布手套 4 副、透明胶带 1 卷、标签纸若干、酒精棉若干。

二、实施步骤

1. 教师提出小鼠、大鼠基本实验操作的学习内容和目标。

2. 各学习小组制订工作计划、分配工作任务，确定小鼠、大鼠五项基本实验操作的主要负责人，形成纸质文件。

3. 各学习小组利用课件和教材及教学视频，按照工作计划，分别学习小鼠、大鼠五项基本实验操作的基本步骤和操作要点，在教师的指导下反复练习后做到准确和熟练。

4. 各小组学生分别练习和考核

(1) 由各组负责人示范小鼠、大鼠的基本实验操作，教师讲解重点、难点和注意事项。

(2) 各组在教师和该负责人的指导下完成小鼠、大鼠的基本实验操作。

(3) 所有学生撰写自己的工作记录。

(4) 考核小鼠的基本实验操作，再考核大鼠的基本实验操作。

(5) 项目负责人撰写该实验的工作小结。

(6) 教师总结。

三、工作记录

1. 方案设计

组长		组员			
学习任务					
学习时间		地点		指导教师	
学习内容	任务实施				
小鼠、大鼠笼位卡观察					
涂染法标记					
剪耳法标记					
小鼠、大鼠的灌胃					
小鼠、大鼠注射给药					
小鼠、大鼠采血					
小鼠、大鼠麻醉和安乐死					

2. 人员分工

姓名	工作分工	完成时间	完成效果

3. 工作记录

(1) 小鼠的外观观察和标记

小鼠外观观察	眼睛瞳孔清晰无分泌物、眼睑无发炎	耳道无分泌物溢出，无脓疮	鼻无黏液分泌物流出	皮肤无创伤、脓疡、疥癣、湿疹	头部无歪斜	无呕吐、腹泻、便秘，肛门口被毛洁净	无震颤及不全性麻痹等现象
	性别	体重	体温	呼吸	心率	备注：	
笼位卡记录	1	2	3	4	5	备注：	
小鼠标记	编号	涂染法	剪耳法	其他	备注：		

工作小结：

负责人签名：

（2）大鼠的外观观察和标记

<table>
<tr><td rowspan="4">大鼠外观观察</td><td>眼睛瞳孔清晰无分泌物、眼睑无发炎</td><td>耳道无分泌物溢出，无脓疮</td><td>鼻无黏液分泌物流出</td><td>皮肤无创伤、脓疡、疥癣、湿疹</td><td>头部无歪斜</td><td>无呕吐、腹泻、便秘，肛门口被毛洁净</td><td>无震颤及不全性麻痹等现象</td></tr>
<tr><td></td><td></td><td></td><td></td><td></td><td></td><td></td></tr>
<tr><td>性别</td><td>体重</td><td>体温</td><td>呼吸</td><td>心率</td><td colspan="2" rowspan="2">备注：</td></tr>
<tr><td></td><td></td><td></td><td></td><td></td></tr>
<tr><td rowspan="2">笼位卡记录</td><td>1</td><td>2</td><td>3</td><td>4</td><td>5</td><td colspan="2" rowspan="2">备注：</td></tr>
<tr><td></td><td></td><td></td><td></td><td></td></tr>
<tr><td rowspan="2">大鼠标记</td><td>编号</td><td>涂染法</td><td>剪耳法</td><td>其他</td><td colspan="3" rowspan="2">备注：</td></tr>
<tr><td></td><td></td><td></td><td></td></tr>
</table>

工作小结：

负责人签名：

（3）小鼠、大鼠的灌胃

动物编号	1	2	3	4	5	6	7	8	9	10	备注(难点)
小鼠灌胃时间/s											
小鼠灌胃量/mL											
大鼠灌胃时间/s											
大鼠灌胃量/mL											

工作小结：

负责人签名：

（4）小鼠、大鼠的注射给药操作

<table>
<tr><td>动物</td><td>动物编号</td><td>腹腔注射/0.1mL</td><td>肌内注射/0.1mL</td><td>皮下注射/0.1mL</td><td>尾静脉注射/0.1mL</td><td>备注(操作要点)</td></tr>
<tr><td rowspan="6">小鼠</td><td>1</td><td></td><td></td><td></td><td></td><td rowspan="6"></td></tr>
<tr><td>2</td><td></td><td></td><td></td><td></td></tr>
<tr><td>3</td><td></td><td></td><td></td><td></td></tr>
<tr><td>4</td><td></td><td></td><td></td><td></td></tr>
<tr><td>5</td><td></td><td></td><td></td><td></td></tr>
<tr><td>6</td><td></td><td></td><td></td><td></td></tr>
</table>

续表

动物	动物编号	腹腔注射/1mL	肌内注射/1mL	皮下注射/1mL	尾静脉注射/1mL	备注(操作要点)
大鼠	1					
	2					
	3					
	4					
	5					
	6					

工作小结：

负责人签名：

(5) 小鼠、大鼠的采血、麻醉

动物	品种品系	体重/g	性别	麻醉剂	给药方法
小鼠					
	项目	第一次给药	第二次给药	第三次给药	第四次给药
	给药时间				
	给药量/mL				
	麻醉状态				
大鼠	品种品系	体重/g	性别	麻醉剂	给药方法
	项目	第一次给药	第二次给药	第三次给药	第四次给药
	给药时间				
	给药量/mL				
	麻醉状态				
备注					

工作小结：

负责人签名：

任务评价

考核内容：小鼠、大鼠的外观观察和标记

班级：　　　　组别：　　　　姓名：　　　　　　　　　　　　　　年　　月　　日

项目	评分标准		分值	负责人 10%	自评 30%	教师 60%
外观观察	评价要点	外观、发育是否正常	3			
		各天然孔有无分泌物	3			
		用镊子从后向前观察皮肤	3			
		有无震颤及不全性麻痹等现象	3			
	熟练程度	1只/min	3			
徒手抓取	评价要点	单手抓住颈部和背部皮肤	5			
		使腹部充分暴露	5			
		使四肢充分暴露	5			
	熟练程度	20只/min	5			
器械保定	评价要点	选择合适的保定器械	5			
		将动物固定在器械内	5			
		尾部充分暴露	5			
	熟练程度	5只/min	5			
性别判定	评价要点	准确判定雌雄	5			
		准确识别雌雄生殖器	5			
	熟练程度	10只/min	5			
涂染标记	评价要点	苦味酸（黄色）标记个位数	3			
		中性红（红色）标记十位数	3			
		煤焦油（黑色）标记百位数	3			
	熟练程度	准确读取编号10只/min	3			
剪耳标记	评价要点	能够识别1～9的标记	5			
	熟练程度	准确读取编号10只/min	5			
学习态度	将实验设备与材料摆放在合适的位置； 正确使用实验设备与材料； 积极动手操作、反复练习； 实验完成时能够及时整理实验台面、清洗实验设备		5			
动物福利	动物无剧烈挣扎、痛苦叫声； 实验结束时动物无死伤		3			
合作沟通	积极参与工作计划的制订； 按照工作计划按时完成工作任务； 乐于助人，也乐于向其他人请教； 善于提问，积极思考别人提出的问题，提出解决方案					
合计						
教师评语						

考核内容：小鼠、大鼠的灌胃和注射给药

班级：　　　　组别：　　　　姓名：　　　　　　　　　　　　年　　月　　日

项目	评分标准		分值	负责人 30%	自评 10%	教师 30%	专家 30%
灌胃	评价要点	选择合适的灌胃针	1				
		徒手保定，身体呈一条直线	3				
		将灌胃针插入口腔	3				
		抵上颌、顺利插入胃中	3				
		最大灌胃量	2				
	熟练程度	灌胃 10 次/min	3				
腹腔注射	评价要点	徒手保定，头在下、下腹部在上	3				
		下腹部中线两侧进针，避开乳腺和生殖器	3				
		进针角度：45°	3				
		进针后，针尖游离	3				
		回抽无血液或者内容物	3				
		最大注射量	2				
	熟练程度	10 只/min	3				
肌内注射	评价要点	徒手保定、固定一只后肢	3				
		固定后肢的肌肉发达处进针	3				
		进针角度：针头斜向上约 45°	3				
		最大注射量	2				
	熟练程度	10 只/min	3				
尾部静脉注射	评价要点	器械保定小鼠(大鼠)，尾部充分暴露	2				
		酒精棉擦拭尾部，轻拍使其静脉充盈	3				
		准确识别小鼠(大鼠)静脉和动脉	3				
		从远心端向近心端进针	3				
		固定小鼠(大鼠)尾部、平行进针	3				
		回抽有血液回流	3				
		缓慢推注，感觉无阻力，无可见皮丘	3				
		最大注射量	2				
	熟练程度	1 只/min	3				
皮下注射	评价要点	保定时，拇指和食指轻提小鼠(大鼠)颈部皮肤	3				
		注射器从小鼠(大鼠)颈部皮肤进针	3				
		进针角度：与凸起形成 90°	3				
		进针后针尖游离	2				
		推注后无可见皮丘	3				
		最大给药量	2				
	熟练程度	5 只/min	3				

续表

项目	评分标准	分值	负责人 30%	自评 10%	教师 30%	专家 30%
学习态度	将实验设备与材料摆放在合适的位置； 正确使用实验设备与材料； 积极动手操作、反复练习； 实验完成时能够及时整理实验台面、清洗实验设备	2				
动物福利	动物无剧烈挣扎、痛苦叫声； 实验结束时动物无死伤	2				
合作沟通	积极参与工作计划的制订； 按照工作计划按时完成工作任务； 乐于助人，也乐于向其他人请教； 善于提问，积极思考别人提出的问题，提出解决方案	3				
合计						
教师评语						

考核内容：小鼠、大鼠的采血、麻醉和安乐死操作

班级：　　　　　组别：　　　　　姓名：　　　　　　　　　　　　　　　　　年　　月　　日

项目	评分标准		分值	负责人 30%	自评 10%	教师 30%	专家 30%
眼窝采血	评价要点	徒手保定使一只眼睛微微突出	2				
		一手持采血毛细管	2				
		垂直插入眼角，旋转进入	3				
		血液从毛细管中滴入离心管	3				
		采血量 0.1～0.3mL	3				
	熟练程度	2 只/min	3				

续表

项目		评分标准	分值	负责人 30%	自评 10%	教师 30%	专家 30%
尾静脉采血	评价要点	器械保定小鼠(大鼠),尾部充分暴露	2				
		酒精棉擦拭尾部,轻拍使其静脉充盈	2				
		准确识别静脉和动脉	3				
		从远心端向近心端进针	3				
		固定尾部,平行进针,回抽	3				
		采血量0.1～0.3mL	2				
	熟练程度	1只/min	3				
心脏穿刺采血	评价要点	徒手保定	1				
		指尖触摸胸部,找到心跳最明显的地方	3				
		垂直进针,回抽	3				
		采血量0.2～0.4mL	3				
	熟练程度	1只/min	3				
断颈处死	评价要点	一手固定颈背部	2				
		一手紧握小鼠(大鼠)尾根部,向后拉	2				
		听到颈椎断裂的声音	2				
		小鼠(大鼠)有轻微抽搐,不出血	2				
		小鼠(大鼠)死亡、无心跳和呼吸	1				
	熟练程度	1只/min	2				
麻醉	评价要点	戊巴比妥钠2%,剂量45mg/kg体重	2				
		小鼠(大鼠)称重,计算麻醉剂量	2				
		给药方法:腹腔注射	2				
		第一次注射麻醉剂量的(1/2)～(2/3)	2				
		观察5min	2				
		第二次注射剩余麻醉剂量	2				
		如未进入深度麻醉,每隔3～5min可以补充麻醉剂,每次不超过剩余麻醉剂量的1/2	2				
		深度麻醉:轻捏大腿后侧肌肉,无挣扎	2				
		动物呼吸和心跳缓慢平稳,无死伤	2				
	熟练程度	1只/20min	2				
过量麻醉致死	评价要点	称重,计算最小致死量	2				
		徒手保定	2				
		腹腔注射戊巴比妥钠最小致死量	3				
		观察动物反应	2				
		死亡、无心跳和呼吸	3				
	熟练程度	1只/min	3				
学习态度	将实验设备与材料摆放在合适的位置; 正确使用实验设备与材料; 积极动手操作、反复练习; 实验完成时能够及时整理实验台面、清洗实验设备		2				

续表

项目	评分标准	分值	负责人 30%	自评 10%	教师 30%	专家 30%
动物福利	动物无剧烈挣扎、痛苦叫声； 实验结束时动物无死伤	2				
合作沟通	积极参与工作计划的制订； 按照工作计划按时完成工作任务； 乐于助人，也乐于向其他人请教； 善于提问，积极思考别人提出的问题，提出解决方案	3				
合计						
教师评语						

思考与练习

1. 总结实验动物给药的方法。

2. 列表比较小鼠灌胃、皮下注射、肌内注射和腹腔注射的操作要点的异同。

3. 某实验项目研究的是某饲料添加剂对雌性大鼠的影响。实验方案如下。

共50只大鼠，分成五组，每组10只，各组动物用一个大笼盒饲养，共用5个大笼盒。第一组为对照组，第二、第三、第四、第五组每日灌胃该饲料添加剂，浓度依次为1mg/kg体重、5mg/kg体重、30mg/kg体重、100mg/kg体重，连续灌胃30d，每日灌胃前对所有动物称重，并记录。第31日取动物小肠和血液检测生理、生化指标。

就在实验的第22天，由于饲养员疏忽，第三组的饮水瓶没盖紧，漏了一夜的水，致使第三组大鼠的体重和采食量明显下降。第三组实验数据的准确性受到很大的影响。于是，实验人员决定重新实验。他们如何改进实验的方式方法，才能避免类似情况发生？

任务二　兔的实验操作

兔是最常用的实验动物之一，在生命科学及生物医学研究中具有重要地位。本任务的目

标是学习家兔的口服给药、基本的注射方法和采血等常用操作技术。

一、家兔的口服给药

口服给药可能对兔是很大的应激，会增加动物和操作者受伤的风险。口服给药的重点是采取正确的保定技术，可以根据药物的形式采取灌胃或投喂的形式。

在灌胃时，需要两个人进行操作。第一个人轻轻俯身，以身体支撑住兔子的臀部，轻轻抓住兔子的前肢，保定兔子。第二个人先润滑灌胃管，然后将灌胃管放置于兔子口中，随即向前慢慢伸向口腔后部，如果放置不当，兔子会出现咳嗽或呼吸窘迫，这时应重新定位。待兔子吞下灌胃管后，灌入供试品。最后弯曲并拉出灌胃管。

在投喂药丸时，可以用矿物油包被供试品，以方便给药。操作时保定兔子，使其头部外露，一只手扣住兔子上颌骨，紧紧抓住头部。将胶囊或药丸装入给药管，插入下门牙处，然后滑入口腔后部，推动给药管。最后移去给药管，合上兔嘴，轻轻抚摸兔子颈部，促进其吞咽。

二、家兔的基本注射技术

家兔皮下注射

1. 皮下注射（SC）

皮下注射（SC）是指在真皮和下层肌肉之间的皮下部位给药。皮下注射通常在家兔的颈背部或侧部进行。步骤如下。

（1）注射器注入适量药品（30～50mL），装上新针头。

（2）在操作台上保定兔子，抓住皮肤，形成皱褶或形成“凸起”。

（3）以酒精棉擦拭注射部位。

（4）在拇指和食指间的皮肤皱褶处插入针头，拉动注射器，确保位置正确。

（5）注入药品。

2. 肌内注射（IM）

家兔肌内注射

直接在较大肌肉部位给药。对家兔而言，肌内注射部位是腰旁肌或股四头肌或大腿后侧肌肉。注射器注入适量药品（0.5mL），装上新针头。保定兔子，以酒精棉擦拭注射部位。将针头插入肌肉，注入供试品。为了避免组织塌陷，应缓慢推注。

3. 静脉注射（IV）

静脉注射是在兔子的边缘耳静脉给药，也可用在头侧静脉和隐静脉。步骤如下。

家兔静脉注射

（1）注射器注入适量药品（<5mL），装上新针头。

（2）保定兔子，修剪或剃除耳静脉边的毛发。

（3）以酒精棉擦拭边缘耳静脉注射部位，夹住耳根部附近的静脉有助于静脉扩大。

（4）将针头推入到静脉管腔中约3mm。当针头进入静脉时，针头接口处出现回血。

（5）将耳根部的夹住部位松开，慢慢注入药品，避免血管破裂。

（6）注射完成后，取出针头，并轻轻压住静脉穿刺部位，以确保正确止血。

三、家兔的血样采集

家兔比较容易抓取和保定，耳朵血管相对较大，容易看到，因此适宜采用静脉穿刺技术进行采血。家兔采血主要有两个部位，即耳朵中央动脉采血及耳朵边缘静脉采血。

1. 采血方法（图 4-14）

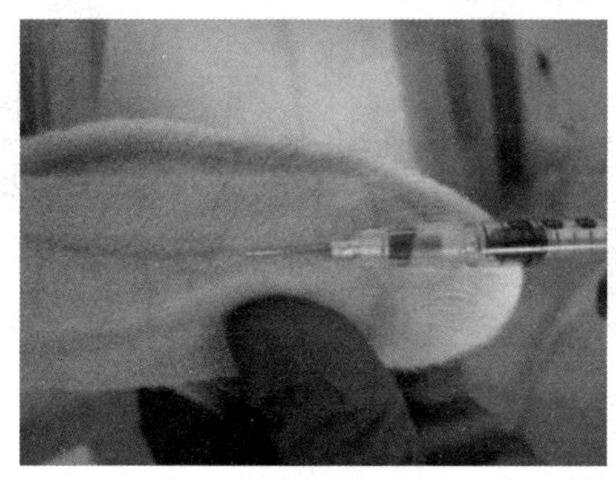

(a) 动脉采血

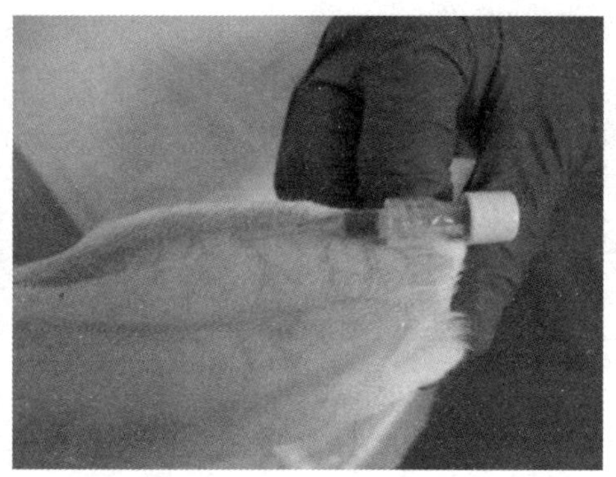

(b) 静脉采血（从耳尖处开始采血）

图 4-14　采血

采集血液时，需要选择与品种和采血部位匹配的采血针和导管。使用正确的步骤和大小适当的设备来保定动物，以确保支撑家兔后肢，防止家兔受伤或抓伤操作者。然后对采血部位进行清洁，抽取血液。一般情况下，每两周可抽取的血量大约为动物体重的 1%。例如，一只体重 3kg 的成年兔，两周可抽取的总血量为 30mL。

采血后应直接压住穿刺部位，确保血管不再流血。兔子需要 2min 以上的时间按压。

家兔耳缘静脉采血方法

采血过程中要避免针扎。采血前，确保动物正确保定，并仔细检查手部和针头位置，观察静脉穿刺正确的距离和深度，针头插入血管要轻柔，防止扎穿，用过的针头直接放入有合适标记的锐利物容器中。

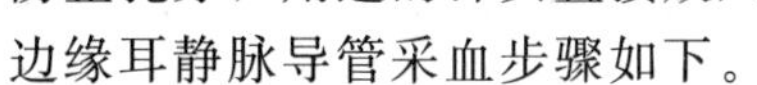

边缘耳静脉导管采血步骤如下。

（1）斜面向上插入针头/导管，使血液通过血管中针头角度产生的微小缺口流入针头。针头斜面向下插入可能导致斜面背对血管壁，堵住开口，导致血液无法进入针头/导管。

（2）慢慢推进，寻找回血。回血是指血液最初进入针头时的血液喷出现象。如果看到回血要稳住，这意味着已经进入了血管，位置/角度正确，血液能够流入针头/导管。

（3）如果看到回血，但是后续没有更多血液流出，可能位置不太好。慢慢地小心调整，直至重新获得血流。

（4）确认血流流动良好，慢慢回拉柱塞。如果位置正确，从动脉采集的血液很容易流入注射器。静脉采集的血液可能流入慢得多。如果拉柱塞过快，血管可能塌陷，这也可能导致针头穿过血管壁，引起血肿（内部局部出血）。血肿可能导致后续采血时难以看到静脉。

（5）采集到正确血量后，以迅速有力的动作抽出针头/导管，立即按住采血部位，直接按在穿刺顶部，防止出血。

（6）将动物送回笼子，确保没有血管重新流血。

2. 采血记录

为了确保正确记录采血情况，应在动物记录和采血管上标明采血情况。记录信息应包括采血日期、采血时间、采血量、采血部位和采血方式。

家兔的麻醉

四、家兔的麻醉与安乐死

1. 家兔的麻醉

家兔多采用耳缘静脉麻醉。注射麻醉药时应先快后慢，并密切注意兔的呼吸及角膜反射等变化。

2. 家兔的安乐死

家兔通常采用静脉注射过量巴比妥类药物如戊巴比妥钠来实施安乐死。需要验证安乐死兔子的呼吸和心跳均已停止，以确认死亡。

家兔的安乐死

一、实施准备

每个学习小组 4 人，以下为 1 个学习小组的需要量。

1. 实验动物：雌性实验兔 4 只、雄性实验兔 4 只。

2. 设备与耗材：家兔固定箱 4 个、1mL 一次性注射器 100 个、生理盐水 500mL、戊巴比妥钠（3%浓度）300mL、家兔灌胃管 4 个、抗凝剂 10mL、3%～5%苦味酸 50mL、品红 50mL、尖头剪刀 4 把、尖头无齿镊子 4 把、电子天平 1 个、温度计 1 个、耳标 20 个、1.5mL 离心管 300 个、微量采血毛细管 200 个、乳胶手套 1 盒、帆布手套 4 副、透明胶带 1 卷、标签纸若干、酒精棉若干。

二、实施步骤

1. 教师提出实验兔基本实验操作的学习内容和目标。

2. 各学习小组制订工作计划、分配工作任务，确定实验兔五项基本实验操作的主要负责人，形成纸质文件。

3. 各学习小组利用课件和教材及教学视频，按照工作计划，分别学习实验兔的基本实验操作的基本步骤和操作要点，在教师的指导下反复练习后做到准确和熟练。

4. 各小组学生分别练习和考核

（1）由各组负责人示范实验兔的基本实验操作，教师讲解重点、难点和注意事项。

（2）各组在教师和该负责人的指导下完成实验兔的基本实验操作。

（3）所有学生撰写自己的工作记录。

（4）项目负责人撰写该实验的工作小结。

（5）教师总结。

三、工作记录

1. 方案设计

组长		组员			
学习任务					
学习时间		地点		指导教师	

续表

学习内容	任务实施
实验兔抓取	
实验兔保定	
实验兔性别判定	
实验兔灌胃	
实验兔肌内注射	
实验兔皮下注射	
实验兔耳缘静脉注射	
实验兔耳缘静脉采血	
实验兔中央动脉采血	
实验兔麻醉与安乐死	

2. 人员分工

姓　名	工作分工	完成时间	完成效果

3. 工作记录

（1）实验兔的抓取保定、外观检查与性别判定

<table>
<tr><th>项目</th><th>动物编号</th><th>天然孔检查</th><th>皮肤检查</th><th>性别判定</th><th>体重/g</th><th>心率/(次/min)</th><th>动物舒适度</th><th>备注</th></tr>
<tr><td rowspan="7">人工保定与观察</td><td>1</td><td></td><td></td><td></td><td></td><td></td><td></td><td rowspan="7"></td></tr>
<tr><td>2</td><td></td><td></td><td></td><td></td><td></td><td></td></tr>
<tr><td>3</td><td></td><td></td><td></td><td></td><td></td><td></td></tr>
<tr><td>4</td><td></td><td></td><td></td><td></td><td></td><td></td></tr>
<tr><td>5</td><td></td><td></td><td></td><td></td><td></td><td></td></tr>
<tr><td>6</td><td></td><td></td><td></td><td></td><td></td><td></td></tr>
<tr><td>7</td><td></td><td></td><td></td><td></td><td></td><td></td></tr>
<tr><td rowspan="4">器械保定</td><td>动物编号</td><td colspan="2">固定器大小</td><td colspan="2">动物舒适度</td><td colspan="3">备注</td></tr>
<tr><td>8</td><td colspan="2"></td><td colspan="2"></td><td colspan="3" rowspan="3"></td></tr>
<tr><td>9</td><td colspan="2"></td><td colspan="2"></td></tr>
<tr><td>10</td><td colspan="2"></td><td colspan="2"></td></tr>
</table>

工作小结：

负责人签字：

(2) 实验兔的灌胃和注射给药

动物	动物编号	灌胃/(0.3mL/次)	肌内注射/(0.3mL/次)	皮下注射/(0.3mL/次)	静脉注射/(0.3mL/次)	备注
实验兔	1					
	2					
	3					
	4					
	5					
	6					
	7					
	8					
	9					
	10					

工作小结：

负责人签字：

(3) 实验兔的采血

动物	动物编号	耳缘静脉采血/mL	耳中央动脉采血/mL	动物舒适度	备注
实验兔	1				
	2				
	3				
	4				
	5				
	6				
	7				
	8				
	9				
	10				

工作小结：

负责人签字：

（4）实验兔的麻醉和安乐死

动物	品种品系	性别	体重/g	麻醉剂	给药方法	备注
实验兔						
	项目	第一次给药	第二次给药	第三次给药	第四次给药	
	给药时间					
	给药量/mL					
	麻醉状态					
	过量麻醉安乐死					

工作小结：

负责人签字：

任务评价

考核内容：实验兔的抓取保定、外观检查与性别判定

班级：　　　　组别：　　　　姓名：　　　　　　　　年　　月　　日

项目	评分标准		分值	负责人 10%	自评 30%	教师 60%
外观观察	评价要点	观察外观、发育是否正常	4			
		各天然孔有无分泌物	5			
		用镊子从后向前观察皮肤	5			
		有无震颤及不全性麻痹等现象	4			
	熟练程度	观察一只兔用时 30s	4			
徒手抓取	评价要点	单手抓住兔颈部和背部皮肤	4			
		一手托住兔臀部	5			
		使家兔四肢充分暴露	4			
	熟练程度	3 只/min	5			
器械保定	评价要点	选择合适的保定器械	5			
		将兔固定在器械内	5			
		头部充分暴露	5			
	熟练程度	1 只/min	5			
性别判定	评价要点	准确判定雌雄	5			
		准确识别雌雄生殖器	5			
	熟练程度	3 只/min	5			

续表

项目	评分标准		分值	负责人 10%	自评 30%	教师 60%
剪耳标记	评价要点	能够识别1～9的标记	5			
	熟练程度	准确读取编号10只/min	5			
学习态度	将实验设备与材料摆放在合适的位置； 正确使用实验设备与材料； 积极动手操作、反复练习； 实验完成时能够及时整理实验台面、清洗实验设备		5			
动物福利	动物无剧烈挣扎、痛苦叫声； 实验结束时动物无死伤		5			
合作沟通	积极参与工作计划的制订； 按照工作计划按时完成工作任务； 乐于助人，也乐于向其他人请教； 善于提问，积极思考别人提出的问题，提出解决方案		5			
合计						
教师评语						

考核内容：实验兔的灌胃和注射给药

班级：　　　　组别：　　　　姓名：　　　　　　　　　　　　年　　月　　日

项目	评分标准		分值	负责人 30%	自评 10%	教师 30%	专家 30%
灌胃	评价要点	选择合适的灌胃管	1				
		保定实验兔	3				
		将开口器固定在兔口腔，旋转压住兔舌	3				
		灌胃管一端从开口器的孔插入兔口腔，直至胃部	3				
		灌胃管外端插入水中，观察有无气泡	2				
		注射器抽取适量盐水，连接灌胃管外端，缓慢推注	3				
		注射器再向灌胃管中注入5mL空气	3				
		一手捏紧灌胃管外端，迅速抽出灌胃管	2				
	熟练程度	灌胃1次/5min	3				

续表

项目	评分标准		分值	负责人 30%	自评 10%	教师 30%	专家 30%
肌内注射	评价要点	正确抓取实验兔，左臂夹住兔颈部，使头向后，左手扶握兔臀部	3				
		酒精棉消毒	1				
		后肢的肌肉发达处进针	3				
		进针角度：针头与注射部位呈 90°	3				
		缓慢推注后，轻轻按揉，促进药物吸收	2				
	熟练程度	10 只/min	3				
耳缘静脉注射	评价要点	器械保定实验兔，耳部充分暴露	3				
		准确识别静脉和动脉	3				
		拔去耳缘处被毛，酒精棉擦拭耳缘，轻拍使其静脉充盈	3				
		从远心端向近心端平行进针	5				
		回抽有血液回流	5				
		缓慢推注，感觉无阻力，无可见皮丘	5				
		抽针后，干棉球止血 2min	3				
		最大注射量	2				
	熟练程度	2 只/5min	3				
皮下注射	评价要点	保定时，拇指和食指轻提兔颈部皮肤	3				
		注射器从颈部皮肤向兔后方进针	3				
		进针角度：与凸起皮肤形成 90°	3				
		进针后针尖游离	2				
		推注后无可见皮丘	3				
		最大给药量	2				
	熟练程度	2 只/min	3				
学习态度	将实验设备与材料摆放在合适的位置； 正确使用实验设备与材料； 积极动手操作、反复练习； 实验完成时能够及时整理实验台面、清洗实验设备		3				
动物福利	动物无剧烈挣扎、痛苦叫声； 实验结束时动物无死伤		3				
合作沟通	积极参与工作计划的制订； 按照工作计划按时完成工作任务； 乐于助人，也乐于向其他人请教； 善于提问，积极思考别人提出的问题，提出解决方案		5				
合计							
教师评语							

考核内容：实验兔的采血、麻醉与安乐死

班级：　　组别：　　姓名：　　　　年　月　日

项目	评分标准		分值	负责人 30%	自评 10%	教师 30%	专家 30%
耳缘静脉采血	评价要点	器械保定家兔，耳部充分暴露	2				
		准确识别静脉和动脉	2				
		酒精棉擦拭耳缘、轻拍使其静脉充盈	2				
		从远心端向近心端平行进针	3				
		回抽有血液回流	8				
		采血量 0.3mL	3				
		抽针后，干棉球止血 2min	3				
		血样贴标签	3				
	熟练程度	2只/5min	3				
耳中央动脉采血	评价要点	器械保定家兔，耳部充分暴露	3				
		准确识别静脉和动脉	3				
		酒精棉擦拭耳中央、轻拍使其动脉充盈	3				
		从远心端向近心端平行进针	3				
		回抽有血液回流	8				
		采血量 0.3mL	3				
		抽针后，干棉球止血 2min	3				
		血样贴标签	3				
	熟练程度	2只/5min	3				
麻醉	评价要点	戊巴比妥钠浓度：3%	2				
		家兔称重，计算麻醉剂量	3				
		给药方法：耳缘静脉注射	3				
		第一次注射麻醉剂量的 1/2～2/3	3				
		观察 5min	3				
		第二次注射剩余麻醉剂	2				
		如未进入深度麻醉，每隔 3～5min 可以补充麻醉剂，每次不超过麻醉剂量的 1/2	3				
		深度麻醉：轻捏大腿后侧肌肉，无挣扎	3				
		动物呼吸和心跳缓慢平稳，无死伤	2				
	熟练程度	1只/20min	2				
学习态度	将实验设备与材料摆放在合适的位置； 正确使用实验设备与材料； 积极动手操作、反复练习； 实验完成时能够及时整理实验台面、清洗实验设备		3				
动物福利	动物无剧烈挣扎、痛苦叫声； 实验结束时动物无死伤		5				

续表

项目	评分标准	分值	负责人 30%	自评 10%	教师 30%	专家 30%
合作沟通	积极参与工作计划的制订； 按照工作计划按时完成工作任务； 乐于助人，也乐于向其他人请教； 善于提问，积极思考别人提出的问题，提出解决方案	5				
合计						
教师评语						

思考与练习

1. 实验兔灌胃结束时，为什么要紧捏灌胃管外端迅速拔出？
2. 实验兔耳缘静脉注射时，能够使耳缘静脉充盈的措施有哪些？

任务三　犬的实验操作

犬是一种常用的实验动物。本任务的目标是学习犬的标识、各种给药方法及采血方法等，并实际进行操作练习，掌握其中的技巧。

一、犬的标识

犬笼上采用笼位卡进行识别，笼位卡上标有个体识别编号，另外还包括性别、品种和品系、出生日期、购买数量、接收日期和来源、研究者/联系人信息和研究编号等。

犬体本身可采用项圈、耳部刺青、注入芯片等方式进行标记。项圈带有动物识别码或附加标签。应检查项圈是否合适。如果项圈太紧可能使动物窒息，或损伤皮肤和皮下组织。如果项圈太松，可能附着于笼子或其四肢，造成对动物潜在的伤害。

刺青位于动物耳下，是永久性标识，并带有犬的标识编号。

二、犬的给药

实验犬的口腔给药

1. 口腔给药

口腔给药包括服用药丸和液体。正常健康犬可以通过手、食物、加药注射器或通过插胃管的方式方便地进行口腔给药。

在给予药丸时，可以将药丸藏在某些罐头食品中，犬通常会急切地吃罐头。如果因为研究方案无法采用这种方法，或犬不吃药丸，可以用手给药。由助手使犬蹲坐，操作者一手置于犬的上颌，拇指和食指从犬嘴两边伸入口腔迫使犬张嘴，并将犬上颌向上抬使犬口鼻向上，另一手拇指和食指夹住药片，无名指和中指将犬的下颌向下压，此时可直视喉咙，手指将药物送入犬舌根，随后合起上下颌并抚摸犬的喉部帮助下咽，可感觉到犬的吞咽动作，给药前先以水湿润口腔内部，可使药物容易咽下。

如果使用加药注射器给予液体，抓住犬的口部，保持口部闭合，通过犬的嘴后角向喉部慢慢注入液体。

在特殊情况下，犬可能需要插胃管。测量从犬口部到胃部的消化道距离（以最后一根肋骨作为标志），在犬口部的胃管处画线或贴胶带，这可以为胃管长度提供参考。灌胃管采用粗细、长度适中的导尿管或胶皮管。润滑胃管，并按照如下步骤进行操作。

(1) 保定犬。

(2) 将开口器置于犬上下门牙间，并用绳固定。

(3) 灌胃管经开口器将胃管插入口部，并伸入咽喉后部，轻轻施压使犬吞咽胃管。

(4) 将胃管轻轻延伸至犬口部的标记处。

(5) 通过轻轻触摸颈下半部来确认位置，应该感觉到气管和胃管紧紧接触在一起。

(6) 给予药物。

(7) 扭动胃管或将拇指放在胃管开口处，拉出胃管。

如果在操作过程中发现犬极力挣扎、咳嗽或呼吸困难，需要停止操作，并重新导入胃管。

2. 注射给药

犬可以采用如下注射方式给药（表 4-3）。

表 4-3 犬的注射给药方式

注射类型	注射部位	针头大小
肌内注射(IM)	后肢	6
皮下注射(SC)	颈部(耳后松弛皮肤)或腹部	6
静脉注射(IV)	头静脉、隐静脉、颈静脉	7

根据药物剂量和动物大小，注射剂量也有不同。如果注射剂量会导致动物疼痛或不适，应分剂量注射于多个部位。

实验犬的静脉注射

(1) 静脉注射（IV） 犬的静脉注射通常在头侧静脉或隐静脉进行。如果注射量较大，也可以在颈静脉给药。按照如下步骤完成静脉注射。

① 找到静脉，剪毛以暴露血管，并以浸泡在异丙醇中的纱布轻轻擦拭该部位。这样可以清洗采血部位并帮助血管扩张和暴露。

② 在注射部位附近静脉放置止血带。如果要注射的是隐静脉，需要恰好在肘部以上。这会使血管充血，并微微凸起。如果注射部位是隐静脉，要以拇指轻轻压住气管口。

③ 以 30°斜向上插入针头。如果正确插入静脉，以非惯用手拇指沿静脉轻压，使血管稳定。轻轻回拉注射器推杆，产生轻微负压。如果针头在静脉内，会看到注射器接口处存在少量回血。

④ 一旦确认回血，松开止血带（或压力），并慢慢推动推杆，以稳定的动作注入供试品。要确保针头安全位于静脉内。

⑤ 小心移去针头，将纱布垫置于注射部位上方，轻微提高注射部位，并在该部位施压至流血停止。

⑥ 将注射器和针头弃置于合适的锐利物容器中。

⑦ 记录注射过程。

在注射时感到推杆阻力或看到注射部位或其附近肿起，应立即停止注射，因为很可能针头偏出或穿过血管，需要重新插入针头，确保在此位置上方入针，再次注射。

（2）肌内注射（IM）（图 4-15）　犬的肌内注射通常位于大腿的大尾骨肌处（腿弯处）。必须小心护理，防止扎到坐骨神经。可以将针头插入远离股骨并朝向腿部外侧的部位。如果进行多次肌内注射，应注意注射部位需交替进行。

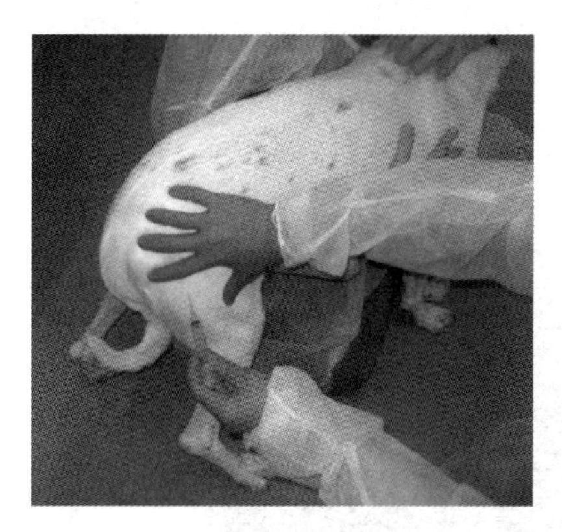

图 4-15　肌内注射

实验犬的肌内注射

犬可以站立在地板上，处理者跪在地上，以一只手臂环绕犬的背部和胸部轻轻保定，并使用另外一只手臂握住犬的口部，保定头部。另外一名技术人员接触后肢并进行注射。

一般情况下，可以按照如下步骤完成肌内注射。

① 保定动物。

② 确定合适的肌肉和注射部位。

③ 斜面向上 45°扎入肌肉组织。要求轻而有力，将针尖推入肌肉。

④ 一旦针头插入肌肉组织，轻轻拉动注射器，确认在注射器接口处没有血液。如果存在血液表明扎入血管，必须拉出针头。

⑤ 针头正确进入肌肉，缓慢而稳定地推动注射器推杆。肌肉组织非常致密，因此慢慢注射对防止肌肉损伤非常重要。在注射时会感到轻微阻力。

⑥ 完成注射后，移除针头，用手指或纱布紧紧压住注射部位。也可以轻轻按摩注射部位，以减轻疼痛或不适。虽然肌肉部位出血很少，但是在完全止血前不要将动物放开。

⑦ 将丢弃的注射器和针头立即放入合适的锐利物容器中。

⑧ 对注射进行记录。

实验犬的皮下给药

（3）皮下注射（SC）（图 4-16）　皮下注射（SC）是指在真皮和下层肌肉之间的皮下部位给药。皮下注射通常在犬肩胛骨之间或侧部进行。这种类型的注射用于给予大剂量的供试品或药物，因为皮下可以容纳大量的液体，而不会造成周围肌肉或组织损伤。要尽量减少动物疼痛和不适，皮下就像水球一样，如果感觉太紧，停止注射并继续在另外一个部位进行。

按照如下步骤完成皮下注射。

① 保定动物。

② 确定注射部位，以拇指和食指抓住松弛的皮肤，将皮肤上提，离开下面的肌肉，形成凸起。

③ 以90°（与凸起皮肤呈90°夹角）将针头扎入凸起的基部。针头很容易穿过皮肤。一定要尽量避免针头意外刺伤手指。

④ 轻轻拉动注射器。在注射器的接口处应无血液。插入针头时应非常小心，不要将针头扎入下层的皮肤。如果针头接口处有血液表明针头位置不恰当，应取出针头，重新扎入。

⑤ 确定针头位置正确时，慢慢注入供试品或药物，可能会注射大量液体。注射时应感觉不到任何阻力，很小的力量就可以轻松推动。如果感到有阻力，应拉出针头，重新扎入。

⑥ 完成注射后，小心移除针头。可以看到皮下有大量液体，表明正确完成了给药。注射部位出血很罕见，通常无须压住注射部位。

⑦ 将动物放回笼子中。

⑧ 将注射器和针头立即丢弃到合适的锐利物容器中。

⑨ 对注射进行记录。

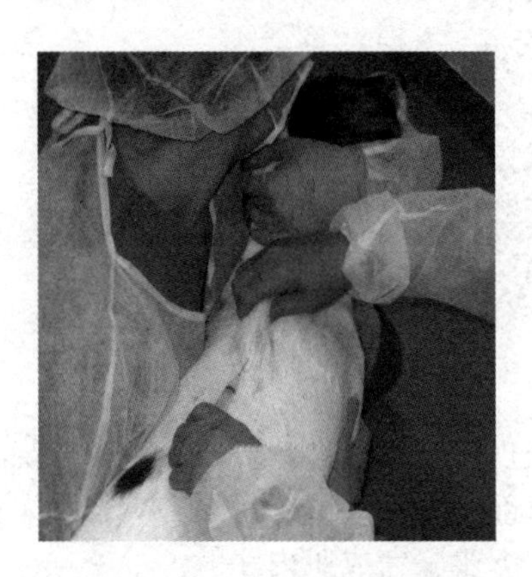

图4-16 皮下注射

三、犬的采血

有多个部位可以用于犬的采血。表4-4列出了常见的采血部位及建议的针头大小。

表4-4 犬常见的采血部位及建议的针头大小

物种	采血部位	针头大小
犬	头静脉	7
	隐静脉	7
	颈静脉	7

实验犬的采血方法

1. 头静脉采血（图4-17）

头静脉位于前肢的前部。犬应在胸骨部进行斜卧保定。操作人员用手环绕犬，使犬暴露伸出前肢，按照如下步骤完成头静脉采血。

① 除去采血管帽，握在持有采血管的技术人员手中或置于灭菌板垫上。

② 一名技术人员用一只手环抱住犬的背部，保定动物，并将手置于犬的肘后，将其前

肢伸出，用拇指压住静脉，另外一只手置于动物头下，轻轻将头部拉向保定者的身体方，防止犬头部和另外一侧的前肢移动。

③ 找到头静脉，并以浸泡在异丙醇中的纱布轻轻擦拭该部位。这样可以清洗采血部位并帮助血管扩张和暴露。剪去毛发，帮助血管暴露。

④ 保定技术员轻轻压住动物肘部采血部位附近的静脉，也可以使用止血带。这种压力会导致血管膨胀并稍微隆起。

⑤ 使用非惯用手抓住前肢，并将非惯用手的拇指置于静脉侧，在针头插入期间稳住静脉，防止移动。

⑥ 将针头斜面向上以 25°插入静脉或将导管斜向上插入静脉，轻轻回拉注射器推杆，以产生轻微的负压（吸力）。如果针头在静脉内，可以在注射器接口处观察到少量回血，只需要将针尖插入静脉大约 0.5～0.75cm 即可。

⑦ 一旦确认回血，就可以将血液采集到注射器或采血管中。

在沿血管壁拉出或抓住针尖时不要使用过高过快的压力，因为这会造成血流显著放缓，甚至停止。如果发生这种情况，需要将针尖轻轻旋转并在静脉腔中重新定位。如果正确位于静脉内，只需要轻轻施压拉动注射器推杆，就可以采集血液。

注意不要使用针头斜角钩住静脉。如果继续将针头在静脉内推进推出，会形成血肿并损伤整个血管。此外也要非常小心地不要将针头或采血管插入不正确的角度或针头直接穿过整个静脉，导致血管内形成血肿。需要轻柔地刺入静脉，并在整个采血期间保持在静脉中。

⑧ 一旦获得所需要的采血量，小心移去针头或导管，同时轻轻提起肢体，以手指或纱布垫轻轻压住采血部位，直至不再出血。将注射器、针头和/或导管弃置于合适的锐利物容器中。

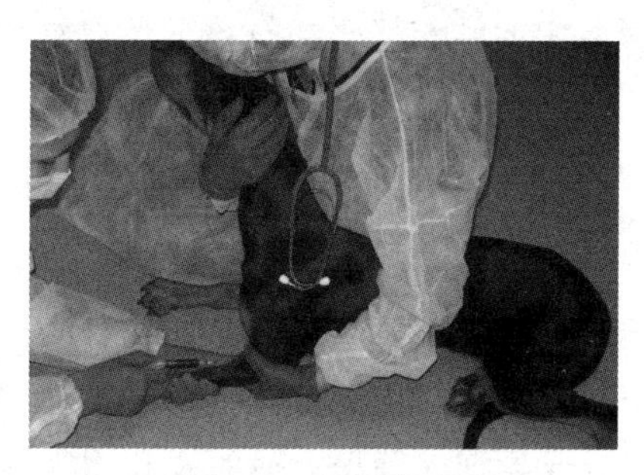

图 4-17 头静脉采血

2. 隐静脉采血（图 4-18）

隐静脉位于跗关节附近后肢侧向位置。采血过程与头静脉采血相同。

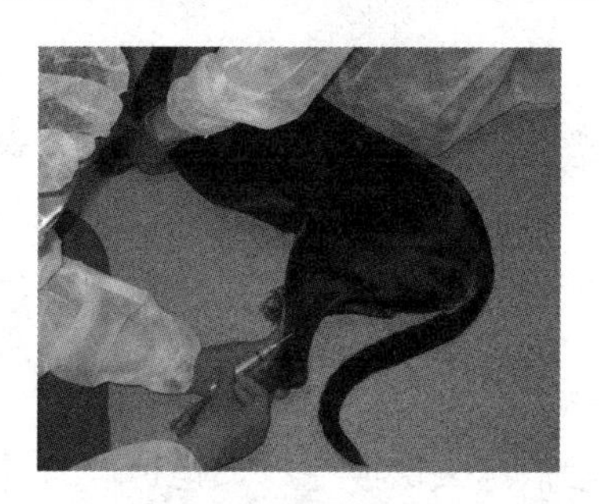

图 4-18 隐静脉采血

① 一名技术人员将动物侧卧保定，将指定后肢置于底面（即如果从左后肢采血，则将动物右后肢侧卧）。同一技术人员抓住另外一条腿弯向自己身体，以便接触到指定腿部

内侧，并用这只手对底下那条腿的腹股沟部位施加压力。这种压力会造成血管充血，并轻微隆起。

② 找到静脉位置，并按照头静脉采血步骤进行采血。

3. 颈静脉采血（图 4-19）

颈静脉从颈基部流向颈静脉沟，该部位可用于犬的采血。可采用如下步骤完成颈静脉采血。

图 4-19　颈静脉采血

① 除去采血管帽，握在持有采血管的技术人员手中或置于灭菌板垫上。

② 保定动物，使得可以接触颈静脉。一般保定人员用一只手臂环绕背部抱住动物，轻轻提起动物的头颈部，同时在稍微远离颈静脉采血部位处轻轻扭动（在小型动物中，可以用另外一只手将前肢沿着保定台边缘向下伸展），将有助于暴露颈静脉。注意：如果在过远的部位捻动颈部，可能会导致颈部和颈静脉过度伸展，只有轻轻扭动颈部才能暴露血管。

③ 使用非惯用拇指压住胸椎处气管进口，以堵住血管。这将使血液进入血管，使其扩张，容易找到。用浸泡在异丙醇中的纱布轻轻擦拭该部位，这样可以清洗采血部位并帮助血管扩张和暴露。剪去毛发，可以更好地看到血管。

④ 以 25°将针头斜向上插入静脉，轻轻回拉注射器推杆，以产生轻微的负压（吸力）。如果针头在静脉内，可以在注射器接口处观察到小的回血。

⑤ 一旦获得所需要的采血量，放开压住胸椎处气管进口的手指，并小心移去针头或导管，同时以手指或纱布垫轻轻压住采血部位，直至不再出血。

⑥ 重新套上采血管盖，并按照所在研究机构的指导原则制备/储存样品。

⑦ 立即将注射器，针头和/或导管弃置于合适的锐利物容器中。

⑧ 使用适当的表格记录采血过程。

四、犬的麻醉和安乐死

1. 犬的麻醉

（1）犬麻醉方法的选择　进行犬手术时必须选择适当的麻醉。在选择麻醉方法时应根据实验要求、犬的种属特性及客观条件选择安全、有效、简便、经济又便于管理的方法。由于犬不易配合手术，所以实际操作中常常选择犬全身麻醉，包括静脉麻醉、腹腔或肌内注射麻醉、吸入麻醉等。偶有手术选择局部麻醉、复合麻醉或气管插管全麻。

（2）常用的犬麻醉药物　注射用麻醉药常用巴比妥类，如戊巴比妥钠、硫喷妥钠、苯巴比妥钠等，这类药物既可以单独静脉或腹腔注射，也可以与其他麻醉药物复合使用。由几种镇静剂和麻醉剂混合而成的速眠新，是一种安全范围较宽的麻醉复合制剂，具有中枢性镇痛、镇静和肌肉松弛作用，单独进行肌内、腹腔或静脉注射可取得满意的麻醉效果。此外还有镇静催眠药水合氯醛，可用于静脉注射麻醉，但其具有较大的抑制呼吸和心肌收缩等副作用。吸入性麻醉药主要为乙醚，要注意的是乙醚对犬呼吸和循环的抑制与麻醉深度有关，在使用过程中一定要严密观察。

(3) 麻醉方法 麻醉前实验犬禁食12～24h，禁饮4～6h。如果用犬作为手术对象，手术前还要将犬嘴捆绑。根据手术要求选择相应的麻醉方法和准备手术器械、药品等。

在手术前30min以内可适当使用抗胆碱类药物（如阿托品）、镇静镇痛药物（如安定等）作为麻醉前用药，以减少呼吸道的分泌物和防止呕吐，使犬安静以保证麻醉诱导的平稳和减少麻醉药物的用量。麻醉实施用药应根据具体选定的麻醉方法来决定。

吸入麻醉一般采用开放式吸入法，用一端蒙上4～6层医用纱布的圆筒或锥型犬口罩作为麻醉面罩，套在犬的口鼻上，将乙醚缓慢地滴在纱布上进行麻醉，待犬不再挣扎，呼吸平稳即可。

静脉注射麻醉通过犬后肢大隐静脉注入单一或复合静脉麻醉药物，具有协同作用的静脉麻醉药物的复合使用可以减少各自麻醉药的用量，减轻副作用，提高安全性和麻醉效果。

腹腔注射麻醉常用的药物有3%～5%的戊巴比妥钠或硫喷妥钠，用量稍大于静脉麻醉剂量。注射药物的部位是在犬的后腹部，注射时回抽以避免注入肠腔或膀胱。

肌内注射麻醉操作更为简便，麻醉诱导时间长，安全性较大，所用药物种类和剂量与静脉注射麻醉相同。

(4) 麻醉的观察与管理 自麻醉诱导期至清醒之前对犬的呼吸、循环和体温进行观察和监测，如果这些指标发生改变及时作出响应。例如，犬出现呼吸抑制时应立即停止使用麻醉药，并给予呼吸兴奋剂或辅助胸部按压；术中犬心脏停搏时应立即胸外心脏按压，并给予肾上腺素等。

2. 犬的安乐死及确认

犬的安乐死主要通过吸入或注射过量化学物质进行，这些化学物质通常主要抑制至关重要的呼吸系统、循环系统或神经系统，导致意识丧失，并造成死亡。戊巴比妥钠注射液是犬最常用的药物。一旦进入动物身体，戊巴比妥钠迅速造成动物意识丧失，然后呼吸缓慢停止，并导致心力衰竭。

确认动物死亡的方法：可以采用角膜反射检查，轻轻压住眼睛，检查角膜反射。死亡动物对眼睛运动无反应或眼睑闭合。也可确认犬呼吸和心跳是否停止。

一、实施准备

每个学习小组4人，以下为1个学习小组的需要。

1. 实验动物：雌性比格犬1只、雄性比格犬1只。

2. 设备与耗材：比格犬固定箱1个、1mL一次性注射器50个、生理盐水500mL、戊巴比妥钠（3%浓度）300mL、犬灌胃管4个、抗凝剂10mL、吊牌2块、尖头剪刀4把、尖头无齿镊子4把、电子天平1个、温度计1个、耳标20个、1.5mL离心管300个、微量采血毛细管200个、乳胶手套1盒、帆布手套4副、透明胶带1卷、标签纸若干、酒精棉若干。

二、实施步骤

1. 教师提出比格犬基本实验操作的学习内容和目标。

2. 各学习小组制订工作计划、分配工作任务，确定比格犬五项基本实验操作的主要负责人，形成纸质文件。

3. 各学习小组利用课件和教材及教学视频，按照工作计划分别学习比格犬的基本实验操作的基本步骤和操作要点，在教师的指导下反复练习后做到准确和熟练。

4. 各小组学生分别练习和考核

（1）由各组负责人示范比格犬的基本实验操作，教师讲解重点、难点和注意事项。

（2）各组在教师和该负责人的指导下完成比格犬的基本实验操作。

（3）所有学生撰写自己的工作记录。

（4）考核。

（5）项目负责人撰写该实验的工作小结。

（6）教师总结。

三、工作记录

1. 方案设计

<table>
<tr><td>组长</td><td></td><td>组员</td><td colspan="3"></td></tr>
<tr><td>学习任务</td><td colspan="5"></td></tr>
<tr><td>学习时间</td><td></td><td>地点</td><td></td><td>指导教师</td><td></td></tr>
<tr><td>学习内容</td><td colspan="5">任务实施</td></tr>
<tr><td>比格犬抓取</td><td colspan="5"></td></tr>
<tr><td>比格犬保定</td><td colspan="5"></td></tr>
<tr><td>比格犬性别判定</td><td colspan="5"></td></tr>
<tr><td>比格犬灌胃</td><td colspan="5"></td></tr>
<tr><td>比格犬肌内注射</td><td colspan="5"></td></tr>
<tr><td>比格犬皮下注射</td><td colspan="5"></td></tr>
<tr><td>比格犬隐静脉注射</td><td colspan="5"></td></tr>
<tr><td>比格犬采血</td><td colspan="5"></td></tr>
<tr><td>比格犬麻醉与安乐死</td><td colspan="5"></td></tr>
</table>

2. 人员分工

姓　名	工作分工	完成时间	完成效果

3. 工作记录

（1）犬的保定观察与标示

动物	动物编号	天然孔检查	皮肤检查	性别	心率/(次/min)	项圈	耳部刺青	动　物配合度	备注
比格犬	1								
	2								
	3								
	4								

工作小结：

负责人签字：

（2）犬的灌胃和注射给药

动物编号	灌胃/(3mL/次)	肌内注射/(0.5mL/次)	皮下注射/(1mL/次)	静脉注射/(1mL/次)	备注(操作要点)
1					
2					
3					
4					

工作小结：

负责人签字：

（3）犬的采血操作

动物	动物编号	隐静脉采血/(mL/次)	颈静脉采血/(mL/次)	动物配合度	备注(操作要点)
比格犬	1				
	2				
	3				
	4				

工作小结：

负责人签字：

（4）犬的麻醉

动物	品种品系	性别	体重/g	麻醉剂	给药方法	备注
犬						
	项目	第一次给药	第二次给药	第三次给药	第四次给药	
	给药时间					
	给药量/mL					
	麻醉状态					

工作小结：

负责人签字：

考核内容：犬的抓取保定、性别判定

班级：　　　组别：　　　姓名：　　　　　　　　年　月　日

项目	评分标准		分值	负责人 10%	自评 30%	教师 60%
外观观察	评价要点	观察外观、发育是否正常	3			
		各天然孔有无分泌物	3			
		用镊子从后向前观察皮肤	3			
		有无震颤及不全性麻痹等现象	3			
	熟练程度	观察一只犬用时 30s	3			

续表

项目	评分标准		分值	负责人 10%	自评 30%	教师 60%
犬的抓取	评价要点	弯曲膝盖并用手臂围住犬胸部	4			
		另一只手抱住犬臀部，站起来	5			
	熟练程度	1只/min	3			
犬的躺卧保定	评价要点	将犬置于台面上，并鼓励犬躺下	4			
		一只手臂放在犬背上，然后围住胸部	3			
		另外一只手应该轻轻抓住犬的口鼻部分，控制其头部	3			
	熟练程度	1只/5min	3			
犬的侧卧保定	评价要点	犬置于检查台上，并鼓励其躺下	3			
		俯身向犬，使用与犬尾最靠近的手抓住离你最远的后肢	3			
		另一只手抓住离你最远的前肢	3			
		轻轻滚动犬，使其定位至一侧	3			
		将前臂放在犬颈部，控制头部	3			
	熟练程度	1只/3min	5			
性别判定	评价要点	准确判定雌雄	5			
		准确识别雌雄生殖器	5			
	熟练程度	3只/min	5			
标识	评价要点	能够识别1～9的标记	5			
	熟练程度	准确读取编号10只/min	5			
学习态度	将实验设备与材料摆放在合适的位置； 正确使用实验设备与材料； 积极动手操作、反复练习； 实验完成时能够及时整理实验台面、清洗实验设备		5			
动物福利	动物无剧烈挣扎、痛苦叫声； 实验结束时动物无死伤		5			
合作沟通	积极参与工作计划的制订； 按照工作计划按时完成工作任务； 乐于助人，也乐于向其他人请教； 善于提问，积极思考别人提出的问题，提出解决方案		5			
合计						
教师评语						

考核内容：犬的灌胃和注射给药

班级：　　　组别：　　　姓名：　　　　　　　　　　　年　　月　　日

项目	评分标准		分值	负责人 30%	自评 10%	教师 30%	专家 30%
灌胃	评价要点	选择合适的灌胃管	1				
		器械保定犬	3				
		将开口器固定在犬口腔，压住犬舌	3				
		灌胃管一端从开口器孔插入犬口腔直至胃部	3				
		灌胃管外端插入水中，观察有无气泡	2				
		注射器抽取适量盐水，连接灌胃管外端，缓慢推注	3				
		注射器再向灌胃管中注入 5mL 空气	3				
		将拇指按住灌胃管开口处，拉出胃管	2				
	熟练程度	1 次/10min	3				
肌内注射	评价要点	正确抓取犬，左臂夹住犬头颈部，使头向后，左手扶握臀部	3				
		酒精棉消毒	1				
		后肢的肌肉发达处进针	3				
		进针角度：与注射部位呈 90°	3				
		缓慢推注后，轻轻按揉，促进药物吸收	2				
	熟练程度	1 只/5min	3				
隐静脉注射	评价要点	保定犬，抓住犬一只后肢	3				
		准确识别静脉	3				
		去毛，酒精棉擦拭耳缘，轻拍使其静脉充盈	3				
		从远心端向近心端平行进针	5				
		回抽有血液回流	5				
		缓慢推注，感觉无阻力，无可见皮丘	5				
		抽针后，干棉球止血 2min	3				
		最大注射量	2				
	熟练程度	1 只/5min	3				
皮下注射	评价要点	保定时，拇指和食指轻提犬颈部皮肤	3				
		注射器从颈部皮肤向犬后方进针	3				
		进针角度：与凸起皮肤呈 90°	3				
		进针后针尖游离	2				
		推注后无可见皮丘	3				
		最大给药量	2				
	熟练程度	1 只/2min	3				
学习态度	将实验设备与材料摆放在合适的位置； 正确使用实验设备与材料； 积极动手操作、反复练习； 实验完成时能够及时整理实验台面、清洗实验设备		3				

续表

项目	评分标准	分值	负责人 30%	自评 10%	教师 30%	专家 30%
动物福利	动物无剧烈挣扎、痛苦叫声； 实验结束时动物无死伤	3				
合作沟通	积极参与工作计划的制订； 按照工作计划按时完成工作任务； 乐于助人，也乐于向其他人请教； 善于提问，积极思考别人提出的问题，提出解决方案	5				
合计						
教师评语						

考核内容：犬的采血和麻醉

班级：　　　　组别：　　　　姓名：　　　　　　　　　　年　　月　　日

项目		评分标准	分值	负责人 30%	自评 10%	教师 30%	专家 30%
隐静脉采血	评价要点	保定犬，抓住一只后肢，找到静脉	3				
		用浸泡在异丙醇中的纱布轻轻擦拭该部位，剪去毛发，帮助血管暴露	3				
		压住动物肘部采血部位附近的静脉，使其静脉充盈，非惯用手抓住前肢，并将拇指置于静脉侧	3				
		以25°将针头插入静脉	3				
		回抽有血液回流	6				
		采血量1mL	5				
		移去针头，干棉球止血2min	3				
		血样贴标签	2				
	熟练程度	2只/5min	3				
颈静脉采血	评价要点	保定动物，使得可以接触颈静脉	3				
		使用非惯用拇指压住胸椎处气管进口，以堵住血管，使血管充盈	3				
		去毛，酒精棉擦拭，轻拍使其静脉充盈	3				
		以25°将针头插入静脉	3				
		回抽有血液回流	6				
		采血量5mL	3				
		放开压住胸椎处气管进口的手指，移去针头，干棉球止血3min	3				
		血样贴标签	2				
	熟练程度	2只/5min	3				

续表

<table>
<tr><th colspan="2">项目</th><th>评分标准</th><th>分值</th><th>负责人
30%</th><th>自评
10%</th><th>教师
30%</th><th>专家
30%</th></tr>
<tr><td rowspan="10">麻醉</td><td rowspan="9">评价要点</td><td>戊巴比妥钠浓度：3%</td><td>2</td><td></td><td></td><td></td><td></td></tr>
<tr><td>称重，计算麻醉剂量</td><td>2</td><td></td><td></td><td></td><td></td></tr>
<tr><td>给药方法：隐静脉注射</td><td>3</td><td></td><td></td><td></td><td></td></tr>
<tr><td>第一次注射麻醉剂量的(1/2)～(2/3)</td><td>3</td><td></td><td></td><td></td><td></td></tr>
<tr><td>观察 5min</td><td>2</td><td></td><td></td><td></td><td></td></tr>
<tr><td>第二次注射剩余麻醉剂</td><td>3</td><td></td><td></td><td></td><td></td></tr>
<tr><td>如未进入深度麻醉，每隔 3～5min 可以补充麻醉剂，每次不超过麻醉剂量的 1/2</td><td>3</td><td></td><td></td><td></td><td></td></tr>
<tr><td>深度麻醉：轻捏大腿后侧肌肉，无挣扎</td><td>4</td><td></td><td></td><td></td><td></td></tr>
<tr><td>动物呼吸和心跳缓慢平稳，无死伤</td><td>2</td><td></td><td></td><td></td><td></td></tr>
<tr><td>熟练程度</td><td>1 只/20min</td><td>3</td><td></td><td></td><td></td><td></td></tr>
<tr><td>学习态度</td><td colspan="2">将实验设备与材料摆放在合适的位置；
正确使用实验设备与材料；
积极动手操作、反复练习；
实验完成时能够及时整理实验台面、清洗实验设备</td><td>3</td><td></td><td></td><td></td><td></td></tr>
<tr><td>动物福利</td><td colspan="2">动物无剧烈挣扎、痛苦叫声；
实验结束时动物无死伤</td><td>5</td><td></td><td></td><td></td><td></td></tr>
<tr><td>合作沟通</td><td colspan="2">积极参与工作计划的制定；
按照工作计划按时完成工作任务；
乐于助人，也乐于向其他人请教；
善于提问，积极思考别人提出的问题，提出解决方案</td><td>5</td><td></td><td></td><td></td><td></td></tr>
<tr><td>合计</td><td colspan="7"></td></tr>
<tr><td>教师评语</td><td colspan="7"></td></tr>
</table>

思考与练习

1. 如果经常跟比格犬互动交流，会有利于实验的开展。请阐述在工作中可以采取哪些措施安定犬的情绪，使其更适应实验操作和环境？

2. 第一次采集犬的血液没有成功，犬剧烈挣扎。接下来应该如何做，才能采集到犬血呢？

项目五　动物模型与动物实验设计

学习目标

1. 了解动物模型的作用、意义。
2. 会按照要求制作部分常见动物模型。
3. 了解动物实验设计的基本原则。
4. 掌握动物实验数据记录的要求和基本处理方法。

课时建议与教学条件

本项目建议课时8学时。

实验动物房，相关实验操作设施设备。

任务一　卵巢切除骨质疏松模型的制作

动物模型在生物科学和医药研究中起着重要作用，因为动物可以从多方面模拟人类疾病。在本任务的学习中，我们将了解人类疾病动物模型的基本概念、制作模型的意义和原则，常用疾病模型的复制方法和应用，并学会切除雌性大鼠卵巢骨质疏松模型的方法。

一、动物模型及其意义

1. 人类疾病的动物模型

人类疾病的动物模型（animal model of human disease）指各种医学科学研究中建立的具有人类疾病模拟表现的动物。动物疾病模型主要用于实验生理学、实验病理学和实验治疗学（包括新药筛选和疫苗开发）研究。人类疾病的发展十分复杂，以人本身作为实验对象来深入探讨疾病发生机制，不仅进展缓慢，在时间和空间上存在局限性，而且许多实验存在人道风险。借助于动物模型的间接研究，可利用各种动物的生物学特性和疾病特点，与人类疾病进行比较研究，有助于更方便、有效地认识人类疾病的发生、发展规律，研究防治措施。

2. 动物模型在生物医学中的意义

（1）避免对人体的伤害　临床上对人类疾病进行实验面临着伦理和社会道德的限制，

动物作为人类替代者，可在人为设计的特定实验条件下进行反复实验研究，还可以采用某些不能应用于人类研究的方法和途径，甚至为了实验目的需要还可以损伤动物组织、器官以至处死。

（2）疾病可复制　特别是临床上不常见的一些疾病，如中毒、烈性传染病、外伤、肿瘤等，可以采用动物模型进行大量复制；某些发病率低、潜伏期长、病程也长的疾病如遗传性、免疫性、代谢性和内分泌、血液疾病等可通过选择发病率高、生命周期较短、繁殖较快的动物种群作为疾病模型，在人为设计的实验条件下反复观察和研究。

（3）可以严控实验条件，降低无关因素的影响　疾病发生非常复杂，患者的年龄、性别、体质、遗传，甚至社会因素都与疾病的发生、发展有关。用动物复制疾病模型，可选择相同品种、品系、性别、年龄、体重、健康状态，甚至遗传和微生物等方面严加控制的各种等级标准实验动物，严格控制温度、湿度、光照、噪声、饲料等实验环境条件，从而在研究中排除其他影响因素，得到可比性强、重复性好的结果。

（4）可以充分认识人畜共患病　许多病原体除人以外也能引起多种动物的感染，其症状体征表现可能不完全相同，通过对人畜共患病的比较，可以充分认识同一病原体给不同机体带来的各种危害，使研究工作上升到立体的水平来揭示某种疾病的本质。

二、人类疾病动物模型的复制原则与注意事项

1. 人类疾病动物模型的复制原则

在制作人类疾病动物模型时要考虑如下原则。

（1）相似性　设计人类疾病动物模型的一个重要原则是所复制的模型应尽可能近似于人类疾病的情况。因为用动物体复制人类疾病模型的目的就是在于从中找出可以外推人体的规律。

为了尽量做到与人类疾病相似，首先要注意动物的选择。例如，鹌鹑最适宜做高脂血症的模型，因为鹌鹑的血浆三酰甘油、胆固醇以及游离脂肪酸水平与人十分相似，低密度和极低密度脂蛋白的脂质构成也与人相似。其次，还要在实践中对建模方法不断加以改进。例如结扎兔的阑尾血管，可以使阑尾坏死、穿孔并导致腹膜炎，但这与人类急性梗阻性阑尾炎合并穿孔和腹膜炎不一样，而结扎兔阑尾基部并保留原来的血液供应，由此而引起的阑尾穿孔及腹膜炎就与人的情况相似，因而是一种比较理想的方法。另外，在观察指标等方面也应进行周密的设计。

（2）重复性　理想的人类疾病动物模型应该是可重复、可标准化的，不能重复的动物模型是无法进行应用研究的。为增强动物模型复制的重复性，在设计时应尽量选用标准化实验动物。在标准化动物实验设施内完成动物模型复制工作，各种影响因素尽可能保证一致性，诸如选用动物的品种、品系、年龄、性别、体重、健康状况、饲养管理，实验环境及条件、季节、昼夜节律、应激、消毒灭菌、实验方法及步骤，试剂和药品的生产厂家、批号、纯度、规格，给药的剂型、剂量、途径和方法，麻醉、镇静、镇痛及复苏方法，所使用仪器的型号、灵敏度、精确度、范围值以及实验者操作技术、熟练程度。

（3）可靠性　复制的动物模型应力求可靠地反映人类疾病，即可特异地、可靠地反映该种疾病的代谢、结构变化，同时应具备该种疾病的主要症状和体征；并经过一系列检测（心电图，临床生理、生化指标检验，病理切片等）得以证实。易产生与复制疾病相混淆的疾病或临床症状者也不宜选用，例如铅中毒可用沙鼠作为动物模型，因为一般只有铅中毒时才会使沙鼠出现相应的肾病变，而大白鼠则不宜建立此模型，因为它本身容易患动物地方性肺炎

及进行性肾病，后者容易与铅中毒所致的肾病相混淆。

（4）适用性和可控性　设计复制人类疾病动物模型，应尽量考虑今后的临床应用和易于控制其疾病发展过程，以便于开展研究工作。例如雌激素能中止大鼠和小鼠的早期妊娠，但不能中止人的妊娠，因此选用雌激素复制大鼠和小鼠的中止早期妊娠动物模型不适宜；用大鼠和小鼠筛选带有雌激素活性的避孕药物时也会带来错误的结论。又如选用大鼠和小鼠复制实验性腹膜炎也不适宜，因为它们对革兰阴性菌具有较高的抵抗力，不易形成腹膜炎。有些动物对某致病因子特别敏感，极易死亡，不好控制也不适宜复制动物模型。如给犬腹腔注射粪便滤液可引起腹膜炎，但是80%的犬在24h内死亡，来不及治疗观察，而且粪便剂量及细菌菌株不易控制，因此不能准确地重复腹膜炎这一实验结果。

（5）易行性和经济性　复制动物模型的设计，应尽量做到方法容易执行和合乎经济原则。除了动物选择上要考虑易行性和经济性原则外，在选择模型复制方法和指标的检测观察上也要注意这一原则。

应该指出，任何一种动物模型都不能全部复制出人类疾病的所有表现，动物毕竟不是人体，模型实验只是一种间接性研究，只可能在一个局部或一个方面与人类疾病相似。所以，模型实验结论的正确性是相对的，最终还必须在人体上得到验证。复制过程中一旦发现与人类疾病不同的现象，必须分析差异的性质和程度，找出异同点，以正确评估。

2. 人类疾病动物模型的注意事项

设计动物模型时除了要了解掌握上述原则外，还要注意下列问题。

（1）注意模型要尽可能再现所要求的人类疾病　复制模型时必须强调从研究目的出发，熟悉诱发条件、宿主特征、疾病表现和发病机制，即充分了解所需动物模型的全部信息，分析是否能得到预期的结果。例如诱发动脉粥样硬化时，草食类动物兔需要的胆固醇剂量比人高得多，而且病变部位并不出现在主动脉弓。病理表现以纤维组织和平滑肌增生为主，可有大量泡沫样细胞形成斑块，这与人类的情况差距较大。为了增加所复制动物疾病模型与人类疾病的相似性，应尽量选用各种敏感动物与人类疾病相应的动物模型。见表5-1。

表5-1　部分与人类相似的疾病模型及相关敏感动物

动物模型	动物种类	相应的人类疾病
阿留申(Aleutian)病	水貂类	多发性骨髓瘤
淀粉样变性	北京鸭	淀粉样变性
动脉粥样硬化	松鼠、猴、鸽、黑猩猩	动脉粥样硬化
脱发症	雄鼠	脱发症(男性)
心血管疾病	土拨鼠	心血管疾病
白内障	海豹、海狮子、沙鼠	白内障
脑血管疾病	土拨鼠	脑血管疾病
Chastek 麻痹症	水貂	维生素 B_1 缺乏病
染色体畸变	蛙	染色体畸变
多尿症	黑色类人猿	多尿症
糖尿病	中国地鼠、沙鼠	糖尿病
自发性高血压	黑猩猩	自发性高血压
肉芽肿病	犬	溃疡性结肠炎
结肠炎	犬	肠炎
肝炎	黑猩猩	病毒性肝炎
肝癌	虹鳟、真鳟	肝癌
疱疹	火鸡	疱疹感染
疱疹诱发性淋巴瘤	火鸡	淋巴瘤
炎症	悉生动物	炎症

（2）注意所选用动物的实用价值　模型应适合于多数研究者使用，容易复制，实验中便于操作和采集各种标本。同时应该首选一般饲养员较熟悉而便于饲养的动物作研究对象，这样就无须特殊的饲养设施和转运条件，经济上和技术上容易得到保证。

此外，动物来源必须充足，有一定的生存期，便于长期观察使用，以免模型完成时动物已濒于死亡。野生动物在自然环境中观察有助于正确评价自然发病率和死亡率。但记录困难，在实验条件下维持有一定难度，且对人和家畜有直接和间接的威胁，使用时要特别加以注意。

（3）注意环境因素对模型动物的影响　复制模型的成败往往与环境的改变有密切关系。拥挤、饮食改变、过度光照、噪声、屏障系统的破坏等，任何一项被忽视都可能给模型动物带来严重影响。除此以外，复制过程中固定、出血、麻醉、手术、药物和并发症等处理不当，同样会产生难以估量的恶果。因此，应尽可能使模型动物处于最小的变动和最少的干扰之中。

（4）不能盲目地使用近交系动物　例如自发性糖尿病大鼠除具有糖尿病临床特征外，还发现多种病理变化（外周神经系统严重病变、睾丸萎缩、甲状腺炎、胃溃疡、恶性淋巴瘤等），因此要有目的地选择。两种近交系的杂交一代（F1 代）作为模型，其个体之间均一性好，对实验的耐受性强，多少克服了近交系的缺点。

（5）不能只考虑高等动物　复制动物模型时，在条件允许的情况下，应尽量考虑选用与人相似、进化程度高的动物作模型。但不能因此就认为进化程度越高等的动物其所有器官和功能越接近于人。例如，诱发非人灵长类动物动脉粥样硬化时，病变部位经常在小动脉，即使出现在大动脉也与人类分布不同。据报道用鸽作这类模型时，胸主动脉出现的黄斑面积可达 10%，镜下变化与人也比较相似，因此也广泛被研究者使用。

（6）正确认识动物疾病模型的不足　应该懂得没有一种动物模型能完全复制人类疾病的真实情况，动物毕竟不是人体的缩影。模型实验只是一种间接性研究，只可能在一个局部或几个方面与人类疾病相似。因此，模型实验结论的正确性只是相对的，最终必须在人体上得到验证，必须分析复制过程中出现与人类疾病不同的情况，正确评估哪些是有价值的。

三、人类疾病动物模型的分类

1. 诱发性动物模型

诱发性动物模型又称实验性动物模型（experimental animal model），是指研究者通过使用物理性、化学性、生物性和复合性致病因素作用于动物，造成动物组织、器官或全身特定的损害，出现某些类似人类疾病时的功能、代谢或形态结构方面的病变，即人为地诱发动物产生类似人类疾病模型。诱发性动物模型根据诱发方式可以分为以下几种。

（1）物理因素诱发动物模型　常见的物理因素如机械损伤、放射线损伤、气压、手术等许多因素。使用物理方法复制的动物模型如外科手术方法复制大鼠急性肝衰竭动物模型，放射线复制大鼠萎缩性胃炎动物模型，手术方法复制大鼠肺水肿动物模型，以及放射线复制的大鼠、小鼠、犬的放射病模型等。采用物理因素复制动物模型比较直观、简便，是较常见的方法。

（2）化学因素诱发动物模型　常见的化学因素如化学药物致癌、化学毒物中毒、强酸强碱烧伤、某种有机成分的增加或减少导致营养性疾病等。应用化学物质复制动物模型，如应用羟基乙胺复制大鼠急性十二指肠溃疡动物模型，应用 D-氨基半乳糖复制大鼠肝硬化动物模型，以缺碘饲料复制大鼠缺碘性甲状腺肿动物模型和应用胆固醇、胆盐及动物脂肪油等复制鸡、兔、大鼠的动脉粥样硬化症动物模型。不同品种、品系的动物对化学药物耐受量不同，在应用时应引起注意。有些化学药物代谢易造成许多组织、器官损伤，有可能影响实验观察，应在预实验中摸索好稳定的实验条件。

（3）生物因素诱发动物模型　常见的生物因素如细菌、病毒、寄生虫、生物毒素等。在人类疾病中，由生物因素导致发生的人畜共患病（传染性或非传染性）占很大的比例。传染病、寄生虫病、微生物学和免疫学等研究经常使用生物因素复制动物模型。如以柯萨奇 B 病毒复制小鼠、大鼠、猪等心肌炎动物模型；以锥虫病原体感染小鼠，复制锥虫病小鼠动物模型。

诱发性动物模型的特点在于制作方法简便，实验条件容易控制，复制的模型符合研究目的，短时间内可以复制大量的动物模型，特别适用于药物筛选。但其不足之处是诱发性动物模型与自然疾病存在着某些不同，例如诱发性肿瘤与自发性肿瘤对抗癌药物的敏感性不同。有些人类疾病不能用人工方法诱发成功。

2. 自发性动物模型

自发性动物模型（spontaneous animal model）是指实验动物未经任何人工处置，动物自然发生的疾病，或由于基因突变，通过遗传育种保留下来的动物模型，主要包括突变系的遗传疾病模型和近交系的肿瘤疾病模型。

（1）遗传疾病动物模型　突变系的遗传疾病很多，可分为代谢性疾病、分子性疾病、特种蛋白合成异常性疾病等，如裸鼠、肥胖小鼠、高血压小鼠等。

（2）肿瘤疾病动物模型　近交系肿瘤动物模型随实验动物种属、品种不同，肿瘤的发生类型和发病率有很大差异。

自发性动物模型的优点是在一定程度上排除了人为的因素，更接近自然的人类疾病，其应用价值很高，例如大鼠自发性高血压就是研究人类高血压的理想动物模型；小型猪自发性冠状动脉粥样硬化就是研究人类冠心病的良好动物模型；犬自发性类风湿性关节炎与人类幼年型类风湿性关节炎十分相似，同样是理想的动物模型。其缺点是这类动物模型来源比较困难，种类有限，而且自发性疾病模型的动物饲养条件要求高，繁殖生产难度大，自然发病率比较低，发病周期也比较长，大量使用有一定困难。

近十几年来医学界对自发性动物模型的应用和开发十分重视。许多学者通过对不同种动物的疾病进行大量普查，以发现自发性疾病的动物，然后通过遗传育种将其保持下去，并培育成具有该病表现症状和特定遗传性状的基因突变动物，供实验研究应用。

此外，动物疾病模型也可以按照系统范围分为疾病的基本病理过程动物模型和各系统疾病动物模型。前者是指各种疾病共同性的一些病理变化过程的模型。致病因素在一定条件下作用于动物，使动物组织、器官或全身造成一定病理损伤，出现各种功能、代谢和形成结构的变化，其中有些变化是各种疾病都可能发生的，不是某种疾病所特有的一些变化，如发热、缺氧、水肿、炎症、休克、弥散性血管内凝血、电解质紊乱、酸碱平衡障碍等，故称之为疾病的基本病理过程；后者指与人类各系统疾病相应的动物模型，如心血管、呼吸、消化、造血、泌尿、生殖、内分泌、神经、运动等系统疾病模型，还包括各种传染病、寄生虫病、地方病、维生素缺乏病、物理损伤性疾病、职业病和化学中毒性疾病的动物模型。

四、影响动物模型质量的因素

多种因素会影响到动物模型的品质，包括致模因素、动物因素、操作因素以及环境和营养因素。

1. 致模因素对动物模型复制的影响

选择好致模因素是复制动物模型的第一步，应明确研究目的，清楚了解人类疾病的发生、临床症状和发病机制，熟悉致病因素对动物所产生的临床症状和发病情况，致病因素的剂量。

2. 动物因素对动物模型复制的影响

复制动物模型的动物种类繁多，如实验动物、经济动物和野生动物。野生动物和经济动物微生物控制不严，遗传背景不清楚，不提倡使用；应尽可能使用标准化实验动物。此外，动物种类、品系、年龄、体重、性别、生理状态和健康因素等均对动物模型质量有不同程度的影响。

3. 实验技术对动物模型复制的影响

(1) 麻醉的影响　在复制动物模型时往往需要将动物麻醉后才能进行各种手术，实施某些致模因素。不同麻醉药物和不同麻醉剂量有不同的药理作用和不良反应，如麻醉过深，动物处于深度抑制状态，甚至濒死状态，动物各种反应受到抑制，结果的可靠性受影响；麻醉过浅，在动物身上进行手术或实施某些致模因素，将造成动物强烈的疼痛刺激，引起动物全身特别是呼吸、循环、消化等功能发生改变，同样会影响造模的准确性。

(2) 操作技术的影响　在实验手术造模时，首先要选择好最佳的手术路线，以免过大、过繁的手术给机体带来的影响。技术熟练与否也是影响因素，技术熟练可以减少对动物的刺激、创伤和出血，将提高造模的成功率。

(3) 实验给药的影响　在造模过程中给药是常规的工作，但对造模也是影响因素，如给药的途径、剂量、熟练程度等都会带来影响。

(4) 对照组对造模的影响　在复制动物模型时常常因忽视或错误应用对照的问题，而造成动物模型的失败或误导错误结论，应根据不同要求设置好对照组。

4. 环境因素和营养因素对复制动物模型的影响

营养因素对复制动物模型，特别是长期实验影响显著，应予以重视。应采用标准饲料，给予符合卫生条件的充足饮水。

环境因素是影响造模及其实验结果的重要因素，居住条件、饲料、营养、光照、噪声、氨浓度、温度、湿度、气流速度等任何一项都不容忽视。

五、常见人类疾病动物模型

1. 神经系统

(1) 大鼠囊状脑动脉瘤　结扎大鼠颈总动脉，同时佐以脱氧皮质酮和高渗盐水处理，饲喂含有氨基丙腈的饲料，复制囊状动脉瘤模型，为研究人类脑动脉瘤与血液动力学的关系、病变的发展及发病机制提供有益的帮助。

(2) 结扎大鼠中动脉的大鼠卒中模型　结扎大鼠大脑中动脉，可复制中风模型。其优点是能产生非致命性的孤立性病灶损害，为生理、病理研究提供了资料。

(3) 维生素 A 缺乏引起的兔脑积水模型　选用雌性幼兔，饲以限制维生素 A 饲料，诱发兔脑积水。该模型优点是易复制，通过监测血清维生素 A 含量控制血清中的维生素 A 的浓度，有利于进行生化和形态学的研究。

2. 心血管系统

(1) 动脉粥样硬化　长期以来有兔饲以高脂肪、高胆固醇饲料诱发动脉粥样硬化的动物模型。但人的病变是以动脉内膜和中层平滑肌损害为主，而兔则主要表现为血源性的泡沫细胞增多，且病变分布亦有所不同。近年来还发现猪、犬、大鼠、鸡、鸽等都能产生自发或诱发动脉粥样硬化模型，如给小型猪饲高脂肪、胆固醇饲料诱发动脉粥样硬化病变，其解剖部位、病理特点均与人类相似，有的还伴有心肌梗死，较易饲养管理。

(2) 心肌缺血和心肌梗死　可采用电刺激法，将雄性成年兔麻醉后，用弱、强电流（0.8～1.6mA 及 4～6mA）交替刺激右侧下丘脑背侧核，复制心肌缺血动物模型；也有采用药物法，给大鼠、兔注射异丙肾上腺素制备冠状动脉痉挛模型；或采用冠状动脉阻断法，近年来应用大鼠、犬麻醉后分离冠状动脉套上自制的冠状动脉压迫环，制备心肌缺血和心肌梗死模型。

(3) 高血压　目前应用最广泛的是突变系 SHR 大鼠。该鼠自发性高血压的变化与人类相似，并且可产生脑血栓、出血、肾硬化、心肌梗死和纤维化等变化。

听源性高血压：采用大白鼠与家鼠杂交生的大灰鼠（比纯种大白鼠较易诱发成功），4 月龄，放入隔音室内笼养，噪声刺激可由电铃或扬声器发出，发音器是一个音频振荡器，连接一个 20W 高音扬声器。噪声刺激应经常在 700～1000 周/s 中变换，噪声刺激每 30s 一次，连续 3 个月后血压普遍升高，大灰鼠正常平均收缩压为（113±8）mmHg，此时可升高到 130～140mmHg，有 40%动物收缩压可高达 160mmHg。此种高血压动物模型与人的高血压病相类似，适用于降压药物的筛选。

3. 呼吸系统

(1) 慢性支气管肺炎模型　常选用大鼠、豚鼠或猴吸入刺激性气体（如二氧化硫、氯、氨、烟雾等）复制人类慢性气管炎。现发现猪黏膜下腺体与人类相似，且经常发生气管炎及肺炎，故认为是复制人类慢性气管炎较合适的动物。用去甲肾上腺素可以引起与人类相似的气管腺体肥大。

(2) 肺气肿模型　给兔等动物气管内或静脉内注射一定量木瓜蛋白酶、菠萝蛋白酶、败血酶、胰蛋白酶、致热溶解酶以及由脓性痰和白细胞分离出来的蛋白溶解酶等，可复制成实验性肺气肿。以木瓜蛋白酶形成的实验性肺气肿病变明显而且典型，或在木瓜蛋白酶基础上再用气管狭窄方法复制成肺气肿和肺源性心脏病模型，其优点是病因、病变更接近于人。

(3) 肺水肿模型　用一氧化氮吸入可造成大鼠和小鼠中毒性肺水肿，或用气管内注入 50%葡萄糖液（家兔及犬分别为 1mL 及 10mL）引起渗透性肺气肿。切断豚鼠、家兔、大鼠颈部两侧迷走神经可引起肺水肿。静脉注入 10%氯仿（兔 0.1mL/kg 体重，犬 0.5mL/kg 体重）也可引起急性肺水肿。腹腔注入 6%氯化铵水溶液可引起大鼠（0.4mL/kg 体重）、豚鼠（0.5～0.7mL/kg 体重）肺水肿。

(4) 支气管痉挛、哮喘模型　常选用豚鼠复制急性过敏性支气管痉挛。用生理盐水配成 1∶10 鸡蛋白溶液作致敏抗原，给每只（250g 体重）豚鼠腹腔内注射 0.5mL，注射后 1 周，动物对抗原的敏感性逐渐升高，至 3～4 周时最高。此时再用 1∶3 鸡蛋白溶液 2mL 加弗氏完全佐剂雾化（在雾化室内），致敏动物在此雾化室内十几秒钟到数分钟内，就出现不安，呼吸加急、加快，然后逐渐减慢变弱，甚至出现周期性呼吸，直到呼吸停止而死亡。如果动物致敏程度较轻或诱发时鸡蛋白喷雾的浓度很快，则只发生一时性的支气管痉挛，并不死亡。如改用组胺喷雾，则不必预先致敏就能引起豚鼠支气管痉挛。

4. 消化系统

(1) 急性胃炎　急性胃炎的实验模型常选用大白鼠。实验前禁食 24h，以水杨酸制剂（如 20mL 的阿司匹林或水杨酸溶液）按 100mg/kg 体重给药，或以 10mL 的乙酸或不同浓度的盐酸（1mL、10mL、100mL）灌胃，4h后动物胃内发生急性弥漫性炎症变化。

（2）慢性胃炎　慢性胃炎的实验模型常选用慢性胃瘘狗，每日经瘘灌70～75℃的热水300mL，连续60d后可引胃黏膜萎缩，胃酸减少甚至缺失。

（3）胃溃疡　急性胃溃疡的实验模型常选用200～250g的成年大白鼠，用浸水刺激，造成应激性溃疡。

结扎大白鼠幽门可诱发成胃溃疡，其成功率与动物禁食情况以及结扎后经历的时间等有关。一般诱发成功率达85%以上，是最常用的模型之一。

组胺法常选用雄性白色豚鼠，禁食18～24h，全麻下找出十二指肠，在十二指肠的胆管开口上方夹一动脉夹造成狭窄，以使胃液潴留并防止十二指肠液返流入胃。皮下注射磷酸组胺水溶液（2.5～7.5mg/kg体重，根据动物品种而剂量不同），1h后即可恒定地复制出胃溃疡。

（4）肠梗阻　肠梗阻实验模型常选用犬。在单纯结扎肠管24h后，即可见梗阻以上肠段明显扩张。也可采取结扎肠系膜血管、人工造成肠套或肠扭转等方法复制。

（5）溃疡性结肠炎　溃疡性结肠炎实验模型可以选用大白鼠，通过免疫方法制备。一般是用同种或异种动物的结肠黏膜匀浆加弗氏佐剂，给大白鼠足跖肉垫内注射，约10d后随着血清抗结肠黏膜抗体滴度的升高和便血，在盲肠与结肠出现溃疡性结肠炎变化。

（6）胰腺炎　急性胰腺炎实验模型大都选用雄犬，且以体重在15kg以上者为佳。在无菌操作下，分离出主胰管。若在结扎主胰管的同时，饲以高蛋白、高脂肪食物，或注射促胰液素使胰液分泌增加，可以诱发一过性的胰腺水肿，如果在结扎胰管的同时暂时阻断胰动脉或以有活性的胰蛋白酶作动脉内注射，则可导致出血性胰腺炎。

（7）胆结石　使动物胆道发生感染，胆汁淤积、胆固醇代谢发生障碍等均可使动物胆道形成胆结石。复制胆结石模型的方法很多，其中常用食饵法，选择体重60g左右叙利亚地鼠，喂高糖、不含非饱和脂肪酸饲料（蔗糖74%、酪蛋白21%、食盐4.4%、胆碱0.1%、浓缩鱼肝油0.5%），每只地鼠5～9g/次，每天两次，14～21d胆囊内形成明显结石，22d后成石率高达100%。也有选用健康雌性豚鼠，饲鼠基础食料中加入酪蛋白1%、蔗糖1.5%、猪油1%、纤维素1%、胆酸0.02%、胆固醇0.05%的成石饲料，两个月后在90%的豚鼠胆囊中产生了以胆色素为主的结石，其成分和结构与人类的胆色素结石相似。

5. 泌尿系统

（1）肾小球肾炎　诱发性肾小球肾炎模型一般采用兔、猫、犬注射异种抗肾血清、细菌抗原与肾组织复合抗原以及抗原体来诱发动物肾小球肾炎模型。羊抗兔血清制备是选用体重2kg左右健康兔，处死后取出肾脏，插入导管，反复用生理盐水冲洗，然后将皮质与髓质分开，用肾皮质5g研成匀浆与弗氏完全佐剂混匀成10mL，再加生理盐水使总量达30mL。此混悬液给绵羊皮下或肌内多处注射共4次，每2周1次，于末次注射后2周采羊血分离出血清，用等量兔红细胞吸附，置于4℃一整夜以吸去血清中可能存在的抗兔血细胞抗体，经离心，取上清液置于56℃水浴中0.5h灭活。通过上述处理的血清给健康兔静脉注射，每次0.5～2.0mL，隔0.5h一次，约连续注射3～5次出现蛋白尿为标志，可认为已形成了严重的肾小球肾炎。

（2）肾病　用加热37℃的任洛氏液配制成1%藏红花红溶液，由兔耳缘静脉注入，总量为30mg，分两次注入，间隔3h。注后24h动物血清尿素氮显著增高，血清钾、钠也升高，伴有不同程度代谢性酸中毒。藏红花红可选择性地引起近端和远端曲管上皮广泛坏死，造成的模型与临床表现较一致，故在国内较为常用。

6. 糖尿病（diabetes mellitus，DM）

复制糖尿病模型有诱发、遗传性及自发性模型，其方法有手术、化学物质破坏胰岛的细胞、激素诱发和遗传性及自发性糖尿病模型。

（1）切除胰腺的DM模型　常采用犬、猫和大鼠等造模，全部或大部分切除实验动物的胰腺，但保存胰十二指肠动脉吻合弓。如果连续2h血糖值超过11.1mmol/L或行葡萄糖耐量试验120min时的血糖值仍未恢复到注射前水平则认为DM造模成功。其机制是全部或大部分切除胰腺后，β细胞缺乏而产生永久性DM。

（2）化学药物诱发的DM模型　采用链脲佐菌素腹腔注射或四氧嘧啶静脉注射可诱发DM，常用动物有小鼠、大鼠、家兔和犬。链脲佐菌素（streptozotocin，STZ）的参考剂量为50～150mg/kg体重；四氧嘧啶（alloxan）的参考剂量为60～110mg/kg体重。

四氧嘧啶会造成肝、肾组织中毒性损害，另外，部分采用四氧嘧啶制造的DM动物模型可自发缓解，故目前已经很少应用。

7. 骨质疏松

雌性大鼠切除卵巢后，雌激素缺乏，出现骨质疏松，故切除雌性大鼠卵巢可模拟骨质疏松疾病模型。

一、实施准备

每个学习小组4人，以下为1个学习小组的需要量。

1. 实验动物：雌性大鼠4只，体重200～250g。

2. 设备与耗材：大鼠固定板4个、1mL一次性注射器10个、生理盐水500mL、麻醉剂（0.5%戊巴比妥钠10mL或10%水合氯醛30mL）、3%～5%苦味酸50mL、尖头小剪刀4把、尖头有齿小镊子4把、圆针4个、棱针4个、一次性平皿1包、缝合线1卷、持针钳4个、电子天平1个、乳胶手套1盒、透明胶带1卷、标签纸若干、酒精棉若干、止血钳4把、碘伏、棉球。40万U青霉素粉。

二、实施步骤

1. 教师提出切除雌性大鼠双侧卵巢、制备骨质疏松动物模型的学习内容和目标。

2. 各学习小组制订工作计划、分配工作任务，确定麻醉、连续缝合和结节缝合的主要负责人，形成纸质文件。

3. 各学习小组利用课件和教材及教学视频，按照工作计划，分别学习麻醉、连续缝合和结节缝合的基本步骤和操作要点，在教师的指导下反复练习后做到准确和熟练。

4. 卵巢摘除操作步骤

（1）穿手术衣，给大鼠编号。

（2）用电子天平称取大鼠体重，按0.35mL/100g体重的量腹腔注射麻醉（10%水合氯醛）。

（3）大鼠取俯卧位固定在鼠板上。

（4）用碘伏棉球消毒大鼠背部皮肤两次。

（5）打开无菌器械包，戴无菌手套，铺上孔巾。

（6）肋下两横指（2cm）、脊柱旁一横指（竖脊肌旁）处，助手用镊子提起皮肤，向上用手术刀切开长0.5～1.0cm大小的纵向切口。

（7）用剪刀剪开腹肌，打开腹腔。

（8）在腹膜后脂肪中，找到卵巢，用止血钳夹住卵巢下方。

（9）在止血钳下方用手术线结扎，在止血钳上方剪下卵巢，还纳组织回腹腔。

（10）缝合肌肉，缝合皮肤。

（11）用碘伏棉球消毒大鼠手术部位。

（12）同样方法切除对侧卵巢。

（13）肌内注射青霉素。

（14）术后等待大鼠苏醒后才能离开。

（15）每天进行动物观察。

5. 各小组学生分别练习

（1）由各组负责人示范麻醉、连续缝合和结节缝合的操作，教师讲解重点、难点和注意事项。

（2）每个学生使用一只大鼠制备卵巢摘除动物模型。

6. 记录与考核评价

（1）所有学生撰写自己的工作记录。

（2）小组考核评价。

（3）教师总结。

三、工作记录

1. 方案设计

组长		组员			
学习任务					
学习时间		地点		指导教师	
学习内容	任务实施				
大鼠卵巢摘除术前准备					
大鼠卵巢摘除手术操作					
术后护理					

2. 人员分工

姓　名	工作分工	完成时间	完成效果

3. 工作记录

动物名称		来　源	
月　龄		外观观察	
麻醉药物		给药方法	
给药剂量		麻醉时间	
卵巢摘除		摘除时间	
连续缝合		缝合连续时间	
结节缝合		结节缝合时间	
青霉素剂量			
24h 换药		24h 动物状态	
7d 拆线		7d 动物状态	
备注			

工作小结：

负责人签字：

考核内容：卵巢摘除大鼠模型

班级：　　　　组别：　　　　姓名：　　　　　　　　年　　月　　日

项目	评分标准		分值	负责人 10%	自评 30%	教师 60%
麻醉	评价要点	编号	3			
		称重	2			
		计算给药量	2			
		腹腔注射	2			
		深度麻醉	3			
	熟练程度	用时 15min	3			
卵巢摘除	评价要点	去毛	3			
		剪开一侧皮肤和肌肉迅速找到卵巢，摘除	6			
		剪开另一侧皮肤和肌肉迅速找到卵巢，摘除	6			
	熟练程度	用时 5min	5			
连续缝合	评价要点	选择合适的器械	5			
		正确的器械打结	5			
		连续缝合 2～3 针	5			
	熟练程度	用时 3min	5			

续表

项目	评分标准		分值	负责人 10%	自评 30%	教师 60%
结节缝合	评价要点	选择合适的器械	5			
		正确的器械打结	5			
		连续缝合 2～3 针	5			
	熟练程度	用时 3min	5			
术后观察与护理	评价要点	肌内注射青霉素	3			
		24h 后换药	3			
		7d 后拆线	3			
	熟练程度	准确读取编号 10 只/min	3			
学习态度	将实验设备与材料摆放在合适的位置； 正确使用实验设备与材料； 积极动手操作、反复练习； 实验完成时能够及时整理实验台面、清洗实验设备		5			
动物福利	动物无剧烈挣扎、痛苦叫声； 实验结束时动物无死伤		3			
合作沟通	积极参与工作计划的制订； 按照工作计划按时完成工作任务； 乐于助人，也乐于向其他人请教； 善于提问，积极思考别人提出的问题，提出解决方案		5			
合计						
教师评语						

思考与练习

1. 请提出详细的Ⅱ型糖尿病模型的制作方法（至少三种）。
2. 请提出详细的高血压模型的制作方法（至少三种）。

任务二　实验动物实验设计与分析

动物实验设计（实验方案）是动物实验过程的依据和指导性文件，也是提高实验研究的

重要保证，是进行实验和统计分析的先决条件。设计动物实验除了必须掌握学科专业知识，还要较好地掌握实验动物学的知识。实验过程中动物实验数据记录和处理必须遵循 GLP 规范和统计学原理，动物实验完成后对废弃物必须进行无害化处理。本任务的目标是了解实验动物实验设计的基本原则，掌握动物实验数据记录的要求与基本处理方法。

一、动物实验设计原则

1. 动物实验的基本程序

进行动物实验要经过选题、设计、实验、收集实验资料、整理分析实验资料和撰写论文几个阶段。选题是实验设计的前提，决定研究的方向和内容，是发现问题和提出问题的过程。好的选题应具有创新性、科学性和可行性，需要认真查阅大量文献资料，结合实验室的条件、仪器设备，经过科学思考，找出所要探索研究的内容，形成假说，进而确立明确的研究题目。

动物实验设计是指研究者为了达到研究目的而制定的动物实验方案和实施计划，并用文字记录表述的过程。动物实验的结果能否达到预期的研究目的，很大程度上取决于研究者的动物实验设计是否科学、严密。一些测试、检验等的动物实验方法已经被大家公认成为常规方法，不需要进行动物实验设计。例如：异常毒性试验、热源试验等。但是绝大部分研究课题需要研究者自行进行动物实验设计。

实验分为预实验和正式实验。前者是对选题进行初步实验，以熟悉实验技术，确定正式实验的各项条件，然后进行正式实验；实验中应准确操作，认真观察，仔细记录各项实验结果。

实验结束后及时整理实验资料，统计实验数据，分析实验结果，最终得出符合实际的科学结论并写出论文。

2. 实验设计的基本要素

进行实验设计时，应围绕处理因素、实验动物、实验效应三方面考虑。

(1) 处理因素 (factor)　即所研究问题的作用因素。处理因素可以是物理因素，如电刺激、温度、手术等，也可以是化学因素，如药物、营养素、激素、毒物等各种有机和无机的化学物质，生物因素如寄生虫、真菌、细菌、病毒及生物制品等。设计处理因素时，应考虑处理因素的性质、作用强度或剂量、作用时间等。一般的实验常用单因素设计，即除了某特定的实验因素可变动外，其他因素保持不变。现代医学实验设计已发展了多因素设计，在一次实验中可包含多个处理因素。

(2) 实验动物 (animal)　实验动物的选择在实验中十分重要，对实验结果有重要影响。应根据实验的要求选择适当的实验动物或动物模型。研究内容不同对动物的要求也有不同。动物选择除种类和品系外，动物个体的选择如年龄、性别、体重、窝别、营养状态等也应注意。

(3) 实验效应 (effect)　是指处理因素作用于实验动物后出现的反应。通过具体可观察的实验指标来衡量。指标按其性质可分为计数（含等级）指标和计量指标。计数指标如“是”“否”，“有”“无”，“阳性”“阴性”，“有效”“无效”，“痊愈”“显效”“好转”“无效”，“存活”“死亡”等。计量指标指可测量（含间接测量）的指标，如很多检查和检验指标。实验指标不但要能反映处理因素的效应，而且要特异性好、灵敏度高、可行性强。

实验处理与效应之间存在一定的关系，比如剂量反应曲线。在设计实验时应该考虑到这样的关系，确定合理的指标及指标范围值。

3. 动物实验设计原则

实验设计应遵循重复、随机、对照的三大原则，有效地控制干扰因素，保证实验的可靠性和高效率。

（1）重复原则　重复是保证实验结果可靠的重要措施之一。重复具有两方面的含义，即重现性（replication）和重复数。

重现性是指在同样的条件下，可以得到相同的实验结果。只有能够重现的实验结果，才是科学可靠的结果；而不能重现的结果可能是偶然结果，这种偶然获得的结果是没有科学价值的。重复数是实验要有足够的次数或例数。例如，进行动物实验，每一次实验都需要使用一定数量的动物，对于其他实验也应该进行一定次数的重复。

在实验中要求一定的重复数，具有两方面的意义：一方面是消除个体差异和减小实验误差，提高实验结果的可靠性。因为在动物实验中，仅根据一次实验或一个样本所得的结果，往往难以下结论。在适当的范围内重复愈多，获得的结果则愈可靠。另一方面是对实验结果的重现性验证。因此，设置一定的重复数，是实验研究的基本要求。

（2）随机原则　随机化就是在抽取样本前，要使总体中每只动物都有同等被抽取的机会，使动物样本对总体有较好的代表性，并使其抽样误差的大小可以用统计方法加以估计。在实验研究时，若要将动物分配成若干组，也必须用随机方法使每只动物都有同等的机会被分配到各组中去，这样就不会因人为因素造成各组间的不均衡。抽样和分配都应遵守随机化原则，所得资料才能用统计方法进行处理。此外，实验效应的观察有时会产生偏性，比如研究者的心理往往偏于阳性结果，为了消除或减少测量偏差，设计时常采用盲法。

随机化方法有多种，常用的有随机数字表法。随机数字表可以是现有的表格，也可以是计算机随机生成的一定数目的号码编成表，表内数字互相独立，无论从横行、纵列或斜向等各种顺序读取，均呈随机状态。使用随机数字表，可以从任意地方开始，向任意方向按顺序取得数据，每个数据代表一个被分配的个体，然后根据数据确定分配的组别，从而大大简化抽样的烦琐程序。

比如，将 12 只大鼠随机分成两组。先将大鼠依次编为 1、2、3、…、12 号，然后任意从随机数字表的某一行某一数字开始抄录 12 个数，编排如下。

动物编号	1	2	3	4	5	6	7	8	9	10	11	12
随机数目	18	31	56	44	37	29	80	43	66	82	12	37
归组	B	A	B	B	A	A	B	A	B	B	B	A

令奇数代表 A 组，偶数代表 B 组，结果列入 B 组的动物有 7 只，列入 A 组的动物有 5 只。如要使两组相等，需将 B 组减少 1 只，调入 A 组。应把哪一只鼠调入 B 组，仍然用随机数字表，在上述抄录的 12 个数后面再抄录一个数字，假设新数字为 57，将 57 除以 7（因为归入 B 组的鼠有 7 只，故除以 7），余数是 1。则把第 1 个 B（即编写为第 1 号的大鼠）调入 A 组。调整后，两组动物分配如下。

动物编号	1	2	3	4	5	6	7	8	9	10	11	12
归组	A	A	B	B	A	A	B	A	B	B	B	A

再如，将 15 只小鼠随机分为 A、B、C 三组。将动物编号后，按上述方法，从随机数字表抄录 15 个数字，将各数一律以 3 除之，并以余数 1、2、3 代表 A、B、C，结果归入 A 组的动物 6 只，归入 B 组的动物 4 只，归入 C 组的动物 5 只。

动物编号	1	2	3	4	5	6	7	8	9	10	11	12	13	14	15
随机数目	18	62	40	19	12	40	83	95	34	19	44	91	69	03	30
归组	C	B	A	A	C	A	B	B	A	A	B	A	C	C	C

要使三组的动物数相等，需把原归 A 组的 6 只动物中的 1 只改配到 B 组去。可以随机数字表继续抄录一个数字，得 60，以 6 除之，除尽（相当于余数为 6），就可以把第 6 个 A（即 12 号）动物改为 B 组。调整后各组的动物编号为：A 组为 3、4、6、9、10，B 组为 2、7、8、11、12，C 组为 1、5、13、14、15。

（3）对照原则　在实验研究中，为准确表现出特定因素产生的作用，排除各种无关因素可能产生的影响，必须设对照。在特定的情况下，有时需要设立多种对照，以限定实验的条件，客观反映出实验的结果。

在设定对照组时，应注意其与试验组的可比性。应力求组间除处理因素外，其余各种条件均保持一致。如动物的年龄、性别、体重、窝别、品系、种属、环境、实验方法、仪器、时间等组间应一致。对照组与试验组的动物数应均衡，不要相差太大。不同的设计方案，可有不同的对照形式，一般可分为下列类型。

① 自身对照。即在同一个体（如动物）观察给药前后某种观测指标的变化，或者两种药物一前一后交叉比较，这样可以减少个体差异的影响。自身对照比组间对照效率高，且个体差异的影响比较少。

② 组间对照。组间对照是指在实验中，设立若干与研究组相平行的组，以便将实验组的结果与其相比较。这种与实验组相平行的组别称为对照组。对照组可以根据处理方法不同，分为空白对照、实验对照、阳性对照等。组间对照是药理学实验中最常用的对照方法。组间对照可以是两两对照，也可以是多组对照，要根据实际工作需要确定。

③ 空白对照。是设定不给药物处理的对照组，用于观察不给药（或不加处理）时实验对象的反应和观察指标的变化。

④ 实验对照。对实验对象进行与实验组同样的处理，但是不给药物。设立这种对照的目的在于消除实验过程对实验结果的影响，如麻醉、注射、手术等处理过程，特别是在制备动物病理模型时，必须考虑设置实验对照组。

⑤ 阳性对照。是在同样的实验条件下，设立给予同类药物中已知标准品实验组，以检查实验方法及技术的可靠性。在药理实验中应用非常普遍。

二、动物实验设计方法

1. 完全随机设计（completely randomized design）

完全随机设计是将全部实验单位用随机化的方法分配到各处理组中，比较各组的实验效应。

例如，将 18 只小鼠分为甲、乙、丙三组，分别给予 A、B、C 三种药物治疗。采用完全随机设计，随机化分组见前。

动物编号	1	2	3	4	5	6	7	8	9	10	11	12	13	14	15	16	17	18
随机数字	58	71	96	30	24	18	46	23	34	27	85	13	99	28	44	49	09	79
序号	13	14	17	8	5	3	11	4	9	6	16	2	18	7	10	12	1	15
组别	丙	丙	丙	乙	甲	甲	乙	甲	乙	甲	丙	甲	丙	乙	乙	乙	甲	丙

注：规定1～6为甲组，7～12为乙组，13～18为丙组。

这种设计分析简便，各处理组例数可相等（平衡设计），也可不等（不平衡设计），相等时所需总例数少。但是只能分析一个因素，并要求有较好同质性。

2. 配对设计（paired design）

配对设计是将实验动物按既定条件配成对子，再随机分配。每对中的两只实验动物接受不同的处理，可以将种属、窝别、性别、年龄、体重相近的两个实验动物配成对子。配对设计的最大优点是能够改善处理组间的均衡性，提高实验效率，但是要求两组个体数相等，且具备配对条件。

例如，将16只兔子按配对设计随机分配到甲、乙两组，分别给以A、B药物比较疗效。可将动物分成八对，每对编号1、2，从随机数字表连续抄录八个数，奇数则该对第一只动物入甲组，第2只入乙组；如为偶数，则该对第一只动物入乙组，第2只入甲组。结果如下。

动物编号	1.1	2.1	3.1	4.1	5.1	6.1	7.1	8.1
	1.2	2.2	3.2	4.2	5.2	6.2	7.2	8.2
随机数	2	5	0	1	4	3	7	8
处理组别	乙	甲	乙	甲	乙	甲	甲	乙
	甲	乙	甲	乙	甲	乙	乙	甲

3. 随机区组设计（randomized block design）

对三组以上的随机设计，可以采用随机区组法设计。先将能控制的因素（如性别、年龄、体重等）均衡地分档（区组），每一区组包含多只实验动物，随机地分别给以不同处理。比如，20只动物按随机区组法分成A、B、C、D四组。先按动物的胎别、性别、年龄、体重等分成5个区组，每个区组都有4只相同的动物，第一窝四只动物编为1、2、3、4号，第二窝编为5、6、7、8号，类推，后在随机数字表任一起点抄录三个数字（如为31、16、93）为分配第一窝动物之用，将这三个数字分别以4、3、2除之，第一个数字31除以4余3，将第一号动物分配于C组（第三组）；第二个数字16除以3余1，将第二号动物分配于（剩下的）A、B、D三个组的第一组（即A组）；第三个数字93除以2余数1，将第3号动物分配到的B、D两个组中的第一组（即B组）；把第4号动物分入的D组。第一窝分配完后，再继续抄录随机数字，用同样的方法把其余各窝动物分配到各组去。

随机区组设计组间均衡性好，可分析两个因素，但是要求各处理组例数相同，且具有配伍条件，若有缺项，统计分析较麻烦。

4. 自身比较设计（self-control design）

在某些生物医学实验中，常就同一动物进行比较，称为同体比较或自身对照。例如，为观察某项指标的变化情况，用同一批动物处理前后进行比较，也可用同一批动物的不同部位或不同器官进行比较，这种在同一动物本身作对比的实验设计，称为自身比较设计。自身比较设计均衡性好，不需要特别的随机分配方法，操作简单。统计分析方法可采用配对 t 检验，或配对秩和检验；定性分析可视为配对四格表资料，应用配对 χ^2 检验。

5. 交叉设计（crossover design）

交叉设计是在自身配对设计基础上发展起来的两因素设计。

将每只观察动物在第一个时间阶段（或疗程），随机分配在实验组或对照组，然后在第二个时间阶段交叉安排。交叉试验可以分别检验时期效应和顺序效应。这种设计 A 处理和 B 处理处于先后两个实验阶段的机会是相等的，因此平衡了实验次序的影响；而且能够把处理方法之间的差别与时间先后之间的差别分开来分析，故称两因素（两种处理、两个阶段）设计。交叉设计实验所获得资料的统计分析，如果符合方差分析条件的可采用方差分析；不符合方差分析条件的可改用非参数统计方法中的秩和检验。

例如，2×2 交叉设计

类 别	动物 1	动物 2	动物 3	…
第一阶段	A	B	B	…
第二阶段	B	A	A	…

注：A、B 分别代表两种不同处理，或代表实验因素与空白对照。

6. 拉丁方设计（Latin square design）

拉丁方实验设计是将 r 个拉丁字母排成 r 行 r 列的方阵，使每行每列中的每个字母均只出现 1 次，这样的方阵称 r 阶拉丁方，或 $r\times r$ 拉丁方。分别按拉丁字母、行和列安排处理因素及影响因素的试验（或实验）称拉丁方试验（或实验）。涉及三个因素，可考虑采用拉丁方实验设计。

7. 析因设计（factorial design）

析因设计是将两个或多个因素的各个水平进行排列组合，交叉分组进行实验，用于分析各因素间的交互作用，比较各因素不同水平的平均效应和因素间不同水平组合下的平均效应，寻找最佳组合。因此，析因设计可以进行多因素、交互作用的分析。

由于析因设计是将每个因素的所有水平都相互组合，因此，总的实验数是各因素水平的乘积。例如，4 个因素同时进行实验，每个因素取 2 个水平，实验组台总数为 $2^4=16$，如果水平是 3，则 $3^4=81$，水平数是 4，则 $4^4=256$。由此可见，析因设计水平不能过多，一般取 2 或 3。

8. 正交设计（orthogonal design）

正交设计是一种高效、多因素实验的设计。它是利用一套规格化的正交表将各实验因素、各水平之间的组合均匀搭配，合理安排，大大减少实验次数，并提供较多的信息。正交设计可利用一套规格化的正交表，合理安排实验，各因素、各水平之间的组合均匀搭配，非处理因素组间分布均衡分散，整齐可比。如果观察指标是计量指标，研究的因素在三个及以上，且可能的影响因素具有几个水平时可以采用正交设计。

三、动物选择与观测指标

1. 动物选择

（1）动物类别　选用哪种动物进行实验要根据实验目的、动物的生物学特性以及实验经费、动物的易得性等而定。一般而言，应考虑动物的生物学特性，优先选用标准化的实验动物，如大、小鼠无呕吐反应，犬、猫对呕吐敏感。同时也要考虑动物的易得性，比如，饲喂高脂饲料大鼠、小鼠较难形成动脉粥样硬化模型，而兔、猪则较易造模。

药理学和毒理学研究一般选择封闭群动物，要求用两种不同种属的动物，一种是啮齿类，一种是非啮齿类。常见的有昆明种、ICR、NIH小鼠，SD、Wistar大鼠，Hartley豚鼠，新西兰兔，日本大耳白兔以及比格犬等。

近交系动物常用于遗传学、免疫学、肿瘤学研究，整个群体具有遗传的均一性和对实验刺激反应的一致性。

（2）动物性别　不同性别动物可能对药物有不同的反应。在研究中为了避免性别可能对实验结果的影响，一般选用雌雄各半。与性别用药有关的实验可用单性别动物，已明确与性别无关的实验也可用单性别动物。

（3）动物年龄　一般实验采用生长发育期的成年动物来进行，老龄动物一般用作老年医学研究。由于不同动物以及同一种属的不同品种、品系的体型差异很大，每一种品种、品系都有其生长曲线，最好根据其生长曲线选择其体重规格。

一般用于实验的动物体重为：昆明小鼠18～22g（5～6周龄），BALB/c小鼠16～18g（5～6周龄），SD大鼠180～220g（5～6周龄），豚鼠350～650g，兔2～3kg，猫1.5～2.5kg，犬6～15kg。

（4）动物健康与生理状况　购入的实验动物，应进行观察和适应性饲养，证实其健康后才开始实验。观察和适应性饲养时间一般为3～5天。但是药物安全性评价有特殊规定：用于长期毒性试验大鼠为1周，比格犬2周，猕猴4周。观察项目包括精神状态、活动情况、步态、分泌物、饮食饮水、大小便、体重等。

动物的特殊生理状态（如怀孕、哺乳等）对实验结果影响很大。如非专门研究妊娠、哺乳等实验，应去除特殊生理状态的动物，以减少结果的个体差异。

（5）动物数量　一般情况下啮齿类大、小鼠实验分组每组10～20只，雌雄各半即可满足统计学分析的要求。如果进行长期实验，在实验中间需要处死部分动物进行观察，每组可适当增加至20～40只。大型动物如兔、犬和猪的实验一般每组6～10只。

（6）给药剂量　根据不同的实验目的设计给药剂量，通过预实验摸索。药物的药效作用呈不对称“S”形的量效关系曲线。一般来说，在整体实验上，选择2～3个剂量组来反映药效关系，其中低剂量应相当于主要药效学的有效剂量，高剂量以不产生严重毒性反应为限。

（7）给药途径　包括经口给药法、注射法和其他途径给药方法。经口给药一般采用灌胃，优点是能准确定量，不足之处是可能会给动物造成一定的痛苦，需熟练掌握技术。灌胃量一般采用根据体重定容量不定浓度的方法，即小鼠灌胃量为0.4mL/100g体重，大鼠灌胃量为1.0mL/100g体重。

注射法有皮下注射、腹腔注射、静脉注射、肌内注射以及皮内注射、脑内注射等。药物吸收速度为静脉注射＞腹腔注射＞肌内注射＞皮下注射。皮内注射常用于观察皮肤血管通透性变化或反应，如过敏试验；脑内注射常用于病毒学接种。此外还可以根据实验目的和动物生物学特征，采用呼吸道给药、皮肤给药、直肠内给药等方法。

2. 动物实验观测指标

动物实验观测指标应根据实验目的确定。一般的观测指标有体重、摄食量。根据实验的不同目的可包括行为学、血液学、生化学、免疫学、病理组织学、分子生物学等方面的指标。不过最好不要选择客观性差的指标。

四、实验数据记录与处理

实验获得的原始资料还需进一步整理，才适合于统计分析。资料的整理包括数据的录入和清理、资料的分组、资料的汇总等几方面的内容。

1. 数据的录入和清理

在对数据录入之前，要对数据进行核实，包括对数值和度量衡单位的核实。数据的录入和清理是为了防止和减少计算机录入的错误，进一步检查数据存在的问题。在数据的录入过程中，通过设置某些变量的取值范围及逻辑检验可对录入的质量进行控制。另外还可通过重复输入数据的方法检查录入的质量。

资料录入完毕后，可通过统计软件做简单的统计描述，进行数据清理工作，如做频数分布表、画散点图等，来发现异常值与异常点。再对这些异常点或异常值进行分析，来决定其是由过失所致，还是由观察动物数过少的原因造成。可采用如下的方法。

（1）在下列两种情况下，可考虑舍去可疑值：①最大值与次最大值之间相隔3个组段以上，舍去最大值；②最小值与次最小值相隔3个组段以上，舍去最小值。

（2）根据质量控制原理，当变量的取值在三倍的标准差范围之内时，不应舍去；若在三倍标准差到四倍标准差之间时，可结合专业判断其取舍；若在四倍的标准差之外，应予以舍去。

2. 实验数据的分类

对实验数据进行检查和核对完成后，还需将数据进行整理。整理数据时应先区别原始数据是数量性状资料［包括连续性资料（即计量资料）和不连续性资料（即计数资料）］，还是质量性状资料。不同类型的数据采用不同的整理方法。

（1）计量资料　指通过直接计量而得来的以数量为特征的资料，如体重、体长、肺活量等。

（2）计数资料　指用计数方式而获得的资料。必须以整数表示，在两个相邻的整数间不允许有带小数的数值存在。如产仔数、成活数、乳头数等。

（3）质量性状资料　指一些能观察到而不能直接测量的性状资料，又称属性性状资料。如毛色、性别、生死等。质量性状资料一般数量化后进行分析，可采用频次数或评分法进行数量化。比如动物对某一病原的感染程度，可分为0（免疫）、1（一过性感染）、2（顿挫性感染）、3（致死性感染）。

五、实验数据的统计描述

1. 计量资料的统计描述

计量资料的统计描述主要有集中趋势指标和离差趋势指标。常用的描述集中趋势的指标有算术均数（简称均数）、几何均数及中位数等。常用的反映离差趋势的指标有全距、标准差等。

（1）平均数（$\overline{x}$）　以算术均数最为常用。如果每个观测值的重要性或次数相同时，可以直接计算均数，其计算公式如下。

$$\overline{x}=\frac{x_1+x_2+\cdots+x_n}{n}=\frac{\sum x}{n}$$

式中，x_1，x_2，…，x_n 为各观测值；n 为观测值的个数，即样本含量。

如果是频数表资料或样本中相同观测值较多时，可采用加权法，其计算公式为：

$$\overline{x}=\frac{f_1x_1+f_2x_2+\cdots+f_kx_k}{f_1+f_2+\cdots f_k}=\frac{\sum fx}{\sum f}$$

式中，x_1，x_2，…，x_k 与 f_1，f_2，…，f_k 分别为频数表资料中各组段的组中值和相应组段的频数（或相同的观测值与其对应的频数）。

算术均数用于对称分布的资料，尤其是正态分布的资料。

(2) 标准差　标准差（S）表示的是一组个体变量间的变异（离散）程度的大小。S 愈小，表示观测值的变异程度愈小。标准差计算公式：

$$S=\sqrt{\frac{\sum(x-\overline{x})^2}{n-1}}$$

(3) 标准误　标准误（$S_{\overline{x}}$）表示样本均数的标准差，用以说明样本均数的分布情况，即各次重复抽样结果之间的差异。$S_{\overline{x}}$ 愈小，表示抽样误差愈小，样本均数与总体均数愈接近，样本均数的可靠性也愈大。标准误计算公式：

$$S_{\overline{x}}=\frac{S}{\sqrt{N}}$$

2. 计数资料的统计描述

计数资料的常用描述指标有率、比等指标。

(1) 率和比　率是一种表示在一定条件下某种现象实际发生例数与可能发生该现象的总数比，用来说明某种现象发生的频率。比是表示事物或现象内部各构成部分的比重。率和比计算公式：

$$率=\frac{A(+)}{A(+)+A(-)}\times100\%$$

$$比=\frac{A}{A+B+C+\cdots}\times100\%$$

(2) 率和比的标准误　率和比的标准误是抽样造成的误差，表示样本百分率和百分比与总体百分率和百分比之间的差异，标准误小，说明抽样误差小，可靠性大，反之亦然。

$$S_P=\sqrt{\frac{P(1-P)}{N}}$$

式中，S_P 为率的标准误；P 为样本率，当样本可靠且有一定数量的观测单位时可代替总体率；N 为样本观测例数。

六、实验数据的统计推断

1. 统计推断的依据

实验结果之间的差异可能是由特定的实验处理引起，也可能是由抽样误差引起。显著性检验即用于实验处理组与对照组或两种不同处理的效应之间是否有差异，以及这种差异是否显著的方法。

在进行显著性检验时，首先要提出“无效假设”（H_0）。所谓“无效假设”，就是当比较实验处理组与对照组的结果时，假设两组结果间差异不显著，即实验处理对结果没有影响或无效。经统计学分析后，如发现两组间差异系抽样引起的，则“无效假设”成立，可认为这种差异为不显著（即实验处理无效）。若两组间差异不是由抽样引起的，则“无效假设”不成立，可认为这种差异是显著的（即实验处理有效）。

在统计分析中，“无效假设”成立有一定的概率水平。常以 P 值表示。一般将检验“无效假设”成立的概率水平定为0.05。如果 P 值小于0.05，则“无效假设”不成立，可认为两组间的差异为显著，常记为 $P \leqslant 0.05$。如果 P 值大于0.05，可认为两组间的差异不显著，常记为 $P > 0.05$。如果 $P \leqslant 0.01$，则认为两组间的差异非常显著。

2. 计量资料的统计推断

（1）配对设计资料的 t 检验　理论上如果不同处理的效果没有实质差别，将每对数据求差，差值 d 的总体均数（$\overline{d}$）应该是0。于是可以通过对差值应用前述的组样本资料的 t 检验来分析配对设计资料。在这种情况下，假设检验为：

H_0：$\overline{d}=0$，H_1：$\overline{d} \neq 0$

当 H_0 成立时，检验统计量 $t=\dfrac{\overline{d}-0}{S_{\overline{x}}}$ 服从自由度为 $n-1$ 的 t 分布。从而可以按照 t 分布计算相应的 P 值，进行统计推断。其中 n 为对子数。

（2）两组独立样本资料的 t 检验　将受试对象随机分配成两个处理组，每一组随机接受一种处理。一般把这样获得的两组资料视为代表两个不同总体的两份样本，据以推断它们的总体均数是否相等。一般情况下可视为两样本所属总体方差相等。

检验假设为：

H_0：$\mu_1=\mu_2$，H_1：$\mu_1 \neq \mu_2$

当 H_0 成立时，检验统计量

$$t=\frac{\overline{x}_1-\overline{x}_2}{\sqrt{S_c^2\left(\dfrac{1}{n_1}+\dfrac{1}{n_2}\right)}} \sim t(n_1+n_2-1)$$

式中，S_c^2 是合并方差。

$$S_c^2=\frac{(n_1-1)S_1^2+(n_2-1)S_2^2}{n_1 n_2-2}$$

（3）方差分析　多组之间的相互比较可采用方差分析。方差分析的基本原理是认为不同处理组的均数间的差别基本来源有两个：一是随机误差，如测量误差造成的差异或个体间的差异，称为组内差异，以组内离均差平方和（$SS_{组内}$）表示；二是不同的处理造成的差异，称为组间差异，以组间离均差平方和（$SS_{组间}$）表示。总离均差平方和（$SS_{总}$）等于各部分离均差平方和之和，即 $SS_{总}=SS_{组间}+SS_{组内}$。

总变异的离均差平方和为各变量值与均数（$\overline{x}$）差值的平方和，计算方法如下。

$$SS_{总}=\sum_{i=1}^{k}\sum_{j=1}^{n_i}(x_{ij}-\overline{x})^2=\sum x^2-\frac{(\sum x)^2}{N}$$

自由度 $df_{总}=N-1$

组间离均差平方和为各组样本均数（$\overline{x}_i$）与均数（$\overline{x}$）差值的平方和，组间离均差平方和、自由度和均方计算方法如下。

$$SS_{组间}=\sum_{i=1}^{k}n_i(\overline{x}_i-\overline{x})^2$$

$$df_{组间}=n-k$$

$$MS_{组间}=SS_{组间}/df_{组间}$$

组内离均差平方和为各处理组内部观察值与其均数（$\overline{x}_i$）差值的平方和之和，组内离均差平方和、自由度和均方计算方法如下。

$$SS_{组内}=\sum_{i=1}^{k}\sum_{j=1}^{n_i}(x_{ij}-\overline{x}_i)^2$$

$$df_{组间}=k-1$$

$$MS_{组内}=SS_{组内}/df_{组}$$

定义 F 值为 $MS_{组间}/MS_{组内}$，用 F 值与其临界值比较，推断各样本是否来自相同的总体。

3. 计数资料的统计推断

χ^2 检验（chi-square test）也称卡方检验，常用于计数资料的统计。其中四格表方法较为常用。

例如 A、B 两组，其对某一药物的反应如下（表 5-2），比较两组之间是否有差异。

表 5-2　对某一药物的反应

组别	有效	无效	合计	有效率/%
A 组	19	24	43	44.2
B 组	34	10	44	77.3
合计	53	34	87	60.9

表内有效、无效、A 组、B 组这四个数据是整个表中的基本资料，其余数据均由此推算出来；这四格资料表就专称四格表，或称 2 行 2 列表。从该资料算出的两种疗法有效率分别为 44.2%和 77.3%，两者的差别可能是抽样误差所致，亦可能是两种治疗有效率（总体率）有所不同，可通过 χ^2 检验来区别其差异有无统计学意义，检验的基本公式为：

$$\chi^2=\sum\frac{(A-T)^2}{T}$$

式中，A 为实际数，以上四格表的四个数据就是实际数；T 为理论数，是根据检验假设推断出来的。具体计算步骤如下。

（1）建立假设检验　H_0：$\pi_1=\pi_2$，H_1：$\pi_1\neq\pi_2$

（2）计算检验统计量　H_0 成立时，两组有效概率相同，近似地等于合并估计的有效概率，即 53/87×100%=60.9%，由此得到四格表中每一格的理论频数（T_{ij}）。一般 T_{ij} 的计算公式为：

$$T_{ij}=\frac{n_i m_j}{n}=\frac{所对应的行合计\times列合计}{总合计}$$

式中，n 为总例数；n_i 是第 i 行的合计数；m_j 是第 j 列的合计数。计算出的理论值如下。

第 1 行 1 列：43×53/87=26.2

第 1 行 2 列：43×34/87=16.8

第 2 行 1 列：44×53/87=26.8

第 2 行 2 列：44×34/87=17.2

两组差异比较见表 5-3。

表 5-3　两组差异比较

组别	有效	无效	合计
A 组	19(26.2)	24(16.8)	43
B 组	34(26.8)	10(17.2)	44
合计	53	34	87

(3) 计算 χ^2 值

$$\chi^2=\sum\frac{(A-T)^2}{T}=\frac{(19-26.2)^2}{26.2}+\frac{(24-16.8)^2}{16.8}+\frac{(34-26.8)^2}{26.8}+\frac{(10-17.2)^2}{17.2}$$

$$=10.01$$

(4) 查 χ^2 值表求 P 值

在查表之前应知自由度。χ^2 检验的自由度 $df=(行数-1)(列数-1)=(2-1)\times(2-1)=1$。查 χ^2 界值表，找到 $\chi^2_{0.05}(1)=3.84$，$\chi^2_{0.01}(1)=6.63$。由于计算的 χ^2 值大于 $\chi^2 0.01(1)$，$P<0.01$，差异有高度统计学意义，按 $\alpha=0.01$ 水准，拒绝 H_0，可以认为 B 组效果优于 A 组。

一、实施准备

每个学习小组 4 人，材料为本任务中的实验设计相关内容。

二、实施步骤

1. 教师提出研究目的和研究目标，即现有一化学药物，需进行小鼠经口给药的小鼠急性毒性试验（LD_{50}），拟出实验方案。

2. 各学习小组制定实施方案、分配工作任务。

3. 各小组分别拟定实验方案，由全班同学、教师和行业专家研讨后提出修改意见。

4. 各学习小组修改完善方案。

5. 各小组学生分别实施实验方案

(1) 各组学生分别准备实验材料与实验动物。

(2) 各组学生在专、兼职教师和行业专家的指导下进行实验研究。

(3) 所有学生撰写自己的工作记录。

(4) 实验结果分析总结。

(5) 撰写报告（需附所有原始记录和分析计算）。

6. 按照考核标准进行答辩和考核。

7. 教师总结。

三、工作记录

1. 方案设计

组长		组员			
学习任务					
学习时间		地点		指导教师	
内容	任务实施				
实验方案制定					
实验目的					
实验材料准备					
实验动物编号与分组					
实验操作与观察					
实验结果分析					
形成报告					

2. 人员分工

姓　名	工作分工	完成时间	完成效果

3. 工作记录

（1）工作前准备单

药品名					备注
药品浓度					
药品保存					
动物	动物名	日龄/月龄	数量	性别	
其他设备与耗材					

工作小结：

负责人签字：

（2）实验动物编号与分组

项目	编号方法	对照组	实验组 1	实验组 2	实验组 3	备注
性别						
数量						

工作小结：

负责人签字：

（3）实验步骤

项目	对照组	实验组 1	实验组 2	实验组 3	备注
药品名称					
给药浓度					
给药起止时间					
取材检测					

工作小结：

负责人签字：

（4）实验数据记录

动物编号	1	2	3	4	……
检验项目 1					
检验项目 2					
……					

工作小结：

负责人签字：

（5）实验结果分析与讨论

项目	实验结果	……
检验项目 1		
检验项目 2		
……		

工作小结：

负责人签字：

任务评价

考核内容：实验设计与实施

班级：　　　组别：　　　姓名：　　　　　　　　年　月　日

考核项目	评分标准		分值	教师 40%	专家 30%	学生 30%
实验目的	评价要点	研究目的阐述清晰	5			
实验方案	评价要点	可行性分析	10			
		实验方案阐述清晰	10			
		形成纸质文件	5			
方案实施	评价要点	按照计划实施	15			
		在要求时间内完成	5			
实验结果	评价要点	真实、合理	10			
撰写报告	评价要点	文字通顺、格式正确	10			
		报告正确反映实验目的和实验过程及结果	10			
		分析正确	5			
学习态度	幻灯片制作条理清晰、重点突出； 能够按计划完成实验； 答辩时准备充分、语言规范、落落大方； 真诚接受教师和专家的指导意见		10			
合作沟通	积极参与工作计划的制订； 按照工作计划按时完成工作任务； 乐于助人，也乐于向其他人请教； 积极思考别人提出的问题，提出解决方案		5			
合计						
教师评语						

思考与练习

某药物研究所研制了两种治疗高血压的药物，欲了解两种药物是否有降压作用，两种药物何者疗效好，两种药物之间是否有协同或拮抗作用。用这两种药物对 32 只高血压模型的雄性家兔进行治疗实验，每种药设计两个剂量水平，请问：①此研究的实验三要素是什么？②该用何种统计学设计？并写出其实验方案。③实验结果应用何种统计分析方法分析？

附　　录

附录一　关于善待实验动物的指导性意见

（国科发财字［2006］398号）

第一章　总　　则

第一条　为了提高实验动物管理工作质量和水平，维护动物福利，促进人与自然和谐发展，适应科学研究、经济建设和对外开放的需要，根据《实验动物管理条例》，提出本意见。

第二条　本意见所称善待实验动物，是指在饲养管理和使用实验动物过程中，要采取有效措施，使实验动物免遭不必要的伤害、饥渴、不适、惊恐、折磨、疾病和疼痛，保证动物能够实现自然行为，受到良好的管理与照料，为其提供清洁、舒适的生活环境，提供充足的、保证健康的食物、饮水，避免或减轻疼痛和痛苦等。

第三条　本意见适用于以实验动物为工作对象的各类组织与个人。

第四条　各级实验动物管理部门负责对本意见的贯彻落实情况进行管理和监督。

第五条　实验动物生产单位及使用单位应设立实验动物管理委员会（或实验动物道德委员会、实验动物伦理委员会等）。其主要任务是保证本单位实验动物设施、环境符合善待实验动物的要求，实验动物从业人员得到必要的培训和学习，动物实验实施方案设计合理，规章制度齐全并能有效实施，并协调本单位实验动物的应用者之间尽可能合理地使用动物以减少实验动物的使用数量。

第六条　善待实验动物包括倡导“减少、替代、优化”的“3R”原则，科学、合理、人道地使用实验动物。

第二章　饲养管理过程中善待实验动物的指导性意见

第七条　实验动物生产、经营单位应为实验动物提供清洁、舒适、安全的生活环境。饲养室的内环境指标不得低于国家标准。

第八条　实验动物笼具、垫料质量应符合国家标准。笼具应定期清洗、消毒；垫料应灭菌、除尘，定期更换，保持清洁、干爽。

第九条　各类动物所占笼具最小面积应符合国家标准，保证笼具内每只动物都能实现自然行为，包括：转身、站立、伸腿、躺卧、舔梳等。笼具内应放置供实验动物活动和嬉戏的物品。

孕、产期实验动物所占用笼具面积，至少应达到该种动物所占笼具最小面积的110%以上。

第十条　对于非人灵长类实验动物及犬、猪等天性喜爱运动的实验动物，种用动物应设有运动场地并定时遛放。运动场地内应放置适于该种动物玩耍的物品。

第十一条　饲养人员不得戏弄或虐待实验动物。在抓取动物时，应方法得当，态度温和，动作轻柔，避免引起动物的不安、惊恐、疼痛和损伤。在日常管理中，应定期对动物进行观察，若发现动物行为异常，应及时查找原因，采取有针对性的必要措施予以改善。

第十二条 饲养人员应根据动物食性和营养需要，给予动物足够的饲料和清洁的饮水。其营养成分、微生物控制等指标必须符合国家标准。

应充分满足实验动物妊娠期、哺乳期、术后恢复期对营养的需要。

对实验动物饮食、饮水进行限制时，必须有充分的实验和工作理由，并报实验动物管理委员会（或实验动物道德委员会、实验动物伦理委员会等）批准。

第十三条 实验犬、猪分娩时，宜有兽医或经过培训的饲养人员进行监护，防止发生意外。对出生后不能自理的幼仔，应采取人工喂乳、护理等必要的措施。

第三章 应用过程中善待实验动物的指导性意见

第十四条 实验动物应用过程中，应将动物的惊恐和疼痛减少到最低程度。实验现场避免无关人员进入。

在符合科学原则的条件下，应积极开展实验动物替代方法的研究与应用。

第十五条 在对实验动物进行手术、解剖或器官移植时，必须进行有效麻醉。术后恢复期应根据实际情况，进行镇痛和有针对性的护理及饮食调理。

第十六条 保定实验动物时，应遵循“温和保定，善良抚慰，减少痛苦和应激反应”的原则。保定器具应结构合理、规格适宜、坚固耐用、环保卫生、便于操作。在不影响实验的前提下，对动物身体的强制性限制宜减少到最低程度。

第十七条 处死实验动物时，须按照人道主义原则实施安死术。处死现场，不宜有其他动物在场。确认动物死亡后，方可妥善处置尸体。

第十八条 在不影响实验结果判定的情况下，应选择“仁慈终点”，避免延长动物承受痛苦的时间。

第十九条 灵长类实验动物的使用仅限于非用灵长类动物不可的实验。除非因伤病不能治愈而备受煎熬者，猿类灵长类动物原则上不予处死，实验结束后单独饲养，直至自然死亡。

第四章 运输过程中善待实验动物的指导性意见

第二十条 实验动物的国内运输应遵循国家有关活体动物运输的相关规定；国际运输应遵循相关规定，运输包装应符合 IATA 的要求。

第二十一条 实验动物运输应遵循的规则

1. 通过最直接的途径本着安全、舒适、卫生的原则尽快完成。

2. 运输实验动物，应把动物放在合适的笼具里，笼具应能防止动物逃逸或其他动物进入，并能有效防止外部微生物侵袭和污染。

3. 运输过程中，能保证动物自由呼吸，必要时应提供通风设备。

4. 实验动物不应与感染性微生物、害虫及可能伤害动物的物品混装在一起运输。

5. 患有伤病或临产的怀孕动物，不宜长途运输，必须运输的，应有监护和照料。

6. 运输时间较长的，途中应为实验动物提供必要的饮食和饮用水，避免实验动物过度饥渴。

第二十二条 实验动物的运输应注意的事项

1. 在装、卸过程中，实验动物应最后装上运输工具。到达目的地时，应最先离开运输工具。

2. 地面或水陆运送实验动物，应有人负责照料；空运实验动物，发运方应将飞机航班号、到港时间等相关信息及时通知接收方，接收方接收后应尽快运送到最终目的地。

3. 高温、高热、雨雪和寒冷等恶劣天气运输实验动物时，应对实验动物采取有效的防护措施。

4. 地面运送实验动物应使用专用运输工具，专用运输车应配置维持实验动物正常呼吸和生活的装置及防震设备。

5. 运输人员应经过专门培训，了解和掌握有关实验动物方面的知识。

第五章 善待实验动物的相关措施

第二十三条 生产、经营和使用实验动物的组织和个人必须取得相应的行政许可。

第二十四条 使用实验动物进行研究的科研项目，应制定科学、合理、可行的实施方案。该方案经实验动物管理委员会（或实验动物道德委员会、实验动物伦理委员会等）批准后方可组织实施。

第二十五条 使用实验动物进行动物实验应有益于科学技术的创新与发展；有益于教学及人才培养；有益于保护或改善人类及动物的健康及福利或有其他科学价值。

第二十六条 各级实验动物管理部门应根据实际情况制订实验动物从业人员培训计划并组织实施，保证相关人员了解善待实验动物的知识和要求，正确掌握相关技术。

第二十七条 有下列行为之一者，视为虐待实验动物。情节较轻者，由所在单位进行批评教育，限期改正；情节较重或屡教不改者，应离开实验动物工作岗位；因管理不妥屡次发生虐待实验动物事件的单位，将吊销单位实验动物生产许可证或实验动物使用许可证。

1. 非实验需要，挑逗、激怒、殴打、电击或用有刺激性食品、化学药品、毒品伤害实验动物的；

2. 非实验需要，故意损害实验动物器官的；

3. 玩忽职守，致使实验动物设施内环境恶化，给实验动物造成严重伤害、痛苦或死亡的；

4. 进行解剖、手术或器官移植时，不按规定对实验动物采取麻醉或其他镇痛措施的；

5. 处死实验动物不使用安死术的；

6. 在动物运输过程中，违反本意见规定，给实验动物造成严重伤害或大量死亡的；

7. 其他有违善待实验动物基本原则或违反本意见规定的。

第六章 附　　则

第二十八条 相关术语

1. 实验动物：是指经人工饲育，对其携带的微生物实行控制，遗传背景明确或者来源清楚的用于科学研究、教学、生产、检定以及其他科学实验的动物。

2. “3R”（减少、替代、优化）原则：

减少（reduction）：是指如果某一研究方案中必须使用实验动物，同时又没有可行的替代方法，则应把使用动物的数量降低到实现科研目的所需的最小量。

替代（replacement）：是指使用低等级动物代替高等级动物，或不使用活着的脊椎动物进行实验，而采用其他方法达到与动物实验相同的目的。

优化（refinement）：是指通过改善动物设施、饲养管理和实验条件，精选实验动物、技术路线和实验手段，优化实验操作技术，尽量减少实验过程对动物机体的损伤，减轻动物遭受的痛苦和应激反应，使动物实验得出科学的结果。

3. 保定：为使动物实验或其他操作顺利进行而采取适当的方法或设备限制动物的行动，

实施这种方法的过程叫保定。

4. 安死术：是指用公众认可的、以人道的方法处死动物的技术。其含义是使动物在没有惊恐和痛苦的状态下安静地、无痛苦地死亡。

5. 仁慈终点：是指动物实验过程中，选择动物表现疼痛和压抑的较早阶段为实验的终点。

第二十九条 本意见由科学技术部负责解释。

第三十条 本意见自发布之日起执行。

附录二 实验动物常用生理生化指标检测方法

一、常用生理指标的测定方法

1. 体重测定

动物体重的测量一般使用普通天平或电子天平等称量仪器，在称量前应禁食（不禁水），以减少食物对体重的影响。如果进行长期的实验时，应每隔 7～10d 称量一次。

（1）小鼠、大鼠 称量可用普通的天平或者电子秤称重。

（2）兔、豚鼠 可直接放在婴儿秤上称重，从婴儿秤圆形刻度盘上读取动物体重。

（3）犬 经训练后可直接放在磅秤上称重。未经驯服的犬，先将犬嘴绑好，由实验员把犬抱起站在磅秤上称重，记下读数，减去实验员体重，即为动物体重。

2. 体温测定

动物体温测定可采用普通体温计（肛表、口表）或半导体温度计，为防止测定过程中动物挣扎，以至于挫伤肠壁或折断体温计，在测定前应先保定好动物。肛表测温可由实验者右手固定体温计，3min 后取出观察读数。测量温度时应连续测定 2～3 次，取平均值。插入直肠的深度取决于动物的大小，犬、猫、兔 3.5～5cm，豚鼠 3.5cm，大鼠、小鼠 1.5～2.0cm。测定时尽可能使动物处于自然状态，勿使其过于紧张、恐惧。

3. 脉搏、呼吸频率测定

（1）脉搏 检查犬、猫、兔等较大动物的脉搏时，先将动物略加固定，待其安静后，用右手伸入动物股部内侧，用手指按股动脉测脉率 1min，计算每分钟脉搏次数。小动物的脉搏不易摸测，可直接在动物左侧胸部用手触及心跳最明显处，计数一定时间，算出每分钟心跳次数，也可用听诊器或专用测量仪器进行测量。此外，在测量时应排除温度、湿度、动物的兴奋状态、健康状况、特殊的生理状况等对脉搏的影响。

（2）呼吸频率 根据呼吸原理，动物的呼吸次数测定方法可采用人工记录法或生理记录仪法。

① 人工记录法 测定呼吸频率前，首先必须使动物处于相对安静状态，然后以肉眼观察并记录呼吸的次数，一般要求记录 1min 的呼吸次数。

② 生理记录仪法 将张力换能器与记录仪和动物相连。经换能器导线输入记录仪，换能器弹簧经细线固定于动物体表一定位置，使细线牵张力适度。按测呼吸需要选择适当的灵敏度、时间常数、滤波后，将前置测量开关置于通的位置。按下走纸速度键，即可描记呼吸变化曲线。

4. 血压测定

血压测定多采用大鼠尾动脉脉搏测压法。其原理是大鼠尾部加压超过收缩压时，脉搏消失，压力减至收缩压时，脉搏出现，继续减压至舒张压时，脉搏恢复加压前的水平，通过检测这种脉搏变化时的瞬间压力，即为血压值。

这种方法采用专门的尾动脉测压系统测定，系统由尾动脉测压仪、脉搏传感器、加压尾套、尾部加热器及动物固定装置组成。其基本操作步骤如下。

（1）大鼠固定和加温　加温采用大鼠全身或鼠尾局部加温。固定一般采用有机玻璃制成的固定器。

（2）确定起始脉搏水平　将加压尾套、脉搏换能器依次套在鼠尾合适位置。

（3）测定血压　用橡皮球充气加压，使加压尾套内的压力升高至脉搏完全消失，再继续加压 20mmHg 左右，然后缓慢放气减压至脉搏信号恢复起始水平，此时可以从测压仪上或记录系统中读取收缩压、舒张压、平均动脉压和心率等。一般连测三次，取其平均值作为一个测量值。

大鼠活动情况、尾部温度及加压尾套的宽度和位置会影响到测量结果，因此，需要防止大鼠的应激，大鼠的尾部应适当加温，一般在 34℃左右，并根据动物体重的大小选择适当宽度加压尾套。体重小于 150g，加压尾套一般应以 1.5cm 为宜，体重在 200g 左右的以 2.0cm 为宜，体重大于 300g 以 2.5～2.8cm 为宜。加压尾套的位置应在大鼠尾根部，且每次测量位置需统一。

5. 心电图的测定

大鼠心电图的测定

心电图是反映心脏电活动变化的图形，经常用到的是体表心电图（ECG）。体表心电图是通过导联线与四肢电极、胸电极连接采集的心电信号。一般情况下，动物实验心电图只连接四肢电极，分别是：右上肢红色、左上肢黄色、左下肢绿色、右下肢黑色，记录标准肢体导联Ⅰ、Ⅱ、Ⅲ和加压肢体导联 aVL、aVR、aVF 六个心电图形。

大鼠的体重以 200～250g 为宜，用心电图仪测定。注射 1.5%戊巴比妥钠注射液麻醉，剂量 2mL/kg 体重，注射速度不要太快。待动物被麻醉后，将其固定在实验台上，按照右上肢红色、左上肢黄色、左下肢绿色、右下肢黑色的连接方式，将电极针插入动物四肢的皮下，连接好导联线，即可进行心电图的记录。

从心电图上获得的指标主要有：P 波的幅度、QRS 波的时间、P～R 间期的时间、R～R 间期的时间、S～T 段的变化、T 波的变化等。P 波代表心房的电活动，QRS 波代表心室的电活动，P～R 间期反映兴奋从心房到心室传导的情况，R～R 间期反映心率的变化和节律是否整齐，S～T 段的变化多反映心肌供血的情况，T 波反映心室复极化的情况。

测定心电图时，四肢电极的放置是十分重要的。一定要将电极针插到四肢的皮下，因为如果插入肌肉，就会有肌电的干扰，影响心电图的记录。另外，记录心电图时，心电图仪或者记录仪器都要有较好的地线连接，否则会有其他电信号的干扰。

6. 粪尿检查

（1）尿液检查　用清洁容器收集新鲜尿液，以晨尿为好，因晨尿浓度较高，易发现病理成分。

正常新鲜尿液多为黄色或淡黄色，尿的颜色多受食物或药物的影响。病理情况下可有以下变化：呈洗肉水样或混有血凝块的血尿；呈浓茶色或酱油色且镜检无红细胞，隐血试验为阳性的血红蛋白尿；呈深黄色，振荡后泡沫亦呈黄色的胆红素尿；呈现乳白色尿液的乳糜尿。

（2）粪便检查　一般性状检查。

① 颜色　黄褐色、黑色、灰白色、鲜红色等。

② 性状　水样或粥样、黏液、脓样、血样。

③ 气味　特殊臭味、酸臭。

（3）显微镜检查　在洁净的载玻片上滴 1 滴生理盐水，用木签挑取少许粪便与生理盐水混合，涂匀，厚度适中，仔细观察。

(4) 隐血检查　凡疑有上消化道少量出血，应进行隐血检查。将少许粪便涂于洁净玻片或滤纸条上，加1%联苯胺-冰醋酸液及3%过氧化氢液各1滴。如无颜色改变为阴性反应；出现蓝颜色变化为阳性反应。根据颜色出现的快慢和深度，将阳性结果分为四级：立即出现深蓝色为（++++）；30s内出现为（+++）；1min内出现为（++）；2min内出现为（+）。

正常为阴性，上消化道出血为阳性。

二、常用生化指标的测定方法

1. 血糖测定

血糖测定用试纸或试剂盒，按说明书操作；若自行配制试剂，可按下列方法操作。

(1) 原理　葡萄糖氧化酶是一种需氧脱氢酶，能催化葡萄糖生成葡萄糖酸和过氧化氢，后者在过氧化物酶作用下放出氧，使4-氨基安替比林与酚氧化缩合，生成红色醌类化合物，可在波长505nm比色测定。

$$\text{葡萄糖} \xrightarrow{\text{葡萄糖氧化酶}} \text{葡萄糖酸} + \text{过氧化氢}$$

$$\text{过氧化氢} + \text{酚} + \text{4-氨基安替比林} \xrightarrow{\text{过氧化物酶}} \text{红色醌类化合物}$$

(2) 试剂配制

① 磷酸盐缓冲液（0.2mol/L，pH7.0）　0.2mol/L Na_2HPO_4 61mL，0.2mol/L KH_2PO_4 39mL混合即可。

② 酶试剂　葡萄糖氧化酶400μg，过氧化物酶0.6mg，4-氨基安替比林10mg，叠氮化钠100mg，加磷酸盐缓冲液至100mL，pH调至7。冰箱存放至少可稳定2个月。

③ 酚试剂　酚100mg溶于100mL蒸馏水中。

④ 酶混合试剂　取等量酶试剂和酚试剂混合。在冰箱中可存放1个月。

⑤ 葡萄糖标准储存液　无水D-葡萄糖（A.R.）在烤箱中80℃烤4h，冷却后，存放于干燥器中至恒重。精确称取2g，以0.25%苯甲酸溶液溶解并移入100mL容量瓶中，再用苯甲酸溶液稀释至100mL。

⑥ 应用液　在100mL容量瓶中准确加入储存液5mL，再用0.25%苯甲酸溶液稀释至100mL，即1mg/mL应用液。

⑦ 蛋白沉淀液　溶解磷酸氢二钠10g、钨酸钠10g、氯化钠9g于800mL蒸馏水中，加入1mol/L盐酸125mL，并用蒸馏水稀释至1000mL。

(3) 操作步骤　取蛋白沉淀剂1mL加入血浆（血清）50μL混匀。室温放置7min后，离心，取上清液（无蛋白血滤液）测定。葡萄糖标准应用液亦进行同样处理。

类　别	测定管	标准管	空白管
无蛋白血滤液/mL	0.5	—	—
处理后的葡萄糖标准液/mL	—	0.5	—
蛋白沉淀液/mL	—	—	0.5
酶混合试剂/mL	4	4	4

混匀后，37℃水浴保温15min，用空白管调零点，在波长505nm处比色。

(4) 结果计算

$$\text{血糖含量(mmol/L)} = \frac{\text{测定管 OD}}{\text{标准管 OD}} \times 100/18$$

2. 血脂测定

一般采用全自动生化分析仪测定。具体操作可参考血液生化分析仪和试剂盒的说明书。

三、常用血液学指标的测定方法

一般均可以使用血细胞分析仪器自动测定，也可采用如下的方法。

1. 红细胞计数

红细胞计数可用普通的血细胞计数器，也可用光电比浊法。

（1）用清洁干燥的微量血红蛋白吸管吸取动物末梢静脉血 $20mm^3$，擦去管尖端外部的余血。

（2）迅速挤入盛有 4mL 红细胞稀释液的华氏小试管中摇匀，此时血液的稀释倍数为 1/200。

（3）将稀释液滴入计数池，静置 3min，在高倍镜下数中央大方格中的 5 个中方格，将 5 个方格计数的红细胞数相加。

（4）计算　5 格的总和×10000 为每 $0.5mm^3$ 内的红细胞数。红细胞稀释液的配制：氯化钠 0.8g，加蒸馏水稀释到 1000mL。

2. 白细胞计数

（1）用清洁干燥的微量血红蛋白吸管吸取动物末梢静脉血 $20mm^3$，擦去管尖端外部的余血。

（2）立即挤入盛有 0.4mL 白细胞稀释液的小试管内，充分摇匀。

（3）将混悬液滴 1 小滴入计数池。

（4）静置 3min，待白细胞下沉后，在低倍镜下数四角 4 个大方格的白细胞数。

（5）计算　4 格白细胞总数×50＝$1mm^3$ 的白细胞总数。白细胞稀释液的配方：冰醋酸（纯）200mL 以蒸馏水加至 1000mL。

3. 血小板计数

（1）小试管内加血小板稀释液 0.4mL。取动物静脉血 $20mm^3$，迅速挤于稀释液内，立即充分摇匀。

（2）放置 4～10min，待溶液呈透明红色，说明红细胞已经充分溶解，充分摇匀，取 1 小滴加入计数池。

（3）放置 10～15min，待血小板完全下沉后，先将中央大方格移至低倍镜视野内，再转以高倍镜，数 5 个中方格内的血小板数。

（4）计算：5 个中方格的总和×1000＝$1mm^3$ 血液的血小板数。血小板稀释液的配置：草酸铵 1g，蒸馏水加至 100mL。

4. 血红蛋白测定

（1）原理　高铁氰化钾能使血红蛋白中的二价铁氧化成三价铁，形成高铁血红蛋白（Hi）。后者再与氰离子结合，形成稳定的氰化高铁血红蛋白（HiCN）。氰化高铁血红蛋白的最大吸收峰在波长 540nm 处，可用标准的高精度分光光度计定量测定，其吸光度与血红蛋白浓度成正比。

（2）试剂　氰化高铁血红蛋白（HiCN）转化液

氰化钾（KCN）	0.05g
高铁氰化钾［$K_3Fe(CN)_6$］	0.20g
非离子表面活性剂（Triton X-100）	1.0mL
无水磷酸二氢钾（KH_2PO_4）	0.14g
蒸馏水加至	1000mL（调 pH 至 7.0～7.4）

血红蛋白转化液为淡黄色透明溶液，配成后用滤纸过滤，置棕色瓶中，在室温中可保存

数月。

（3）器材与仪器　试管、刻度吸管、微量吸管、分光光度计。

（4）操作

① 血红蛋白转化　用微量吸管取末梢血 24mL，加入 5mL HiCN 转化液，充分混匀，静置 5min，使充分反应。

② 比色　如果使用分光光度计比色，波长 540nm，光径 1.0cm，以转化液或蒸馏水为空白，测定样本吸光度（*A*）。

③ 计算　如果使用符合 WHO 标准的分光光度计，可根据样本吸光度（*A*）直接计算出血红蛋白浓度。

附录三　实验动物管理条例

（1988 年 10 月 31 日国务院批准　1988 年 11 月 14 日国家科学技术委员会令第 2 号发布
根据 2011 年 1 月 8 日《国务院关于废止和修改部分行政法规的决定》第一次修订
根据 2013 年 7 月 18 日《国务院关于废止和修改部分行政法规的决定》第二次修订）

第一章　总　　则

第一条　为了加强实验动物的管理工作，保证实验动物质量，适应科学研究、经济建设和社会发展的需要，制定本条例。

第二条　本条例所称实验动物，是指经人工饲育，对其携带的微生物实行控制，遗传背景明确或者来源清楚的，用于科学研究、教学、生产、检定以及其他科学实验的动物。

第三条　本条例适用于从事实验动物的研究、保种、饲育、供应、应用、管理和监督的单位和个人。

第四条　实验动物的管理，应当遵循统一规划、合理分工，有利于促进实验动物科学研究和应用的原则。

第五条　国家科学技术委员会[1]主管全国实验动物工作。

省、自治区、直辖市科学技术委员会主管本地区的实验动物工作。

国务院各有关部门负责管理本部门的实验动物工作。

第六条　国家实行实验动物的质量监督和质量合格认证制度。具体办法由国家科学技术委员会另行制定。

第七条　实验动物遗传学、微生物学、营养学和饲育环境等方面的国家标准由国家技术监督局[2]制定。

第二章　实验动物的饲育管理

第八条　从事实验动物饲育工作的单位，必须根据遗传学、微生物学、营养学和饲育环境方面的标准，定期对实验动物进行质量监测。各项作业过程和监测数据应有完整、准确的记录，并建立统计报告制度。

第九条　实验动物的饲育室、实验室应设在不同区域，并进行严格隔离。

实验动物饲育室、实验室要有科学的管理制度和操作规程。

---

[1] 国家科学技术委员会于 1998 年更名为国家科学技术部。

[2] 现国家质量监督检验检疫总局。

第十条 实验动物的保种、饲育应采用国内或国外认可的品种、品系，并持有效的合格证书。

第十一条 实验动物必须按照不同来源，不同品种、品系和不同的实验目的，分开饲养。

第十二条 实验动物分为四级：一级，普通动物；二级，清洁动物；三级，无特定病原体动物；四级，无菌动物。

对不同等级的实验动物，应当按照相应的微生物控制标准进行管理。

第十三条 实验动物必须饲喂质量合格的全价饲料。霉烂、变质、虫蛀、污染的饲料，不得用于饲喂实验动物。直接用作饲料的蔬菜、水果等，要经过清洗消毒，并保持新鲜。

第十四条 一级实验动物的饮水，应当符合城市生活饮水的卫生标准。二、三、四级实验动物的饮水，应当符合城市生活饮水的卫生标准并经灭菌处理。

第十五条 实验动物的垫料应当按照不同等级实验动物的需要，进行相应处理，达到清洁、干燥、吸水、无毒、无虫、无感染源、无污染。

第三章 实验动物的检疫和传染病控制

第十六条 对引入的实验动物，必须进行隔离检疫。

为补充种源或开发新品种而捕捉的野生动物，必须在当地进行隔离检疫，并取得动物检疫部门出具的证明。野生动物运抵实验动物处所，需经再次检疫，方可进入实验动物饲育室。

第十七条 对必须进行预防接种的实验动物，应当根据实验要求或者按照《中华人民共和国动物防疫法》的有关规定，进行预防接种，但用作生物制品原料的实验动物除外。

第十八条 实验动物患病死亡的，应当及时查明原因，妥善处理，并记录在案。

实验动物患有传染性疾病的，必须立即视情况分别予以销毁或者隔离治疗。对可能被传染的实验动物，进行紧急预防接种，对饲育室内外可能被污染的区域采取严格消毒措施，并报告上级实验动物管理部门和当地动物检疫、卫生防疫单位，采取紧急预防措施，防止疫病蔓延。

第四章 实验动物的应用

第十九条 应用实验动物应当根据不同的实验目的，选用相应的合格实验动物。申报科研课题和鉴定科研成果，应当把应用合格实验动物作为基本条件。应用不合格实验动物取得的检定或者安全评价结果无效，所生产的制品不得使用。

第二十条 供应用的实验动物应当具备下列完整的资料：

（一）品种、品系及亚系的确切名称；

（二）遗传背景或其来源；

（三）微生物检测状况；

（四）合格证书；

（五）饲育单位负责人签名。

无上述资料的实验动物不得应用。

第二十一条 实验动物的运输工作应当有专人负责。实验动物的装运工具应当安全、可靠。不得将不同品种、品系或者不同等级的实验动物混合装运。

第五章 实验动物的进口与出口管理

第二十二条 从国外进口作为原种的实验动物，应附有饲育单位负责人签发的品系和亚系名称以及遗传和微生物状况等资料。

无上述资料的实验动物不得进口和应用。

第二十三条 实验动物工作单位从国外进口实验动物原种，必须向国家科学技术委员会指定的保种、育种和质量监控单位登记。

第二十四条 出口实验动物，必须报国家科学技术委员会审批。经批准后，方可办理出口手续。

出口应用国家重点保护的野生动物物种开发的实验动物，必须按照国家的有关规定，取得出口许可证后，方可办理出口手续。

第二十五条 进口、出口实验动物的检疫工作，按照《中华人民共和国进出境动植物检疫法》的规定办理。

第六章 从事实验动物工作的人员

第二十六条 实验动物工作单位应当根据需要，配备科技人员和经过专业培训的饲育人员。各类人员都要遵守实验动物饲育管理的各项制度，熟悉、掌握操作规程。

第二十七条 地方各级实验动物工作的主管部门，对从事实验动物工作的各类人员，应当逐步实行资格认可制度。

第二十八条 实验动物工作单位对直接接触实验动物的工作人员，必须定期组织体格检查。对患有传染性疾病，不宜承担所做工作的人员，应当及时调换工作。

第二十九条 从事实验动物工作的人员对实验动物必须爱护，不得戏弄或虐待。

第七章 奖励与处罚

第三十条 对长期从事实验动物饲育管理，取得显著成绩的单位或者个人，由管理实验动物工作的部门给予表彰或奖励。

第三十一条 对违反本条例规定的单位，由管理实验动物工作的部门视情节轻重，分别给予警告、限期改进、责令关闭的行政处罚。

第三十二条 对违反本条例规定的有关工作人员，由其所在单位视情节轻重，根据国家有关规定，给予行政处分。

第八章 附 则

第三十三条 省、自治区、直辖市人民政府和国务院有关部门，可以根据本条例，结合具体情况，制定实施办法。

军队系统的实验动物管理工作参照本条例执行。

第三十四条 本条例由国家科学技术委员会负责解释。

第三十五条 本条例自发布之日起施行。

附录四 实验动物 哺乳类实验动物的遗传质量控制（GB 14923—2010）

1 范围

本标准规定了哺乳类实验动物的遗传分类及命名原则、繁殖交配方法和近交系动物的遗传质量标准。

本标准适用于哺乳类实验动物的遗传分类、命名、繁殖及近交系小鼠、大鼠的遗传纯度检测。

2 术语与定义

下列属于和定义适用于本标准。

2.1 近交系 inbred strain

在一个动物群体中，任何个体基因组中99%以上的等位位点为纯合时定义为近交系。

经典近交系经至少连续20代的全同胞兄妹交配培育而成。品系内所有个体都可追溯到起源于第20代或以后代数的一对共同祖先。

经连续20代以上亲子交配与全同胞兄妹交配有等同效果。近交系的近交系数(inbreeding coefficient)应大于99%。

2.2 亚系 substrain

一个近交系内各个分支的动物之间，因遗传分化而产生差异，称为近交系的亚系。

2.3 重组近交系 recombinant inbred strain (RI)

由两个近交系杂交后，经连续20代以上兄妹交配育成的近交系。

2.4 重组同类系 recombinant congenic strain (RC)

由两个近交系杂交后，子代与两个亲代近交系中的一个近交系进行数次回交（通常回交2次)，再经不对特殊基因选择的连续兄妹交配（通常大于14代）而育成的近交系。

2.5 同源突变近交系 coisogenic inbred strain

除了在一个特定位点等位基因不同外，其他遗传基因全部相同的两个近交系。

一般由近交系发生基因突变或者人工诱变（如基因剔除）形成。用近交代数表示出现突变的代数，如F110+F23，是近交系在110代出现突变后近交23代。

2.6 同源导入近交系 congenic inbred strain

同类近交系：通过回交(backcross)方式形成的一个与原来的近交系只是在一个很小的染色体片段上有所不同的新的近交系。

要求至少回交10个世代，供体品系的基因组占基因组总量在0.01以下。

2.7 染色体置换系 chromosome substitution strains

为把某一染色体全部导入到近交系中，反复进行回交而育成的近交系。与同类系相同，将F1作为第1个世代，要求至少回交10个世代。

2.8 核转移系 conplastic strains

将某个品系的核基因组移到其他品系细胞质而培育的品系。

2.9 混合系 mixed inbred strains

由两个亲本品系（其中一个是重组基因的ES细胞株）混合制作的近交系。

2.10 互交系 advanced intercross lines

两个近交系间繁殖到F2，采取避免兄妹交配的互交所得到的多个近交系。由于其较高的相近基因位点间的重组率而被应用于突变基因的精细定位分析。

2.11 遗传修饰动物 genetic modified animals

经人工诱发突变或特定类型基因组改造建立的动物。包括转基因动物、基因定位突变动物、诱变动物等。

2.12 封闭群 closed colony

远交群 outbred stock

以非近亲交配方式进行繁殖生产的一个实验动物种群，在不从外部引入新个体的条件下，至少连续繁殖4代以上的群体。

2.13　杂交群 hybrids

由两个不同近交系杂交产生的后代群体。子一代简称 F1。

3　实验动物的遗传分类及命名

3.1　遗传分类

根据遗传特点的不同，实验动物分为近交系、封闭群和杂交群。

3.2　命名

3.2.1　近交系

3.2.1.1　命名

近交系一般以大写英文字母命名，亦可以用大写英文字母加阿拉伯数字命名，符号应尽量简短。如 A 系、TAI 系等。

3.2.1.2　近交代数

近交系的近交代数用大写英文字母 F 表示。例如当一个近交系的近交代数为 87 代时，写成（F87）。如果对以前的代数不清楚，仅知道近期的近交代数为 25，可以表示为（F? ＋25）。

3.2.1.3　亚系的命名

亚系的命名方法是在原品系的名称后加一道斜线，斜线后标明亚系的符号。

亚系的符号可以是以下几种：

a）培育或产生亚系的单位或个人的缩写英文名称，第一个字母用大写，以后的字母用小写。使用缩写英文名称应注意不要和已公布过的名称重复。例如：A/He，表示 A 近交系的 Heston 亚系；CBA/J，由美国杰克逊研究所保持的 CBA 近交系的亚系；

b）当一个保持者保持的一个近交系具有两个以上的亚系时，可在数字后再加保持者的缩写英文名称来表示亚系。如：C57BL/6J，C57BL/10J 分别表示由美国杰克逊研究所保持的 C57BL 近交系的两个亚系；

c）一个亚系在其他机构保种，形成了新的群体，在原亚系后加注机构缩写。如：C3H/HeH 是由 Hanwell（H）保存的 Heston（He）亚系；

d）作为以上命名方法的例外情况是一些建立及命名较早，并为人们所熟知的近交系，亚系名称可用小写英文字母表示，如 BALB/c、C57BR/cd 等。

3.2.1.4　重组近交系和重组同类系命名

3.2.1.4.1　重组近交系的命名

在两个亲代近交系的缩写名称中间加大写英文字母 X 命名。相同双亲交配育成的一组近交系用阿拉伯数字予以区分，雌性亲代在前，雄性亲代在后。

示例：

由 BALB/c 与 C57BL。两个近交系杂交育成的一组重组近交系，分别命名为 CXB1、CXB2……

如果雄性亲代缩写为数字，如 CX8。为区分不同 RI 组，则用连接符表示为 CX8-1、CX8-2……

常用近交系小鼠的缩写名称如下：

近交系	缩写名称
C57BL/6	B6
BALB/c	C
DBA/2	D2

C3H　　C3
CBA　　CB

3.2.1.4.2　重组同类系的命名

在两个亲代近交系的缩写名称中间加小写英文字母 c 命名，用其中做回交的亲代近交系（称受体近交系）在前，供体近交系在后。相同双亲育成的一组重组同类系用阿拉伯数字予以区分。如 CcS1，表示以 BALB/c（C）为亲代受体近交系，以 STS（S）品系为供体近交系，经 2 代回交育成的编号为 1 的重组同类系。

同样，如果雄性亲代缩写为数字，如 Cc8，为区分不同 RC 组，则用连接符表示为 Cc8-1。

3.2.1.5　同源突变近交系的命名

在发生突变的近交系名称后加突变基因符号（用英文斜体印刷体）组成，二者之间以连接号分开，如：DBA/Ha-*D*，表示 DBA/Ha 品系突变基因为 *D* 的同源突变近交系。

当突变基因必须以杂合子形式保持时，用“+”号代表野生型基因，如：A/Fa-+/*c*。

129S7/SvEvBrd-Fyn^{tm1Sor} 表示用来源 129S7/SvEvBrd 品系的 AB1 ES 细胞株制作的 *Fyn* 基因变异的同源突变系。

3.2.1.6　同源导入近交系（同类近交系）

同源导入系名称由以下几部分组成：

a）接受导入基因（或基因组片段）的近交系名称；

b）提供导入基因（或基因组片段）的近交系的缩写名称，并与 a 之间用英文句号分开；

c）导入基因（或基因组片段）的符号（用英文斜体），与 b 之间以连字符分开；

d）经第三个品系导入基因（或基因组片段）时，用括号表示；

e）当染色体片段导入多个基因（或基因组片段）或位点，在括号内用最近和最远的标记表示出来。

示例：

B10.129-*H-12b*　表示该同源导入近交系的遗传背景为 C57BL/10sn（即 B10），导入 B10 的基因为 *H-12b*，基因提供者为 129/J 近交系。

C.129P(B6)-*Il2tmlHor*　经过第三个品系 B6 导入的。

B6.Cg-(*D 4Mit25-D4Mit80*)/Lt 导入的片段标记为 *D4Mit25-D4Mit80*。

3.2.1.7　染色体置换系的命名

表示方法为 HOST STRAIN-Chr＃$^{\text{DONOR STRAIN}}$，如 C57BL/6J-Chr 19^{SPR}为 *M. spretus* 的第 19 染色体回交于 B6 的染色体置换系。

3.2.1.8　核转移系的命名

命名方法为 NUCLEAR GENOME-mt$^{\text{CYTOPLASMIC GENOME}}$，如：C57BL/6J-mt$^{\text{BALB/c}}$指带有 C57BL/6J 核基因组和 BALB/c 细胞质的品系。这样的品系是以雄的 C57BL/6J 小鼠和雌的 BALB/c 小鼠交配，子代雌鼠与 C57BL/6J 雄鼠反复回交 10 代而成。

3.2.1.9　混合系的命名

3.2.1.9.1　两个品系缩写之间用分号，如：B6；129-$Acvr\ 2^{tmlZuk}$为 C57BL/6J 和敲除 *Acvr 2* 基因的 129ES 细胞株制作的品系。

3.2.1.9.2　由两个以上亲本品系制作的近交系，或者受不明遗传因素影响的突变系，作为混合系，用 STOCK 空格后加基因或染色体异常来表示，如 STOCK Rb(16.17)5Bnr 为具有 Rb(16.17)5Bnr 的、含有未知或复杂遗传背景的混合系。

3.2.1.10　互交系的命名

由实验室缩写编码：母系亲本，父系父本-G＃表示。如 Pri：B6,D2-G＃为 Priceton 研究所用 C57BL/6J 和 DBA/2 制作的互交品系，G＃表示自 F2 代后交配的代数。

3.2.1.11 遗传修饰动物的命名

遗传修饰动物包括转基因、基因定位突变、诱变等动物，属于特殊近交系，其命名见附录 A[1]。

3.2.2 封闭群（远交群）的命名

封闭群由 2 个～4 个大写英文字母命名，种群名称前标明保持者的英文缩写名称，第一个字母须大写，后面的字母小写，一般不超过 4 个字母。保持者与种群名称之间用冒号分开。

示例：

N：NIH 表示由美国国立卫生研究院（N）保持的 NIH 封闭群小鼠。

Lac：LACA 表示由英国实验动物中心（Lac）保持的 LACA 封闭群小鼠。

某些命名较早，又广为人知的封闭群动物，名称与上述规则不一致时，仍可沿用其原来的名称。如：Wistar 大鼠封闭群，日本的 ddy 封闭群小鼠等。

把保持者的缩写名称放在种群名称的前面，而二者之间用冒号分开，是封闭群动物与近交系命名中最显著的区别。除此之外，近交系命名中的规则及符号也适用于封闭群动物的命名。

3.2.3 杂交群的命名

杂交群应按以下方式命名：以雌性亲代名称在前，雄性亲代名称居后，二者之间以大写英文字母“X”相连表示杂交。将以上部分用括号括起，再在其后标明杂交的代数（如 F1、F2 等）。

对品系或种群的名称常使用通用的缩写名称。

示例：

（C57BL/6 X DBA/2）F1＝B6d2F1

B6d2F2：指 B6d2F1 同胞交配产生的 F2；

B6（D2AKRF1）：是 B6 为母本，与（DBA/2 X AKR/J）的 F1 父本回交所得。

4 实验动物的繁殖方法

4.1 近交系动物的繁殖方法

4.1.1 原则

选择近交系动物繁殖方法的原则是保持近交系动物的同基因性及其基因纯合性。

4.1.2 引种

作为繁殖用原种的近交系动物必须遗传背景明确，来源清楚，有较完整的资料（包括品系名称、近交代数、遗传基因特点及主要生物学特征等）。引种动物应来自近交系的基础群(foundation stock)。

4.1.3 近交系动物的繁殖

分为基础群（foundation stock）、血缘扩大群（pedigree expansion stock）和生产群(production stock)。当近交系动物生产供应数量不是很大时，一般不设血缘扩大群，仅设基础群和生产群。

4.1.4 基础群

[1] 附录 A 此处未列出，可查阅 GB 14923—2010。

4.1.4.1 设基础群的目的，一是保持近交系自身的传代繁衍，二是为扩大繁殖提供种动物。

4.1.4.2 基础群严格以全同胞兄妹交配方式进行繁殖。

4.1.4.3 基础群应设动物个体记录卡（包括品系名称、近交代数、动物编号、出生日期、双亲编号、离乳日期、交配日期、生育记录等）和繁殖系谱。

4.1.4.4 基础群动物不超过5代～7代都应能追溯到一对共同祖先。

4.1.5 血缘扩大群

4.1.5.1 血缘扩大群的种动物来自基础群。

4.1.5.2 血缘扩大群以全同胞兄妹交配方式进行繁殖。

4.1.5.3 血缘扩大群动物应设个体繁殖记录卡。

4.1.5.4 血缘扩大群动物不超过5代～7代都应能追溯到其在基础群的一对共同祖先。

4.1.6 生产群

4.1.6.1 设生产群的目的是生产供应实验用近交系动物，生产群种动物来自基础群或血缘扩大群。

4.1.6.2 生产群动物一般以随机交配方式进行繁殖。

4.1.6.3 生产群动物应设繁殖记录卡。

4.1.6.4 生产群动物随机交配繁殖代数一般不应超过4代。

4.2 封闭群动物的繁殖方法

4.2.1 原则

选择封闭群动物繁殖方法的原则是尽量保持封闭群的动物的基因异质性及多态性，避免近交系数随繁殖代数增加而过快上升。

4.2.2 引种

作为繁殖用原种的封闭群动物必须遗传背景明确，来源清楚，有较完整的资料（包括种群名称、来源、遗传基因特点及主要生物学特性等）。

为保持封闭群动物的遗传异质性及基因多态性，引种动物数量要足够多，小型啮齿类封闭群动物引种数目一般不能少于25对。

4.2.3 繁殖

为保持封闭群动物的遗传基因的稳定，封闭群应足够大，并尽量避免近亲交配。根据封闭群的大小，选用循环交配法等方法进行繁殖。具体方法参见附录B[1]。

4.3 杂交群的繁殖方法

将适龄的雌性亲代品系动物与雄性亲代品系动物杂交，即可得到F1动物。雌雄亲本交配顺序不同，得到的F1动物也不一样。F1动物自繁成为F2动物。除特殊需要外F1动物一般不进行繁殖。

5 近交系动物的遗传质量监测

5.1 近交系动物的遗传质量标准

近交系动物应符合以下要求：

a）具有明确的品系背景资料，包括品系名称、近交代数、遗传组成、主要生物学特性等，并能充分表明新培育的或引种的近交系动物符合近交系定义的规定；

b）用于近交系保种及生产的繁殖系谱及记录卡应清楚完整，繁殖方法科学合理；

c）经遗传检测（生化标记基因检测法，免疫标记基因检测法等）质量合格。

---

[1] 附录B此处未列出，可查阅GB 14923—2010。

5.2　近交系小鼠、大鼠遗传检测方法及实施

5.2.1　生化标记检测（纯度检测的常规方法）

5.2.1.1　抽样

对基础群，凡在子代留有种鼠的双亲动物都应进行检测。

对生产群，按表1要求从每个近交系中随机抽取成年动物，雌雄各半。

表1

生产群中雌性种鼠数量	抽样数目
100只以下	6只
100只以上	≥6%

5.2.1.2　生化标记基因的选择及常用近交系动物的生化遗传概貌

近交系小鼠选择位于10条染色体上的14个生化位点，近交系大鼠选择位于6条染色体上的11个生化位点，作为遗传检测的生化标记。以上生化标记基因的名称及常用近交系动物的生化标记遗传概貌参见附录C[1]。

5.2.1.3　结果判断

见表2。

表2

检测结果	判　断	处　理
与标准遗传概貌完全一致	未发现遗传变异，遗传质量合格	—
有一个位点的标记基因与标准遗传概貌不一致	可疑	增加检测位点数目和增加检测方法后重检，确实只有一个标记基因改变可命名为同源突变系
两个或两个以上位点的标记基因与标准遗传概貌不一致	不合格	淘汰，重新引种

5.2.2　免疫标记检测

5.2.2.1　皮肤移植法：每个品系随机抽取至少10只相同性别的成年动物，进行同系异体皮肤移植。移植全部成功者为合格，发生非手术原因引起的移植物的排斥判为不合格。

5.2.2.2　微量细胞毒法：按照5.2.1.1的抽样数量检测小鼠H-2单倍型，结果符合标准遗传概貌的为合格，否则为不合格。

5.2.3　其他方法

除以上两种方法外，还可选用其他方法进行遗传质量检测，如毛色基因测试（coat color gene testing）、下颌骨测量法（mandible measurement）、染色体标记检测（chromosome markers testing）、DNA多态性检测法（DNA polymorphisms）、基因组测序法（genomic sequence）等。

5.3　检测时间间隔

近交系动物生产群每年至少进行一次遗传质量检测。

6　封闭群动物的遗传质量监测

6.1　封闭群动物的遗传质量标准

封闭群动物应符合以下要求：

---

[1] 附录C此处未列出，可查阅GB 14923—2010。

a）具有明确的遗传背景资料，来源清楚，有较完整的资料（包括种群名称、来源、遗传基因特点及主要生物学特性等）；

b）用于保种及生产的繁殖系谱及记录卡应清楚完整，繁殖方法科学合理；

c）封闭繁殖，保持动物的基因异质性及多态性，避免近交系数随繁殖代数增加而过快上升；

d）经遗传检测（生化标记基因检测法，DNA 多态性分析等）基因频率稳定，下颌骨测量法（mandible measurement）判定为相同群体。

6.2 封闭群动物小鼠、大鼠遗传检测方法及实施

6.2.1 生化标记基因检测（多态性检测）

6.2.1.1 抽样

随机抽取雌雄各 25 只以上动物进行基因型检测。

6.2.1.2 生化标记基因的选择

选择代表种群特点的生化标记基因，如小鼠选择位于 10 条染色体上的 14 个生化位点，大鼠选择位于 6 条染色体上的 11 个生化位点，作为遗传检测的生化标记。

6.2.1.3 群体评价

按照哈代-温伯格（Hardy-Weinberg）定律，无选择的随机交配群体的基因频率保持不变，处于平衡状态。根据各位点的等位基因数计算封闭群体的基因频率，进行 χ^2 检验，判定是否处于平衡状态。处于非平衡状态的群体应加强繁殖管理，避免近交。

6.2.2 其他方法

除以上方法外，还可选用其他方法进行群体遗传质量检测，如下颌骨测量法（mandible measurement）、DNA 多态性检测法（DNA polymorphisms）以及统计学分析法等。统计项目包括生长发育、繁殖性状、血液生理和生化指标等多种参数，通过连续监测把握群体的正常范围。

6.3 检测时间间隔

封闭群动物每年至少进行一次遗传质量检测。

7 杂交群动物的遗传质量监测

由于 F1 动物遗传特性均一，不进行繁殖而直接用于试验，一般不对这些动物进行遗传质量监测，需要时参照近交系的检测方法进行质量监测。

附录五 实验动物 环境及设施（GB 14925—2010）

1 范围

本标准规定了实验动物及动物实验设施和环境条件的技术要求及检测方法，同时规定了垫料、饮水和笼具的原则要求。

本标准适用于实验动物生产、实验场所的环境条件及设施的设计、施工、检测、验收及经常性监督管理。

2 规范性引用文件

下列文件中的条款通过本标准的引用而成为本标准的条款。凡是注日期的引用文件，其随后所有的修改单（不包括勘误的内容）或修订版均不适用于本标准，然而，鼓励根据本标准达成协议的各方研究是否可使用这些文件的最新版本。凡是不注日期的引用文件，其最新

版本适用于本标准。

GB 5749 生活饮用水卫生标准

GB 8978 污水综合排放标准

GB 18871 电离辐射防护与辐射源安全基本标准

GB 19489 实验室 生物安全通用要求

GB 50052 供配电系统设计规范

GB 50346 生物安全实验室建筑技术规范

3 术语和定义

下列术语和定义适用于本标准。

3.1 实验动物 laboratory animal

经人工培育，对其携带微生物和寄生虫实行控制，遗传背景明确或者来源清楚，用于科学研究、教学、生产、检定以及其他科学实验的动物。

3.2 实验动物生产设施 breeding facility for laboratory animal

用于实验动物生产的建筑物和设备的总和。

3.3 实验动物实验设施 experiment facility for laboratory animal

以研究、试验、教学、生物制品和药品及相关产品生产、检定等为目的而进行实验动物试验的建筑物和设备的总和。

3.4 实验动物特殊实验设施 hazard experiment facility for laboratory animal

包括感染动物实验设施（动物生物安全实验室）和应用放射性物质或有害化学物质等进行动物实验的设施。

3.5 普通环境 conventional environment

符合实验动物居住的基本要求，控制人员和物品、动物出入，不能完全控制传染因子，适用于饲育普通级实验动物。

3.6 屏障环境 barrier environment

符合动物居住的要求，严格控制人员、物品和空气的进出，适用于饲育清洁级和/或无特定病原体（specific pathogen free，SPF）级实验动物。

3.7 隔离环境 isolation environment

采用无菌隔离装置以保持无菌状态或无外源污染物。隔离装置内的空气、饲料、水、垫料和设备应无菌，动物和物料的动态传递须经特殊的传递系统，该系统既能保证与环境的绝对隔离，又能满足转运动物时保持与内环境一致。适用于饲育无特定病原体级、悉生（gnotobiotic）及无菌（germ free）级实验动物。

3.8 洁净度 5 级 cleanliness class 5

空气中大于等于 0.5μm 的尘粒数大于 352 pc/m^3 到小于等于 3 520 pc/m^3，大于等于 1μm 的尘粒数大于 83 pc/m^3 到小于等于 832 pc/m^3，大于等于 5μm 的尘粒数小于等于 29 pc/m^3。

3.9 洁净度 7 级 cleanliness class 7

空气中大于等于 0.5μm 的尘粒数大于 35 200 pc/m^3 到小于等于 352 000 pc/m^3，大于等于 1μm 的尘粒数大于 8 320 pc/m^3 到小于等于 83 200 pc/m^3，大于等于 5μm 的尘粒数大于 293 pc/m^3 到小于等于 2 930 pc/m^3。

3.10 洁净度 8 级 cleanliness class 8

空气中大于等于 0.5μm 的尘粒数大于 352 000 pc/m^3 到小于等于 3 520 000 pc/m^3，大

于等于 1μm 的尘粒数大于 83 200 pc/m³ 到小于等于 832 000 pc/m³，大于等于 5μm 的尘粒数大于 2 930 pc/m³ 到小于等于 29 300 pc/m³。

4 设施

4.1 分类

按照设施的使用功能，分为实验动物生产设施、实验动物实验设施和实验动物特殊实验设施。

4.2 选址

4.2.1 应避开自然疫源地。生产设施宜远离可能产生交叉感染的动物饲养场所。

4.2.2 宜选在环境空气质量及自然环境条件较好的区域。

4.2.3 宜远离有严重空气污染、振动或噪声干扰的铁路、码头、飞机场、交通要道、工厂、贮仓、堆场等区域。

4.2.4 动物生物安全实验室与生活区的距离应符合 GB 19489 和 GB 50346 的要求。

4.3 建筑卫生要求

4.3.1 所有围护结构材料均应无毒、无放射性。

4.3.2 饲养间内墙表面应光滑平整，阴阳角均为圆弧形，易于清洗、消毒。墙面应采用不易脱落、耐腐蚀、无反光、耐冲击的材料。地面应防滑、耐磨、无渗漏。天花板应耐水、耐腐蚀。

4.4 建筑设施一般要求

4.4.1 建筑物门、窗应有良好的密封性，饲养间门上应设观察窗。

4.4.2 走廊净宽度一般不应少于 1.5m，门大小应满足设备进出和日常工作的需要，一般净宽度不少于 0.8m。饲养大型动物的实验动物设施，其走廊和门的宽度和高度应根据实际需要加大尺寸。

4.4.3 饲养间应合理组织气流和布置送、排风口的位置，宜避免死角、断流、短路。

4.4.4 各类环境控制设备应定期维修保养。

4.4.5 实验动物设施的电力负荷等级，应根据工艺要求按 GB 50052 要求确定。屏障环境和隔离环境应采用不低于二级电力负荷供电。

4.4.6 室内应选择不易积尘的配电设备，由非洁净区进入洁净区及洁净区内的各类管线管口，应采取可靠的密封措施。

5 环境

5.1 分类

按照空气净化的控制程度，实验动物环境分为普通环境、屏障环境和隔离环境，见表 1。

表 1 实验动物环境的分类

环境分类		使用功能	适用动物等级
普通环境	—	实验动物生产、动物实验、检疫	普通动物
屏障环境	正压	实验动物生产、动物实验、检疫	清洁动物、SPF 动物
	负压	动物实验、检疫	清洁动物、SPF 动物
隔离环境	正压	实验动物生产、动物实验、检疫	SPF 动物、悉生动物、无菌动物
	负压	动物实验、检疫	SPF 动物、悉生动物、无菌动物

5.2 技术指标

5.2.1 实验动物生产间的环境技术指标应符合表2的要求。

表2 实验动物生产间的环境技术指标

项目	指标								
	小鼠、大鼠		豚鼠、地鼠			犬、猴、猫、兔、小型猪			鸡
	屏障环境	隔离环境	普通环境	屏障环境	隔离环境	普通环境	屏障环境	隔离环境	屏障环境
温度/℃	20～26		18～29	20～26		16～28	20～26		16～28
最大日温差/℃,≤	4								
相对湿度/%	40～70								
最小换气次数/(次/h),≥	15[a]	20	8[b]	15[a]	20	8[b]	15[a]	20	—
动物笼具处气流速度/(m/s),≤	0.20								
相通区域的最小静压差/Pa,≥	10	50[c]	—	10	50[c]	—	10	50[c]	10
空气洁净度/级	7	5或7[d]	—	7	5或7[d]	—	7	5或7[d]	5或7
沉降菌最大平均浓度/(CFU/0.5h·Φ90mm平皿),≤	3	无检出	—	3	无检出	—	3	无检出	3
氨浓度/(mg/m³),≤	14								
噪声/dB(A),≤	60								
照度/lx 最低工作照度,≥	150～300								
照度/lx 动物照度	15～20					100～200			5～10
昼夜明暗交替时间/h	12/12或10/14								

[a] 为降低能耗,非工作时间可降低换气次数,但不应低于10次/h。

[b] 可根据动物种类和饲养密度适当增加。

[c] 指隔离设备内外静压差。

[d] 根据设备的要求选择参数。用于饲养无菌动物和免疫缺陷动物时,洁净度应达到5级。

注1:表中—表示不作要求。

注2:表中氨浓度指标为动态指标。

注3:普通环境中的温度、湿度和换气次数为参考值,可根据实际需要适当选用,但应控制日温差。

注4:温度、相对湿度、压差是日常性检测指标;日温差、噪声、气流速度、照度、氨气浓度为监督性检测指标;空气洁净度、换气次数、沉降菌最大平均浓度、昼夜明暗交替时间为必要时检测指标。

注5:静态检测除氨浓度外的所有指标,动态检测日常性检测指标和监督性检测指标,设施设备调试和/或更换过滤器后检测必要检测指标。

5.2.2 动物实验间的环境技术指标应符合表3的要求。特殊动物实验设施动物实验间的技术指标除满足表3的要求外，还应符合相关标准的要求。

表 3　动物实验间的环境技术指标

项目	指标								
	小鼠、大鼠		豚鼠、地鼠			犬、猴、猫、兔、小型猪			鸡
	屏障环境	隔离环境	普通环境	屏障环境	隔离环境	普通环境	屏障环境	隔离环境	隔离环境
温度/℃	20～26		18～29	20～26		16～26	20～26		16～26
最大日温差/℃，≤	4								
相对湿度/%	40～70								
最小换气次数/(次/h)，≥	15[a]	20	8[b]	15[a]	20	8[b]	15[a]	20	—
动物笼具处气流速度/(m/s)，≤	0.2								
相通区域的最小静压差/Pa，≥	10	50[c]	—	10	50[c]	—	10	50[c]	50[c]
空气洁净度/级	7	5 或 7[d]	—	7	5 或 7[d]	—	7	5 或 7[d]	5
沉降菌最大平均浓度/(CFU/0.5h·Φ90mm 平皿)，≤	3	无检出	—	3	无检出	—	3	无检出	无检出
氨浓度/(mg/m³)，≤	14								
噪声/dB(A)，≤	60								
照度/lx　最低工作照度，≥	200								
照度/lx　动物照度	15～20					100～200			5～10
昼夜明暗交替时间/h	12/12 或 10/14								

[a] 为降低能耗，非工作时间可降低换气次数，但不应低于 10 次/h。

[b] 可根据动物种类和饲养密度适当增加。

[c] 指隔离设备内外静压差。

[d] 根据设备的要求选择参数。用于饲养无菌动物和免疫缺陷动物时，洁净度应达到 5 级。

注 1：表中—表示不作要求。

注 2：表中氨浓度指标为动态指标。

注 3：温度、相对湿度、压差是日常性检测指标；日温差、噪声、气流速度、照度、氨气浓度为监督性检测指标；空气洁净度、换气次数、沉降菌最大平均浓度、昼夜明暗交替时间为必要时检测指标。

注 4：静态检测除氨浓度外的所有指标，动态检测日常性检测指标和监督性检测指标，设施设备调试和/或更换过滤器后检测必要检测指标。

5.2.3　屏障环境设施的辅助用房主要技术指标应符合表 4 的规定。

表 4　屏障环境设施的辅助用房主要技术指标

房间名称	洁净度级别	最小换气次数/(次/h)，≥	相通区域的最小静压差/Pa，≥	温度/℃	相对湿度/%	噪声/dB(A)，≤	最低照度/lx，≥
洁物储存室	7	15	10	18～28	30～70	60	150
无害化消毒室	7 或 8	15 或 10	10	18～28	—	60	150
洁净走廊	7	15	10	18～28	30～70	60	150
污物走廊	7 或 8	15 或 10	10	18～28	—	60	150
入口缓冲间	7	15 或 10	10	18～28	—	60	150

续表

房间名称	洁净度级别	最小换气次数/(次/h),≥	相通区域的最小静压差/Pa,≥	温度/℃	相对湿度/%	噪声/dB(A),≤	最低照度/lx,≥
出口缓冲间	7 或 8	15 或 10	10	18～28	—	60	150
二更	7	15	10	18～28	—	60	150
清洗消毒室	—	4	—	18～28	—	60	150
淋浴室	—	4	—	18～28	—	60	100
一更(脱、穿普通衣、工作服)	—	—	—	18～28	—	60	100

实验动物生产设施的待发室、检疫观察室和隔离室主要技术指标应符合实验动物生产间的规定。

动物实验设施的检疫观察室和隔离室主要技术指标应符合动物实验间的规定。

动物生物安全实验室应同时符合 GB 19489 和 GB 50346 的规定。

正压屏障环境的单走廊设施应保证动物生产区、动物实验区压力最高。正压屏障环境的双走廊或多走廊设施应保证洁净走廊的压力高于动物生产区、动物实验区；动物生产区、动物实验区的压力高于污物走廊。

注：表中—表示不作要求。

6 工艺布局

6.1 区域布局

6.1.1 前区的设置

包括办公室、维修室、库房、饲料室、一般走廊。

6.1.2 饲育区的设置

6.1.2.1 生产区：包括隔离检疫室、缓冲间、风淋室、育种室、扩大群饲育室、生产群饲育室、待发室、清洁物品贮藏室、消毒后室、走廊。

6.1.2.2 动物实验区：包括缓冲间、风淋室、检疫间、隔离室、操作室、手术室、饲育间、清洁物品贮藏室、消毒后室、走廊。普通级大动物检疫间必须与动物饲养区分开设置。

6.1.2.3 辅助区：包括仓库、洗刷消毒室、废弃物品存放处理间（设备）、解剖室、密闭式实验动物尸体冷藏存放间（设备）、机械设备室、淋浴室、工作人员休息室、更衣室。

6.1.2.4 动物实验设施应与动物生产设施分开设置。

6.2 其他设施

6.2.1 有关放射性动物实验室除满足本标准外，还应按照 GB 18871 进行。

6.2.2 动物生物安全实验室除满足本标准外，还应符合 GB 19489 和 GB 50346 的要求。

6.2.3 感染实验、染毒试验均应在负压设施或负压设备内操作。

6.3 设备

6.3.1 实验动物生产使用设备及其辅助设施应布局合理，其技术指标应达到生产设施环境技术指标要求（表 2、表 4）。

6.3.2 动物实验使用设备及其辅助设施应布局合理，技术指标应达到实验设施环境技术指标要求（表 3、表 4）。

7 污水、废弃物及动物尸体处理

7.1 实验动物和动物实验设施应有相对独立的污水初级处理设备或化粪池，来自于动物的粪尿、笼器具洗刷用水、废弃的消毒液、实验中废弃的试液等污水应经处理并达到 GB 8978 二类一级标准要求后排放。

7.2　感染动物实验室所产生的废水，必须先彻底灭菌后方可排出。

7.3　实验动物废垫料应集中作无害化处理。一次性工作服、口罩、帽子、手套及实验废弃物等应按医院污物处理规定进行无害化处理。注射针头、刀片等锐利物品应收集到利器盒中统一处理。感染动物实验所产生的废弃物须先行高压灭菌后再作处理。放射性动物实验所产生放射性沾染废弃物应按 GB 18871 的要求处理。

7.4　动物尸体及组织应装入专用尸体袋中存放于尸体冷藏柜（间）或冰柜内，集中作无害化处理。感染动物实验的动物尸体及组织须经高压灭菌器灭菌后传出实验室再作相应处理。

8　笼具、垫料、饮水

8.1　笼具

8.1.1　笼具的材质应符合动物的健康和福利要求，无毒、无害、无放射性、耐腐蚀、耐高温、耐高压、耐冲击、易清洗、易消毒灭菌。

8.1.2　笼具的内外边角均应圆滑、无锐口，动物不易噬咬、咀嚼。笼子内部无尖锐的突起伤害到动物。笼具的门或盖有防备装置，能防止动物自己打开笼具或打开时发生意外伤害或逃逸。笼具应限制动物身体伸出受到伤害，伤害人类或邻近的动物。

8.1.3　常用实验动物笼具的大小最低应满足表 5 的要求，实验用大型动物的笼具尺寸应满足动物福利的要求和操作的需求。

表 5　常用实验动物所需居所最小空间

项　目	小鼠			大鼠			豚鼠		
	<20g 单养时	>20g 单养时	群养(窝)时	<150g 单养时	>150 单养时	群养(窝)时	<350g 单养时	>350g 单养时	群养(窝)时
底板面积/m²	0.006 7	0.009 2	0.042	0.04	0.06	0.09	0.03	0.065	0.76
笼内高度/m	0.13	0.13	0.13	0.18	0.18	0.18	0.18	0.21	0.21

项　目	地鼠			猫		猪		鸡	
	<100g 单养时	>100g 单养时	群养(窝)时	<2.5kg 单养时	>2.5kg 单养时	<20kg 单养时	>20kg 单养时	<2kg 单养时	>2kg 单养时
底板面积/m²	0.01	0.012	0.08	0.28	0.37	0.96	1.2	0.12	0.15
笼内高度/m	0.18			0.76(栖木)		0.6	0.8	0.4	0.6

项　目	兔			犬			猴		
	<2.5kg 单养时	>2.5kg 单养时	群养(窝)时	<10kg 单养时	10～20 单养时	>20kg 单养时	<4kg 单养时	4～8kg 单养时	>8kg 单养时
底板面积/m²	0.18	0.2	0.42	0.6	1	1.5	0.5	0.6	0.9
笼内高度/m	0.35	0.4	0.4	0.8	0.9	1.1	0.8	0.85	1.1

8.2　垫料

8.2.1　垫料的材质应符合动物的健康和福利要求，应满足吸湿性好、尘埃少、无异味、无毒性、无油脂、耐高温、耐高压等条件。

8.2.2　垫料必须经灭菌处理后方可使用。

8.3　饮水

8.3.1　普通级实验动物的饮水应符合 GB 5749 的要求。

8.3.2 清洁级及其以上级别实验动物的饮水应达到无菌要求。

9 动物运输

9.1 运输笼具

9.1.1 运输活体动物的笼具结构应适应动物特点，材质应符合动物的健康和福利要求，并符合运输规范和要求。

9.1.2 运输笼具必须足够坚固，能防止动物破坏、逃逸或接触外界，并能经受正常运输。

9.1.3 运输笼具的大小和形状应适于被运输动物的生物特性，在符合运输要求的前提下要使动物感觉舒适。

9.1.4 运输笼具内部和边缘无可伤害到动物的锐角或突起。

9.1.5 运输笼具的外面应具有适合于搬动的把手或能够握住的把柄，搬运者与笼具内的动物不能有身体接触。

9.1.6 在紧急情况下，运输笼具要容易打开门，将活体动物移出。

9.1.7 运输笼具应符合微生物控制的等级要求，并且必须在每次使用前进行清洗和消毒。

9.1.8 可移动的动物笼具应在动物笼具顶部或侧面标上“活体实验动物”的字样，并用箭头或其他标志标明动物笼具正确立放的位置。运输笼具上应标明运输该动物的注意事项。

9.2 运输工具

9.2.1 运输工具能够保证有足够的新鲜空气维持动物的健康、安全和舒适的需要，并应避免运输时运输工具的废气进入。

9.2.2 运输工具应配备空调等设备，使实验动物周围环境的温度符合相应等级要求，以保证动物的质量。

9.2.3 运输工具在每次运输实验动物前后均应进行消毒。

9.2.4 如果运输时间超过6h，宜配备符合要求的饲料和饮水设备。

10 检测

10.1 设施环境技术指标检测方法见本标准附录A～附录I[1]。

10.2 设备环境技术指标检测方法参考附录A～附录I[1]执行。除检测设备内部技术指标外，还应检测设备所处房间环境的温湿度、噪声指标。

附录六 实验动物 微生物学等级及监测（GB 14922.2—2011）

前 言

本部分的第1章、第2章、第6章和第7章为推荐性、其余内容为强制性。

GB 14922《实验动物》可分为如下两部分：

——GB 14922.1《实验动物 寄生虫学等级及监测》；

——GB 14922.2《实验动物 微生物学等级及监测》。

本部分为GB 14922.2《实验动物 微生物学等级及监测》。

[1] 附录A～附录I此处未列出，可查阅GB 14925—2010。

本部分代替 GB 14922.2—2001《实验动物　微生物学等级及监测》。

本部分与 GB 14922.2—2001 相比，主要变化如下：

a）删除单核细胞增生性李斯特杆菌的检测项目；

b）对实验动物微生物学等级分类条款中的动物类别，普通级动物、清洁级动物、无特定病原体级（SPF）动物和无菌级动物，增加了相应的简称。

本部分由全国实验动物标准化技术委员会提出并归口。

本部分由全国实验动物标准化技术委员会负责起草。

本部分主要起草人：魏强、贺争鸣、田克恭、李红、黄韧、范薇、屈霞琴。

本部分于 1994 年 1 月首次发布，2001 年第一次修订。

实验动物　微生物学等级及监测

1　范围

GB 14922 的本部分规定了实验动物微生物学等级及监测。

本部分适用于豚鼠、地鼠、兔、犬和猴；清洁级及以上小鼠、大鼠。

2　规范性引用文件

下列文件中的条款通过 GB 14922 本部分的引用而成为本部分的条款。凡是注日期的引用文件，其随后所有的修改单（不包括勘误的内容）或修订版均不适用于本部分，然而，鼓励根据本部分达成协议的各方研究是否可使用这些文件的最新版本。凡是不注日期的引用文件，其最新版本适用于本部分。

GB/T 14926（所有部分）实验动物

3　术语和定义

下列术语和定义适用于 GB 14922 的本部分。

3.1　普通级动物　conventional（CV）animal

不携带所规定的人兽共患病病原和动物烈性传染病病原的实验动物。简称普通动物。

3.2　清洁级动物　clean（CL）animal

除普通级动物应排除的病原外，不携带对动物危害大和对科学研究干扰大的病原的实验动物。简称清洁动物。

3.3　无特定病原体级动物　specific pathogen free（SPF）animal

除清洁动物应排除的病原外，不携带主要潜在感染或条件致病和对科学实验干扰大的病原的实验动物。简称无特定病原体动物或 SPF 动物。

3.4　无菌级动物　germ free（GF）animal

无可检出的一切生命体的实验动物。简称无菌动物。

4　实验动物分类

按微生物学等级分类如下：

a）普通级动物；

b）清洁级动物；

c）无特定病原体级动物；

d）无菌级动物。

5 检测标准和指标

5.1 外观指标

实验动物应外观健康、无异常。

5.2 病原菌指标

病原菌指标见表 1、表 2 和表 3。

5.3 病毒指标

病毒指标见表 4、表 5 和表 6。

表 1 小鼠、大鼠病原菌检测项目

动物等级	病原菌	动物种类	
		小鼠	大鼠
清洁动物	沙门菌 *Salmonella* spp.	●	●
清洁动物	假结核耶尔森菌 *Yersinia pseudotuberculosis*	○	○
清洁动物	小肠结肠炎耶尔森菌 *Yersinia enterocolitica*	○	○
清洁动物	皮肤病原真菌 Pathogenic dermal fungi	○	○
清洁动物	念珠状链杆菌 *Streptobacillus moniliformis*	○	○
清洁动物	支气管鲍特杆菌 *Bordetella bronchiseptica*		●
清洁动物	支原体 *Mycoplasma* spp.	●	●
清洁动物	鼠棒状杆菌 *Corynebacterium kutscheri*	●	●
清洁动物	泰泽病原体 Tyzzer's organism	●	●
清洁动物	大肠埃希菌 O115 a,C,K(B) *Escherichia coli* O115 a,C,K(B)	○	
无特定病原体动物	嗜肺巴斯德杆菌 *Pasteurella pneumotropica*	●	●
无特定病原体动物	肺炎克雷伯杆菌 *Klebsiella pneumoniae*	●	●
无特定病原体动物	金黄色葡萄球菌 *Staphylococcus aureus*	●	●
无特定病原体动物	肺炎链球菌 *Streptococcus pnemoniae*	○	○
无特定病原体动物	乙型溶血性链球菌 *β-hemolytic streptococcus*	○	○
无特定病原体动物	铜绿假单胞菌 *Pseudomonas aeruginosa*	●	●
无菌动物	无任何可查到的细菌	●	●

注:●必须检测项目,要求阴性;○必要时检查项目,要求阴性。

表 2 豚鼠、地鼠、兔病原菌检测项目

动物等级	病原菌	动物种类		
		豚鼠	地鼠	兔
普通动物	沙门菌 *Salmonella* spp.	●	●	●
普通动物	假结核耶尔森菌 *Yersinia pseudotuberculosis*	○	○	○
普通动物	小肠结肠炎耶尔森菌 *Yersinia enterocolitica*	○	○	○
普通动物	皮肤病原真菌 Pathogenic dermal fungi	○	○	○
普通动物	念珠状链杆菌 *Streptobacillus moniliformis*	○	○	
清洁动物	多杀巴斯德杆菌 *Pasteurella multocida*	●	●	●
清洁动物	支气管鲍特杆菌 *Bordetella bronchiseptica*	●	●	
清洁动物	泰泽病原体 Tyzzer's organism	●	●	●
无特定病原体动物	嗜肺巴斯德杆菌 *Pasteurella pneumotropica*	●	●	●
无特定病原体动物	肺炎克雷伯杆菌 *Klebsiella pneumoniae*	●	●	●
无特定病原体动物	金黄色葡萄球菌 *Staphylococcus aureus*	●	●	●
无特定病原体动物	肺炎链球菌 *Streptococcus pnemoniae*	○	○	○
无特定病原体动物	乙型溶血性链球菌 *β-hemolyticstreptococcus*	●	○	○
无特定病原体动物	铜绿假单胞菌 *Pseudomonas aeruginosa*	●	●	●
无菌动物	无任何可查到的细菌	●	●	●

注:●必须检测项目,要求阴性;○必要时检查项目,要求阴性。

表 3 犬、猴病原菌检测项目

动物等级		病原菌	动物种类 犬	动物种类 猴
无特定病原体动物	普通动物	沙门菌 *Salmonella* spp.	●	●
无特定病原体动物	普通动物	皮肤病原真菌 Pathogenic dermal fungi	●	●
无特定病原体动物	普通动物	布鲁杆菌 *Brucella* spp.	●	
无特定病原体动物	普通动物	钩端螺旋体 *Leptospira* spp.	△	
无特定病原体动物	普通动物	志贺菌 *Shigella* spp.		●
无特定病原体动物	普通动物	结核分枝杆菌 *Mycobacterium tuberculosis*		●
无特定病原体动物		钩端螺旋体[a] *Leptospira* spp.	●	
无特定病原体动物		小肠结肠炎耶尔森菌 *Yersinia enterocolitica*	○	○
无特定病原体动物		空肠弯曲杆菌 *Campylobaceter jejuni*	○	○

注：●必须检测项目，要求阴性；○必要时检测项目，要求阴性；△必要时检测项目，可以免疫。

[a] 不能免疫，要求阴性。

表 4 小鼠、大鼠病毒检测项目

动物等级			病毒	动物种类 小鼠	动物种类 大鼠
无菌动物	无特定病原体动物	清洁动物	淋巴细胞脉络丛脑膜炎病毒 Lymphocytic Choriomeningitis Virus(LCMV)	○	
无菌动物	无特定病原体动物	清洁动物	汉坦病毒 Hantavirus(HV)	○	●
无菌动物	无特定病原体动物	清洁动物	鼠痘病毒 Ectromelia Virus(Ect.)	●	
无菌动物	无特定病原体动物	清洁动物	小鼠肝炎病毒 Mouse Hepatitis Virus(MHV)	●	
无菌动物	无特定病原体动物	清洁动物	仙台病毒 Sendai Virus(SV)	●	●
无菌动物	无特定病原体动物		小鼠肺炎病毒 Pneumonia Virus of Mice(PVM)	●	●
无菌动物	无特定病原体动物		呼肠孤病毒Ⅲ型 Reovirus type Ⅲ(Reo-3)	●	●
无菌动物	无特定病原体动物		小鼠细小病毒 Minute Virus of Mice(MVM)	●	
无菌动物	无特定病原体动物		小鼠脑脊髓炎病毒 Theiler's Mouse Encephalomyelitis Virus(TMEV)	○	
无菌动物	无特定病原体动物		小鼠腺病毒 Mouse Adenovirus(Mad)	○	
无菌动物	无特定病原体动物		多瘤病毒 Polyoma Virus(POLY)	○	
无菌动物	无特定病原体动物		大鼠细小病毒 RV 株 Rat Parvovirus(KRV)		●
无菌动物	无特定病原体动物		大鼠细小病毒 H-1 株 Rat Parvovirus(H-1)		●
无菌动物	无特定病原体动物		大鼠冠状病毒/大鼠涎泪腺炎病毒 Rat Coronavirus (RCV)/Sialodacryoadenitis Virus(SDAV)		●
无菌动物			无任何可查到的病毒	●	●

注：●必须检测项目，要求阴性；○必要时检查项目，要求阴性。

表 5 豚鼠、地鼠、兔病毒检测项目

动物等级				病毒	动物种类 豚鼠	动物种类 地鼠	动物种类 兔
无菌动物	无特定病原体动物	清洁动物	普通动物	淋巴细胞脉络丛脑膜炎病毒 Lymphocytic Choriomeningitis Virus(LCMV)	●	●	
无菌动物	无特定病原体动物	清洁动物	普通动物	兔出血症病毒 Rabbit Hemorrhagic Disease Virus(RHDV)			▲
无菌动物	无特定病原体动物	清洁动物		仙台病毒 Sendai Virus(SV)	●	●	
无菌动物	无特定病原体动物	清洁动物		兔出血症病毒[a] Rabbit Hemorrhagic Disease Virus(RHDV)			●
无菌动物	无特定病原体动物			仙台病毒 Sendai Virus(SV)			●
无菌动物	无特定病原体动物			小鼠肺炎病毒 Pneumonia Virus of Mice(PVM)	●	●	
无菌动物	无特定病原体动物			呼肠孤病毒Ⅲ型 Reovirus type Ⅲ(Reo-3)	●	●	
无菌动物	无特定病原体动物			轮状病毒 Rotavirus (RRV)			●
无菌动物				无任何可查到的病毒	●	●	●

注：●必须检测项目，要求阴性；▲必须检测项目，可以免疫。

[a] 不能免疫，要求阴性。

表 6　犬、猴病毒检测项目

动物等级		病　毒	动物种类	
			犬	猴
无特定病原体动物	普通动物	狂犬病病毒　Rabies Virus(RV)	▲	
		犬细小病毒　Canine Parvovirus(CPV)	▲	
		犬瘟热病毒　Canine Distemper Virus(CDV)	▲	
		传染性犬肝炎病毒　Infectious Canine Hepatitis Virus(ICHV)	▲	
		猕猴疱疹病毒 1 型(B 病毒)　Cercopithecine Herpesvirus Type 1(BV)		●
		猴逆转 D 型病毒　Simian Retrovirus D(SRV)		●
		猴免疫缺陷病毒　Simian Immunodeficiency Virus(SIV)		●
		猴 T 细胞趋向性病毒Ⅰ型　Simian T Lymphotropic Virus Type 1(STLV-1)		●
		猴痘病毒　Simian Pox Virus(SPV)		●
		上述 4 种犬病毒不免疫	●	
注:●必须检测项目,要求阴性;▲必须检测项目,要求免疫。				

6　检测程序

6.1　检测的动物应于送检当日按细菌、真菌、病毒要求联合取样检查。

6.2　检测程序见图 1。

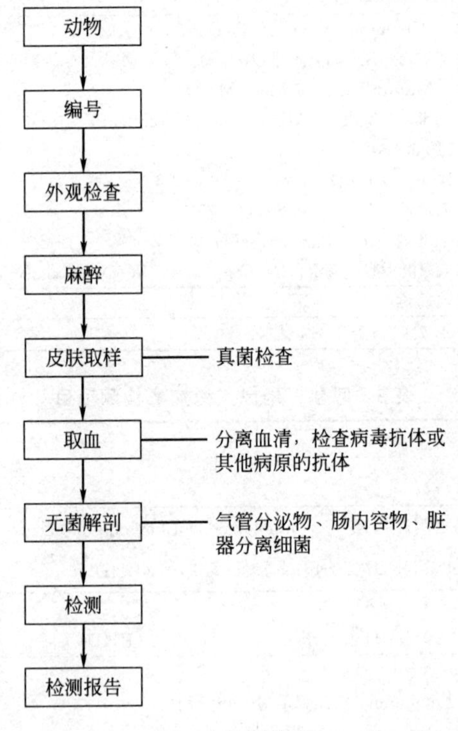

图 1　检测程序

7　检测方法

按 GB/T 14926.1～14926.64 的规定分项进行。

8 检测规则

8.1 检测频率

8.1.1 普通动物：每三个月至少检测动物一次。

8.1.2 清洁动物：每三个月至少检测动物一次。

8.1.3 无特定病原体动物：每三个月至少检测动物一次。

8.1.4 无菌动物：每年检测动物一次。每 2 至 4 周检查一次动物的生活环境标本和粪便标本。

8.2 取样要求

8.2.1 应选择成年动物用于检测。

8.2.2 取样数量：每个小鼠、大鼠、地鼠、豚鼠和兔的生产繁殖单元；以及每个犬、猴生产繁殖群体，根据动物多少，取样数量见表 7。

表 7 实验动物不同生产繁殖单元取样数量

群体大小/只	取样数量[a]
＜100	不少于 5 只
100～500	不少于 10 只
＞500	不少于 20 只

[a] 每个隔离器检测 2 只。

8.3 取样、送检

8.3.1 应在每一个生产繁殖单元的不同方位（例如：四角和中央）选取动物。

8.3.2 动物送检容器应按动物级别要求编号和标识，包装好，安全送达实验室，并附送检单，写明动物品种品系、等级、数量和检测项目。

8.3.3 无特殊要求时，兔、犬和猴的活体取样，可在生产繁殖单元进行。

8.4 检测项目的分类

8.4.1 必须检测项目：指在进行实验动物质量评价时必须检测的项目。

8.4.2 必要时检测项目：指从国外引进实验动物时；怀疑有本病流行时；申请实验动物生产许可证和实验动物质量合格证时必须检测的项目。

9 结果判定

在检测的各等级动物中，如有某项指标不符合该等级标准指标要求，则判为不符合该等级标准。

10 报告

根据检测结果，出具报告。

附录七 实验动物 寄生虫学等级及监测（GB 14922.1—2001）

1 范围

本标准规定了实验动物寄生虫学的等级及监测，包括：实验动物寄生虫学的等级分类、检测顺序、检测要求、检测规则、结果判定和报告等。

本标准适用于地鼠、豚鼠、兔、犬、猴和清洁级以上小鼠、大鼠。

2 引用标准

下列标准所包含的条文，通过在本标准中引用而构成为本标准的条文。本标准出版时，所示版本均为有效。所有标准都会被修订，使用本标准的各方应探讨使用下列标准最新版本的可能性。

GB/T 18448.1～18448.10—2001 实验动物　寄生虫学检测方法

3 实验动物寄生虫学等级

3.1　普通级动物　conventional（CV）animal

不携带所规定的人兽共患寄生虫。

3.2　清洁动物　clean（CL）animal

除普通动物应排除的寄生虫外，不携带对动物危害大和对科学研究干扰大的寄生虫。

3.3　无特定病原体动物　specific pathogen free（SPF）animal

除普通动物、清洁动物应排除的寄生虫外，不携带主要潜在感染或条件致病和对科学实验干扰大的寄生虫。

3.4　无菌动物　germ free（GF）animal

无可检出的一切生命体。

4 检测要求

4.1　外观指标

动物应外观健康，无异常。

4.2　寄生虫指标

寄生虫学指标见表 1、表 2 和表 3。

表 1　小鼠和大鼠寄生虫学检测指标

<table>
<tr><th colspan="3" rowspan="2">动物等级</th><th rowspan="2">应排除寄生虫项目</th><th colspan="2">动物种类</th></tr>
<tr><th>小鼠</th><th>大鼠</th></tr>
<tr><td rowspan="8">无菌动物</td><td rowspan="7">无特定病原体动物</td><td rowspan="5">清洁动物</td><td>体外寄生虫(节肢动物)　Ectoparasites</td><td>●</td><td>●</td></tr>
<tr><td>弓形虫　Toxoplasma gondii</td><td>●</td><td>●</td></tr>
<tr><td>兔脑原虫　Encephalitozoon cuniculi</td><td>○</td><td>○</td></tr>
<tr><td>卡氏肺孢子虫　Pneumocystis carinii</td><td>○</td><td>○</td></tr>
<tr><td>全部蠕虫　All Helminths</td><td>●</td><td>●</td></tr>
<tr><td></td><td>鞭毛虫　Flagellates</td><td>●</td><td>●</td></tr>
<tr><td></td><td>纤毛虫　Ciliates</td><td>●</td><td>●</td></tr>
<tr><td></td><td></td><td>无任何可检测到的寄生虫</td><td>●</td><td>●</td></tr>
<tr><td colspan="6">注：●必须检测项目，要求阴性；○必要时检测项目，要求阴性。</td></tr>
</table>

表 2　豚鼠，地鼠和兔寄生虫学检测指标

动物等级				应排除寄生虫项目	动物种类		
					豚鼠	地鼠	兔
无菌动物	无特定病原体	清洁动物	普通动物	体外寄生虫(节肢动物)　Ectoparasites	●	●	●
				弓形虫　*Toxoplasma gondii*	●	●	●
				兔脑原虫　*Encephalitozoon cuniculi*	○		○
				爱美尔球虫　*Eimaria spp*		○	○
				卡氏肺孢子虫　*Pneumocystis carinii*			●
				全部蠕虫　All Helminths	●	●	●
				鞭毛虫　Flagellates	●	●	●
				纤毛虫　Ciliates	●		
				无任何可检测到的寄生虫			
注：●必须检测项目，要求阴性；○必要时检测项目，要求阴性。							

表 3　犬和猴寄生虫学检测指标

动物等级		应排除寄生虫项目	动物种类	
			犬	猴
无特定病原体	普通动物	体外寄生虫(节肢动物)　Ectoparasites	●	●
		弓形虫　*Toxoplasma gondii*	●	●
		全部蠕虫　All Helminths	●	●
		溶组织内阿米巴　*Entamoeba spp.*	○	●
		疟原虫　*Plasmodium spp.*		●
		鞭毛虫　*Flagellates*	●	●
注：●必须检测项目，要求阴性；○必要时检测项目，要求阴性。				

5　检测程序

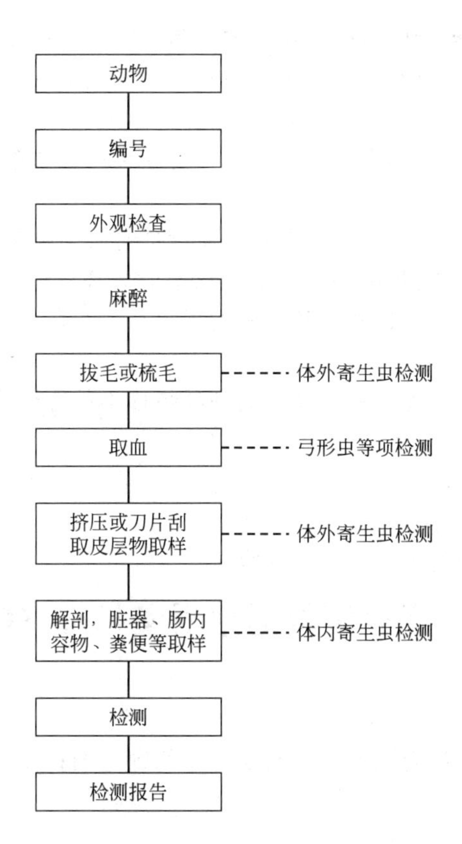

6 检测方法

按 GB/T 18488.1～18488.10—2001 中的规定分项进行。

7 检测规则

7.1 检测频率

7.1.1 普通动物：每三个月至少检测动物一次。

7.1.2 清洁动物：每三个月至少检测动物一次。

7.1.3 无特定病原体动物：每三个月至少检测动物一次。

7.1.4 无菌动物：每年至少检测动物一次。每 2～4 周检测一次动物粪便标本。

7.2 取样要求

7.2.1 选择成年动物用于检测。

7.2.2 取样数量：每个小鼠、大鼠、地鼠、豚鼠和兔生产繁殖单元；以及每个犬、猴生产繁殖群体，根据动物多少，取样数量见表 4。

表 4 实验动物不同生产繁殖单元取样数量

群体大小，只	取样数量①
＜100	＞5 只
100～500	＞10 只
＞500	＞20 只
① 每个隔离器检测 2 只。	

7.3 取样、送检

7.3.1 应在每一生产繁殖单元的不同方位（如四角和中央）选取动物。

7.3.2 动物送检容器应按动物级别要求编号和标记，包装好，安全送达检测实验室，并附送检单，写明送检动物的品种品系、级别、数量和检测项目。

7.3.3 无特殊要求时，兔、犬和猴的活体取样，可在生产繁殖单元进行。

7.4 检测项目的分类

7.4.1 必须检测项目：是指在进行实验动物质量评价时必须检测的项目。

7.4.2 必要时检测项目：是指从国外引进实验动物时，怀疑有本病流行时、申请实验动物生产许可证和实验动物质量合格证时必须检测的项目。

7.5 结果判定

在检测的各等级动物中，如有一只动物的一项指标不符合该等级标准要求，则判为不符合该等级标准。

8 报告

报告应包括检测结果、检测结论等项内容。

附录八 实验动物 配合饲料通用质量标准（GB 14924.1—2001）

1 范围

本标准规定了实验动物配合饲料的质量要求总原则、饲料原料质量要求、检验规则、包装、标签、贮存及运输等。

本标准适用于实验动物小鼠、大鼠、兔、豚鼠、地鼠、犬和猴的配合饲料。

2 引用标准（略）[1]

3 定义

本标准采用下列定义。

3.1 生长、繁殖饲料 growth and reproduction diets

适用于生长、妊娠和哺乳期动物的饲料。

3.2 维持饲料 maintenance diets

适用于生长、繁殖阶段以外或成年动物的饲料。

3.3 配合饲料 formula feeds

根据饲养动物的营养需要，将多种饲料原料按饲料配方经工业化生产的均匀混合物。

4 质量要求总原则

4.1 在配制实验动物配合饲料时，各种原料和添加剂的各项营养指标应采用实测值数据。

4.2 营养指标均以90%干物质为基础，卫生指标以88%干物质为基础。

4.3 各项氨基酸、维生素、矿物质及微量元素的指标均为配合饲料中的总含量。

4.4 感官指标

配合饲料应混合均匀，新鲜、无杂质、无异味、无霉变、无发酵、无虫蛀及鼠咬。

4.5 配合饲料产品的混合均匀度应不大于10%。

4.6 营养成分指标

各种实验动物配合饲料营养成分指标应分别符合GB 14924.3～14924.8中的规定。需要消毒灭菌的配合饲料，应根据不同消毒灭菌方法可能造成某些种营养成分的损失，适当地提高相应营养成分的含量，保证配合饲料在消毒后和饲喂前符合GB 14924.3～14924.8营养成分含量的规定。

4.7 配合饲料卫生指标应符合GB 14924.2及GB 13078的规定。不得掺入抗生素、驱虫剂、防腐剂、色素、促生长剂以及激素等药物及添加剂。

5 饲料原料质量要求

5.1 本标准所指的饲料原料是指为提供动物生长所需的蛋白质和能量的单一饲料原料。不包括饲料添加剂。

5.2 饲料原料均应符合相关饲料原料的国家或行业标准的质量指标[2]。

5.3 在实验动物配合饲料中使用的饲料添加剂执行其相关的国家和行业标准，不得使用药物添加剂。

5.4 为了保证实验动物的正常生长，饲料原料不得使用菜籽饼粕、棉籽饼粕、亚麻仁饼粕等含有有害毒素的饲料原料。

5.5 饲料原料应符合GB 13078的规定。不得使用发霉、变质或被农药及其他有毒有害物

[1] 引用的标准包括配合饲料均匀度的测定、饲料标签、饲料卫生标准、相关原料标准、营养成分测定标准和特定实验动物配合饲料标准等，部分引用的标准已经被新标准替代，应考虑采用最新的版本。

[2] 如果生产配合饲料，应遵守饲料原料的相关标准。本标准中引用的部分标准已失效，比如GB/T 17890—1999被GB/T 17890—2008替代，因此在引用时建议采用最新的版本。

质污染的饲料原料。

6 检测规则

6.1 配合饲料按 GB 14924.9～GB 14924.12 规定的测定方法进行检验。出厂产品应符合本标准的各项规定，并附有产品质量合格证。

6.2 产品分出厂检验和型式检验

6.2.1 出厂检验

6.2.1.1 出厂产品的检验以同批原料生产的产品为一批。

6.2.1.2 出厂检验的项目为感官指标和常规营养指标。

6.2.2 型式检验

6.2.2.1 有下列情况之一时，一般应进行型式检验

a）老产品转厂生产的试制定型鉴定；

b）正式生产后，如配方、工艺有较大改变，可能影响产品性能时；

c）产品长期停产后，恢复生产时；

d）出厂检验结果与上次型式检验有较大差异时；

e）国家质量监督机构提出进行型式检验的要求时；

f）型式检验的项目为感官指标、常规营养成分、氨基酸以及卫生指标。

6.2.2.2 申请新产品时，还应增检的项目为维生素、矿物质及微量元素指标。

6.3 采样方法：按 GB/T 14699.1 的规定执行。

6.4 判定规则

6.4.1 质量检验中如单项营养指标不符合本标准的规定，可取同批样品复验。复检不合格，则该批产品为不合格。

6.4.2 判定值范围以检测方法误差的 2 倍计。

6.4.3 微生物检验中的不合格指标不得复检。

7 标签

7.1 基本原则

7.1.1 标签标注的内容必须符合国家有关法律和法规的规定，符合相关标准的规定。

7.1.2 标签所标示的内容必须真实，并与产品的质量及质量标准相一致。

7.1.3 标签内容的表述应以通俗易懂、科学、准确并易于为用户理解掌握。不得使用虚假、夸大或容易引起误解的语言，更不得以欺骗性描述误导消费者。

7.2 标签必须标示的基本内容

7.2.1 配合饲料名称

7.2.1.1 配合饲料产品应按 GB/T 10647 中的有关定义，采用表明饲料真实属性的名称。

7.2.1.2 需要指明饲喂对象和饲喂阶段的饲料，必须在名称中予以表明。

7.2.1.3 使用商标名称、牌号名称、性状名称时，必须同时使用本标准规定的名称。

7.2.2 产品标准编号

标签上应标明生产该产品所执行的标准编号。执行的企业标准须经当地技术监督部门备案。

7.2.3 产品成分分析保证值和卫生指标

7.2.3.1 标签上标明的产品成分分析保证值和卫生指标必须与该产品所依据标准指标一致。

7.2.3.2 配合饲料产品成分分析保证值的项目规定：应标明常规营养成分（水分、粗蛋白

质、粗脂肪、粗纤维、粗灰分、钙、总磷)、维生素、氨基酸、矿物质及微量元素的含量。

7.2.3.3 标签上应按 GB 14924.2 的规定，标明产品的卫生质量，如农药等化学污染物，黄曲霉毒素 B_1 及微生物指标。

7.2.4 原料组成

标明用来加工配合饲料使用的主要原料名称。

7.2.5 标签上应标有“本产品符合 GB 13078 和 GB 14924.2”字样，以明示产品符合饲料及配合饮料卫生标准的规定。

7.2.6 使用说明

标签使用说明应包括，适应使用对象，使用阶段、方法及其他注意事项。

7.2.7 净重

标签应在显著位置标明每个包装中配合饲料的净重。以国家法定计量单位克（g)、千克（kg）或吨（t）表示。

7.2.8 生产日期

生产日期采用国际通用表示方法，如 2000-02-01，表示 2000 年 2 月 1 日。

7.2.9 保质期

7.2.9.1 保质期的单位用月表示。必要时也可注明保存期。

7.2.9.2 注明贮存条件及贮存方法。

7.2.10 生产企业的名称和地址

标签上必须标明与其营业执照一致的生产单位的名称、详细地址、邮政编码及联系电话。

7.2.11 其他

标签上可以标注企业认为必要的其他内容，如商标、生产许可证号、质量认证的标志等。

7.3 基本要求

7.3.1 标签不得与包装物分离。

7.3.2 标签的印制材料应结实耐用，文字、符号、图形清晰醒目。

7.3.3 标签上印刷的内容不得在流通过程中变得模糊不清甚至脱落，必须保证用户在购买和使用时清晰易辨。

7.3.4 标签上必须使用规范的简体汉字，可以同时使用有对应关系的汉语拼音及其他文字。

7.3.5 标签上出现的符号、代号、术语等应符合最新发布的国家法令、法规和有关标准规定。

7.3.6 标签中所用的计量单位，必须采用国家法定计量单位。常用计量单位的标注按 GB/T 10648—1999 的附录 A 执行。

7.3.7 一个标签只标示一个饲料产品，不可在同一个标签上标出其他数个产品。

8 包装

8.1 配合饲料至少应有两层包装，内层为牛皮纸袋，外层为加有塑料内衬的编织袋、纸盒或塑料袋。

8.2 包装应符合实验动物的卫生和安全要求。

8.3 包装用的塑料袋应符合 GB 9687、GB 9688、GB 9689 中的卫生要求。

8.4 清洁级以上实验动物配合饲料的包装（或真空包装)，必须经高压蒸汽消毒灭菌或钴^{60}照射。

9 贮存、运输

9.1 贮存

配合饲料产品应放在通风、清洁、干燥的专用仓库内，严禁与有毒、有害物品同库存放。配合饲料产品在常温下的保质期为三个月（梅雨季节为两个月）。

9.2 运输

配合饲料产品在运输中应防止包装破损、日晒、雨淋，严禁与有毒、有害物品混运。

附录九 常用实验动物网站资源

中国实验动物信息网
中国实验动物资源库
北京实验动物信息网
上海实验动物资源信息网
中国实验动物学会
广东实验动物监测所
斯莱克实验动物有限公司
国际实验动物科学协会
美国实验动物学会
Jackson 实验室
亚洲实验动物学会联合会
中国食品药品检定研究院
北京实验动物研究中心
北京维通利华
国际实验动物评估和认可管理委员会
欧洲实验动物科学委员会联盟
加拿大动物管理委员会
英国实验动物科学协会
日本实验动物医学委员会
美国查士瑞华

参 考 文 献

[1] 李厚达. 实验动物学. 第2版. 北京：中国农业出版社，2003.
[2] 李玉冰，张江. 实验动物. 北京：中国环境科学出版社，2007.
[3] 美国实验动物研究所等. 实验动物饲养管理和使用指南. 上海：上海科技出版社，2012.
[4] 郝光荣. 实验动物学. 上海：第二军医大学出版社，2002.
[5] 魏泓. 医学实验动物学. 北京：高等教育出版社，2001.
[6] 陈主初，吴端生. 实验动物学. 长沙：湖南科学技术出版社，2001.
[7] 施新猷. 现代医学实验动物学. 北京：人民军医出版社，2000.
[8] 苗明三. 实验动物与动物实验技术. 北京：中国医药出版社，2000.
[9] 罗满林，顾为望. 实验动物学. 北京：中国农业出版社，2002.
[10] 杨萍. 简明实验动物学. 上海：复旦大学出版社，2003.
[11] 孙敬方. 动物实验方法学. 北京：人民卫生出版社，2001.
[12] 何新桥. 实验动物饲育与管理. 北京：科学出版社，1998.
[13] 卢耀增. 实验动物学. 北京：北京医科大学、中国协和医科大学联合出版社，1995.
[14] 单安山. 饲料配料大全. 北京：中国农业出版社，2005.
[15] 何诚. 实验动物学. 北京：中国农业大学出版社，2005.
[16] 朱榆等. 实验动物的疾病模型. 天津：天津科技翻译出版公司，1997.
[17] 中华人民共和国国家标准. GB 14923—2010 实验动物　哺乳类实验动物的遗传质量控制.
[18] 中华人民共和国国家标准. GB 14924.1—2001 实验动物　配合饲料通用质量标准.
[19] 中华人民共和国国家标准. GB 14924.2—2001 实验动物　配合饲料卫生标准.
[20] 中华人民共和国国家标准. GB/T 14924.3—2010 小鼠大鼠配合饲料.
[21] 中华人民共和国国家标准. GB 14922.1—2001 实验动物　寄生虫学等级及监测.
[22] 中华人民共和国国家标准. GB 14922.2—2011 实验动物　微生物学等级及监测.
[23] 中华人民共和国国家标准. GB 14925—2010 实验动物　环境及设施.
[24] GB 14924.3—2010 实验动物　配合饲料营养成分.
[25] 中国农业科学院哈尔滨兽医研究所. 动物传染病学. 北京：中国农业出版社，2001.
[26] 陆承平. 兽医微生物学. 第3版. 北京：中国农业出版社，2001.